# 火 箭 模 式

## 點 燃 高 績 效 團 隊 動 力
### 實 戰 全 書

# IGNITION

**Robert Hogan　　Gordy Curphy　　Dianne Nilsen**

羅伯特・霍根 ｜ 高登・柯菲 ｜ 黛安・尼爾森 ——合著

陳淑婷——譯　黃聖峰——審校

# 推薦序

　　過去經常接到企業詢問是否可以協助規劃執行有關Team Building團隊建立的活動，我總是一臉無奈地先詢問對方：Building for What? 答案不外乎希望藉由一些活動拉近團隊成員或跨部門同仁的距離，降低彼此的溝通衝突，促進團隊合作……最後通常希望舉辦一些軟性或戶外活動，然而這些根本無法解決團隊效能不佳的真正問題。因為國外許多學術研究都指出，划船泛舟、溯溪攀岩或是漆彈探索活動不但不能有效促進團隊合作，反而可能帶來表象的團隊和諧或是成員消極的工作態度。團隊成員們一起做些歡樂的事情的確可以促進情感，我也非常鼓勵，但是請不要把這些活動就當作建立團隊合作的活動。

　　身為企業高管教練多年，一直發現國內非常欠缺促進團隊合作的實務書籍，也缺乏藉由團隊教練或團隊引導來帶領團隊建立活動的相關參考指引書籍。雖然有些國外類似的書籍也曾被翻譯成中文出版，但是多數停留在團隊合作的精神或成員內在的層次，對於企業或團隊領導者來說很難在閱讀後落地操作執行，簡單來說就是不接地氣。

　　領導者通常都認為自己懂得領導力也有展現領導力，但是卻仍成為失敗的領導者，這是因為領導者無法感受到下屬或關係人所看到自己的領導行為。這時候高管教練的任務就像是一面鏡子，幫助領導者看清楚自己沒看到的行為，產生改變行動的力量。

　　同樣的道理，團隊教練在面對需要協助提升合作效能的團隊時，必須先有診斷的工具幫助團隊領導者與團隊成員可以覺察到團隊效能的真正核心問題所在。團隊領導者對於團隊運作的方式，通常可能與團隊成員有相當不同的看

法，大部分的領導者對於團隊的運作與績效往往過度樂觀。無論這些落差是因為成員報喜不報憂、領導者故意忽略問題，或是領導者花在團隊的心力不足，這些原因都需要能夠釐清找出，才能幫助團隊領導者看清楚自己沒看到的團隊現況，解決團隊的核心問題。

Gordon Curphy、Dianne Nilson、Robert Hogan三位博士發展的火箭模式方案非常實用，並且容易理解操作，而且以實際累計全球的上千份團隊診斷數據研究作為常模，也提供完整且具有信效度的團隊測評，並且提供超過三十個團隊改善活動的規劃執行指南。當我有機會接觸並學習這套模式、工具與技術時，發現它完整地提供團隊教練所需要的一切方法與指引，同時運用在國內一些企業的不同類型團隊上，促進團隊的自我覺察與開放對話，讓團隊認真地採取行動點燃團隊的熱情並且提升合作效能。

如果你是一位團隊領導者或人力資源部門主管，應該可以迅速地從這本葵花寶典中找到類似的團隊面臨情境，依照建議參考的方法設計出異於過往的二天一夜團隊建立活動，並且可以遵照書上的團隊活動指南自行引導執行活動。如果你是一位經驗豐富的團隊教練或引導者，絕對可以駕輕就熟地操作使用這本書作為工具參考教案，甚至可以利用火箭模式的八大要素進行團隊訪談診斷的依據框架，設計出最適合解決團隊當下問題的團隊建立活動議程，加上不同設計的團隊活動與工具或共創出不同於書上提供的團隊改善活動。

這本書應該特別歸功於睿信管理顧問有限公司資深引導顧問陳淑婷的翻譯工作，從引導實務專業角度確保中文用詞的正確性。城邦文化商周出版陳美靜總編輯、責任編輯張智傑在接洽出版過程一路上給予的建議與協助，讓這本書可以在最快的時間內以繁體中文出版問世。最後感謝睿信管理顧問有限公司的所有夥伴，在過去這段時間一起合作於企業客戶端實踐書中的團隊教練引導手法，點燃企業團隊的熱情！

黃聖峰　睿信管理顧問有限公司總經理

# 序

　　許多人認為美國文化基本上就是個人主義當道。所有的英雄人物不是牛仔或是現代版的牛仔（例如太空人、創業家、債券交易員、明星、運動高手等等）。但是不爭的事實卻是，所有人類的偉大成就都是團隊努力的成果（例如巴拿馬運河、登陸月球、贏得超級盃足球）。這麼重要的想法卻屢屢被忽略，的確需要我們感到警惕，但也是個人主義導向的文化偏差所致。我們一方面擔心加入團隊容易陷入團體迷思，失去理性、獨立思考的能力；另一方面，很多人認為唯一忠於自我的方式，就是極度的獨立自主。實際上，人類演化過程中的優勢，就是集體工作的能力，而我們個人的生存與否也取決於我們所處的團體表現的品質。

　　學術界的心理學家研究團隊接近百年，研究的成果卻相對稀少。早期的研究聚焦於影響士氣的要素 - 人們有多喜歡成為不同團隊的一份子，有哪些要素影響他們喜歡團隊的程度。1960年代盛行的T團體運動就是當時典型的研究方向 - 人們參與團體活動，是為了增強心智的健康，並探索自我。柯菲第一本聚焦於團隊的著作《火箭模式》從兩個層面打破心理學的傳統框架。首先他點出團隊是有任務要執行的，有些團隊完成任務的效果就是比其他團隊好。曾經在軍中服務的人也都知道，團隊可以透過他們的表現來排序，而他們的表現往往決定他們的存活。

　　《火箭模式》顛覆傳統思維的第二個層面，就是清楚闡述領導者的主要任務就是建立高績效的團隊。這樣的思維與過去想法不同，因為過去團隊相關的研究忽略了領導力的元素 - 回想起來，還真是令人難以置信的遺漏。《火箭模

式》是一本指導守則,系統性的操作手冊,用以建立高績效的團隊。從最開始出版其著作開始,高登‧柯菲持續在公家單位與私人機構辦理非常多次的團隊建立工作坊,也將他最早的觀察與指導原則做了些許的調整與延伸。

高登‧柯菲是美國團領導力領域最暢銷教科書的作者之一,因此,他早就精熟領導力相關的學術文獻。除此之外,他更是投入數千小時的時間,協助領導者分析他們的團隊,改善績效。這本《火箭模式:點燃高績效團隊動力實戰全書》就是他彙整他對領導力與團隊發展的研究的成果。團隊因目標、成員結構,差異頗大。即使如此,建立對的團隊,方法只有一種,錯的卻有很多種,關鍵就是團隊的領導力。這本《火箭模式:點燃高績效團隊動力實戰全書》就是唯一一本從基礎面開始解析領導者核心任務的參考書,透過系統性、明確、細密、經驗導向、高效度的說明,指導我們如何建立高績效的團隊。


羅伯特‧霍根(Robert Hogan) 霍根測評系統創辦人

# 目錄

## Part 1：團隊常見困境與改善

### 第一章：準備階段

### 第二章：常見的團隊情境

### 第三章：團隊的應用

# Part 2：團隊教練引導實戰

## 第四章：團隊績效改善活動

# Part 1

# 團隊常見困境與改善

　　對於團隊領導者來說，在面對不一樣的團隊，甚至是既有團隊的改變時，都需要視團隊的特性來引導，並進行團隊診斷，針對需要改善的地方訂定策略，強化團隊績效。

# 第一章

# 準備階段

# 第一節

# 導讀

| 登場人物 |
|---|
| 比利（航站經理） |
| 沙昔（登機門經理） |
| 道格（登機門經理） |
| 雅各（票務經理） |
| 瓊尼（地勤組員經理） |
| 法蘭克（地勤組員經理） |
| 薩爾達（國際航班經理） |

　　比利對於這次能升遷到飛機航站經理，心情甚是雀躍。從行李人員起步的他，一路慢慢升遷，現在將成為負責三百位員工、提供全天候服務、每天有六十班國內班機與八班國際班機的航站經理。

　　航空公司對這座航站有很長遠的規劃，因為航站所在城市的人口正以兩位數的速度快速成長。當地經濟蓬勃，企業希望有更多直航的國內與國際班次。比利的任務就是在接下來的十二個月為航站做好準備，以因應多出的20%國內航班與50%的國際航班。只是比利即將接手的航站，過去的績效一直非常不

穩，所以這個要求難度相當高。班機起降準時度不穩定，行李遺失率列為全公司最高的航站之一。比利必須先做大幅度的調整，才能讓這座航站準備好進一步發展。

　　接下這份工作之前，這個職位已經空缺了好幾個月。在這段空窗期期間，是由航站領導團隊（station leadership team, SLT）的六位成員負責管理的工作。比利找到我們，希望我們先行評估 他即將接手的這個環境。我們在現場觀察了三天，與票務經理、登機門人員、地勤人員、貴賓室員工、共享服務員工進行訪談，也訪談了航站領導團隊的成員。我們所觀察到的情況讓我們備感驚訝。

　　沙昔是兩位登機門經理之一，經常鬼鬼祟祟偷聽區航站經理的電話內容。在電話裡常常提到這個航站，只是很少是正面的評價。為了討好別人，她常常在跟其他員工聊天時透露這些機密內容。

　　雅各是票務經理，在航站領導團隊是出了名的碎嘴。他把知識作為權力的象徵，喜歡探聽最新的八卦、分享小道消息、散布謠言，這些小動作引發航站領導團隊成員之間彼此猜忌。

　　瓊尼是航站的地勤組員經理，是一位相當資深的航空公司員工，管理七十五位地勤人員。從各方面來看，她是一位優秀的經理，但是因罹患肺癌正在進行治療。瓊尼無法百分之百投入，因為她常常得晚些進公司或早退。

　　另一位地勤組員經理法蘭克一點都不同情瓊尼的處境，認為兩組地勤人員都應該歸他管。有人常聽他說一些抱怨的話，像是「地勤工作很不適合只有一個肺的人擔任」、「他們應該把瓊尼流放到邊疆地區」之類的話。他本人不抽煙，但是常常在他跟瓊尼共用的桌子上擺放打開的煙盒。法蘭克的部屬非常討厭他，甚至動了想陷害他的念頭。

　　薩爾達是國際航班經理，處理所有國際航班的票務跟登機門。她申請航站經理的職位，但是因為工作上的顧客滿意度不佳而落選。她把這一切怪罪到負面的回饋跟不足的登機門用品與座位，但是她的部屬形容她很冷漠、草率、挑

剔，沒有人想要跟她共事。

最後是道格，另一位登機門經理，非常清楚航站發生了什麼，但是覺得自己未被授權，無法採取任何行動。他就是停留在原地，低著頭，試圖把自己跟航站其他同仁的距離拉開。

我們也有機會進入航站領導團隊的每週會議現場，在裡頭觀察他們開會的狀況。由參與會議成員各自的立場來推估，不難預測到這次長達九十分鐘的會議將會如何收場。大家沒有討論到評估航站的方式，問題提出後沒有解決，員工跟整個公司都心不在焉，會議中人們進進出出，有些人都在上網而不是在會議中參與討論。感覺上航站沒有人領導。很顯而易見地，比利接手的是一個爛攤子。

大部分的團隊都不像航站領導團隊那般失衡，但是很多團隊仍有改善的空間。試想想過去你所在的團隊裡，你認為達到高績效表現的比例佔多少？如果你想的跟大多數人想的差不多，那麼答案是低於20%。但是當你想到我們花多少時間在團隊中工作，組織有多麼倚賴團隊進行的工作，低於20%的比例難免讓人感到不安。

即便我們投注如此多的時間與金錢在建立團隊上，研究卻顯示以上這個數據在過去三十年來都沒有變。因此我們決定要改變這件事，這本書的目的，就是希望讓領導者、團隊成員、教練、引導者得到所需要的工具，協助團隊成為高績效的團隊。

我們改善團隊績效的方法，是根據科學的基礎與我們從諮詢顧問服務中多年的經驗所累積而來。我們的團隊從二十多年以前就開始進行研究，仔細研讀專業的研究資料，並隨時掌握最新的研究題材，如團隊合作、心理安全感、虛擬團隊、會議成效等。我們也進行了接近兩萬份的團隊調查、訪談將近一千位團隊成員與領導者，並在許多不同層面為團隊與領導者進行諮詢服務。身為諮詢顧問，我們為全球各種不同部門提供建議，其中產業從金融到工程都有。除

此之外，我們也為超過五千位領導者提供領導者發展計畫，他們的故事與觀點也激發了我們更多的思考。

## 我們改善團隊績效的方法有何不同？

各位在過去可能嘗試進行建立團隊的計畫，短暫期間提升了團隊的士氣，但卻無法帶來持久的效果。大部分建立團隊的方法都弄錯方向，聚焦於自我感覺良好的活動，卻無法提升團隊效能指數（Team Effectiveness Quotient, TQ）——展現高團隊績效的能力。TQ分數介於1到100。高的分數代表團隊火力充沛、成果高於其他競爭者；較低分數，則表示團隊表現不盡理想、力有未逮。我們的研究與經驗顯示，團體要能提升績效只有靠努力，而不是到公司外的戶外據點玩一些娛樂價值高但往往沒有實質幫助的體驗活動。

團隊必須做三件事，才能提升團隊效能指數，建立優秀的記錄。首先，他們必須照著證實有效的路線圖前進，指導他們如何從現在所在地到達想要去的地點。或許這看起來是件很顯而易見的事，不過從我們的觀察中發現，很多團隊會嘗試各種建立團隊的作法，但是對這些活動整合起來的樣貌、進行的是不是適合的活動都不是很清楚。其次，成功的團隊會得到回饋（即對照路線圖來看，他們目前進行的如何），他們知道自己的優缺點以及與其他團隊相較之下，狀態如何。第三，成功的團隊會執行效果證明可行的方法，來補足績效上的落差。

## 打造團隊績效的路線圖

路線圖指引駕駛到想要的地點，同樣地，團隊路線圖告訴領導者、團隊、組織他們需要做些什麼事項，才能轉變成一群能夠組成高績效團隊的成員。根據我們的研究，我們發展了一個團隊的路線圖，稱之為「火箭模式」（Rocket Model）。

火箭模式共有八個緊密相連的要素：環境（context）、使命（mission）、人才（talent）、規範（norms）、認同（buy-in）、資源（resources）、勇氣（courage）、結果（result）。隨著各位閱讀這八個要素的說明，請思考你的團隊在這些層面上的表現。團隊成員們對於最重要的挑戰，是否獲得一致的訊息，達成共識？團隊是否有具意義且可衡量的目標？開會時有效能、有效率嗎？團隊又是如何管理衝突？

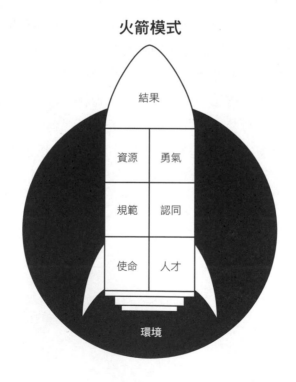

火箭模式

## 環境

　　當團隊成員對於周遭環境的狀態有同樣的想法時，建立的團隊就有了好的開始。在航站領導團隊，環境包括的是利益關係人，像是顧客、航站員工、航空公司工作人員、總部、航空管理局、民意代表、重要的供應商。重要的影響因子也是環境的一環，在航站領導團隊包括當地經濟、人口趨勢、競爭對手（區域與國際航空公司）、勞工市場。航站領導團隊從來沒有討論過這些利益關係人、影響因子為何，或是他們在接下來十二個月裡面要做什麼。他們也無法對團隊面臨的最大挑戰達成共識。所以團隊成員們都採取了立意良善但具反效果的動作，傷害了團隊的士氣與效能。因此，對比利而言，他在上任後要立即著手處理的是對「當下的情況」和「團隊的挑戰」取得共識。

## 使命

　　當團隊成員對於成功的樣貌有了共識，就奠定了效能的基石。為什麼要創建這個團隊？該如何評估成功？團隊的目標是什麼？什麼時候必須達到這些目標？要用什麼策略？該如何衡量進度？團隊必須用可以付諸行動的步驟、角色的分派、定期追蹤進度來達成目標。有了這些計畫，才能確認每天的工作內容有連結到重點的任務、真正的生產力，還有有感的成果。清楚理解使命是非常重要的，因為它影響到火箭模式的其他要素。

　　雖然航站領導團隊採用了追蹤績效的機制，但是卻沒有用來管理工作站日常的事務，對於團隊的目標也沒有共識。有些成員認為航站領導團隊的建立，只是為了增加搭機乘客的數量，其他人則認為勞工關係和財務數據才是比較重要的部分。沒有改善航站績效的計畫，進度報告往往變成互相指控的爭辯，而不是要解決問題。比利上任之後，必須先釐清團隊的使命。

## 人才

　　雖然航站領導團隊的角色相當明確，各職位在工作上需要的技能也非常清楚，團隊卻有嚴重的人才問題。很多成員都是損害團隊的害群之馬，有的道德有瑕疵，有的則是與其他成員交惡；同時，團隊成員多數以自己的部門為立基點來思考，而非為大局努力。因此他們的決策都以自己部門為重，卻往往對航站帶來負面的影響。

　　人才可能是火箭模式中最具挑戰的一環，因為許多組織在人力上的安排，往往是人情或職缺的考量，而不是人才。團隊領導者可能相信個別成員擁有的技能、經驗或能力就已足夠，但是當我們細部觀察航站領導團隊，就會發現要建立高績效團隊時，要考慮的人才面向就更多。高績效團隊成員人數要剛剛好，還必須要有可隨時回報給團隊的制度，各個職位的角色與職責也要清晰明確，並且足以促成最高績效。高績效的團隊領導者，不應容忍破壞團隊的成員。

　　人才是比利最迫切的問題。他上任不到兩星期，就解僱了沙昔、法蘭克，兩週後將雅各和薩爾達降職，並找到四位高績效經理來填補這些職缺。上任六週之後，航站領導團隊有了新的氣象。這些人事的異動對航站領導團隊和航站的員工都有了正向的影響。

## 規範

　　在任何團體裡建立起打招呼、會議、座位、溝通、決策、執行的規範，是人類的天性。這些非書面的規則往往不需要討論就能快速形成，但是願意花時間討論和制訂規範的團隊，會讓這個規範成為具有強大力量的工具，打造團隊的團結與效能。

　　高績效團隊成員會充分運用會議的時間，備好清楚的規則與流程，包括正式與不正式的流程，可以有效地互動、確保產能、管理彼此的溝通、做決策、

分派任務、確保責任的歸屬。航站領導團隊原有的規範其實妨礙了大家的績效，比利立即著手建立新的規則和角色的制定，規範航站領導團隊成員的行為。

## 認同

團隊成員們是有選擇權的。他們可以選擇將自己的能量導向於團隊的目標，或是投入於其他的事務。高績效團隊的成員都會以團隊優先，而不是以自己為中心，認真承諾完成被指派的任務，遵守團隊規則，致力於促進團隊的成功。他們理解自己的工作可以對團隊帶來更大貢獻，對於團隊的潛能感到樂觀。

航站領導團隊成員的參與度並不一致，有些努力，有些懶散。為了改善這一點，比利勾勒出動人的未來願景，讓新的航站領導團隊參與創造團隊的目標、計畫、角色與規則。他確認所有的成員投入同等的心力，遵守團隊的規範；他避免偏心，尤其是他從之前公司帶過來的同事，避免影響整體的投入感。

## 資源

從一開始，團隊就必須了解如果要成功達成目標，會需要什麼樣的資源，領導者也必須說服主要的利益關係者，讓這些需求可以獲得滿足。有形的資源包括務實的預算、辦公室空間、軟硬體系統、特殊設備、可使用的資料和技術支援。無形的資源則包括政治的支持、決策的授權等。

高績效團隊有足夠的影響力，可以有效、充分運用資源。即使有不足，最好的團隊還是可以將現有的資源極致發揮，找到獲致成功的方式。資源在航站領導團隊是個問題，因為航空公司所處的大廳，登機門和座位都不夠，無法容納所有乘客。地面航站的器材老舊，航空公司貴賓室的設施也吸引不了人。

## 勇氣

最好的團隊了解衝突的管理和衝突的降低是不同的。有成效的團隊領導者都知道，衝突太少、大家把問題藏在檯面下的團隊，只會出現表面的和諧和團體的迷思。但是如果衝突過多，就會導致混亂與卑劣的紛爭。

大多數時候，團隊衝突的根源處，往往是對火箭模式其他要素產生的誤解或分歧。團隊衝突之所以發生，是因為團隊目標和計畫不一致、模糊的職位角色、不夠好的決策規則或失衡的認同感所導致的嗎？診斷出衝突的根源點，用能提升心理安全感的方式來處理紛爭，對團隊領導者來說是一大挑戰。另一個難題是：團隊裡還要保有一點點的良性競爭，這可以激發大家更有創意地思考、有效解決問題，同時不會讓彼此感到疏離。團隊成員們感到夠安全，可以彼此挑戰嗎？他們能不能用一種建立互信和士氣而非樹敵的方式來挑戰彼此？

勇氣在航站領導團隊也是一個嚴重的問題。團隊成員之間瀰漫著一股不信任感，這源自於大家對團隊的挑戰與目標沒有共識、不良的行為未受規範、對於團隊目標的認同度也不夠一致。等比利處理這些問題之後，團隊的互信與勇氣都大幅度改善。


## 結果

高績效團隊會保持專注。會由比對目標的進度、追蹤進度、從成功與失敗中學習，並尋找可以持續成長的方案，來評估「結果」。他們了解將目標和組織重要的成果做整合非常重要，也會用不同的方式來觀察進度，確保可以達到更好的績效。

能不能達到結果，取決於團隊如何處理環境中的其他七項要素。換句話說，成員們必須彼此分享他們對於情況所做的假設、要對團隊的目標和計畫有所共識、對工作角色與技能有清楚的認知、願意投入心力來完成指派的工作、遵守規範、可以掌握需要的資源，並有效處理衝突。當團隊在任何一個步驟有

了閃失，就會影響結果。確認每一個要素都達到，團隊也就會繼續成長，建立信心，造就更高的成就。

比利設定每週的航站績效進度檢討制度，來改善航站的結果。在每一次長達兩小時的會議中，航站領導團隊嚴謹地討論所有的數據，並與其他航站的數據進行比對分析，以及訂定改善績效的計畫。六個月後，航站在準時起飛、顧客滿意度評比、行李遺失申訴上的評分都高出平均值，到年底成為公司裡表現數據最棒的航站。

### 使用火箭模式

火箭模式具有診斷的作用，讓團隊可以評估在哪些要素上團隊表現較佳，哪些需要改善。這個模式也具有規範的功能，會建議如果要建立高績效團隊所需要的要素。模式本身的順序必須是經過精心設計的。模式中位置較低的要素，需要先行處理，才能往上推行，向上累積加強。舉例來說，環境會影響使命，而使命則會影響人才，如果環境和使命沒有好好規劃和整合，團隊在衝突的處理上就會出現問題（勇氣）。

## 團隊績效的回饋

大多數的GPS導航系統有一個很好用的功能，就是不只是標示你想要到達的地點，也會標示目前的位置。雖然火箭模式指引我們如何建立高績效的團隊，但團隊也需要更多訊息，以便知道他們目前所在的進度位置。

在我們與團隊互動時，發現用火箭模式評估團隊進度的兩個成效最高的方法，就是訪談與調查。團隊的訪談可以用火箭模式的八大要素來作為架構，提出類似以下的問題：

## 航站領導團隊的團隊評估調查（TAS）結果

**結果：團隊的績效紀錄**
團隊是否兌現承諾？是否達成重要目標、滿足利益相關者的期望，並且不斷改進績效？ **16**

**勇氣：團隊管理衝突的方法**
團隊成員是否願意提出感到棘手的問題，衝突是否得以有效處理？ **16**

**資源：團隊的資產**
團隊是否擁有必要的物質和資金資源、許可權和政治支持？ **16**

**認同：團隊成員的動機水準**
團隊成員是否對於團隊獲勝的機會持樂觀的態度，且對達成團隊目標充滿動力？ **20**

**規範：團隊的正式和非正式工作流程**
團隊是否運用有效、高效的流程來召開會議、做出決策並且完成工作。 **4**

**人才：組成團隊的成員**
該團隊是否人數合理、職責明確，具備成功所必需的各項技能？ **20**

**使命：團隊的目的和目標**
團隊為什麼存在？團隊對於獲勝的定義是什麼，為了達成目標制定了怎樣的策略？ **22**

**環境：團隊運作的環境條件**
團隊成員對於團隊的政治和經濟現實、利益相關者和面臨的挑戰是否達成共識？ **24**

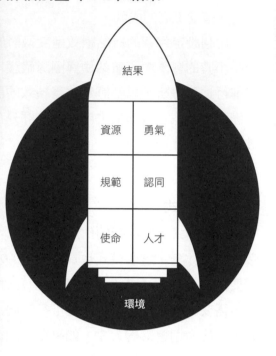

結果

資源　勇氣

規範　認同

使命　人才

環境

## 團隊效能指數（TQ）

航站領導團隊的團隊效能指數（TQ）

17%

- 你最大的顧客是誰？
- 團隊的目標是什麼？
- 團隊的角色是否清晰？
- 你對團隊的會議或決策模式有哪些回饋？
- 團隊如何處理衝突？

這些問題的答案，可以用來延伸更多的對話，討論團隊的優勢以及可以改善的地方。由於在跟團隊成員以外的人士進行訪談和彙整答覆時，成員們通常更願意透露更多的訊息，因此由外部的教練引導者來進行訪談，會是比較好的方式。本書之後的章節將會更詳細說明如何進行團隊訪談。

團隊評估調查（Team Assessment Survey, TAS）是一份簡短的線上調查量表，是根據我們過去在全球各地針對超過兩千個團隊的研究所彙整出的資料而來的。團隊評估調查的優勢之一，就是針對火箭模式的八大要素提供標竿的資訊。團隊評估調查的分數介於1到100，績效較低的團隊分數較接近0，平均值約為50分，高績效的團隊分數則超過75分。

在我們與航站領導團隊合作的過程中，首先進行了這份調查。如圖所示，航站領導團隊在各項目的分數偏低。他們在團隊的「環境」與「使命」上無法取得共識，「人才」也不足。團隊的「規範」需要更多的努力，而「認同」、「資源」與「勇氣」的得分也相當低。從這些團隊表現落在低百分位的分數來看，「結果」的分數偏低並不令人意外。

團隊評估調查報告也會列出團隊效能指數（TQ）。航站領導團隊的團隊效能指數為17%，這代表全球資料庫中的團隊，有超過80%者的團隊效能指數比他們高。依據面談內容所顯示的資訊來看，這些數據結果並不讓人感到意外。團隊評估調查也根據火箭模式的八大要素，以及團隊成員針對團隊優缺點所寫下的想法，提供分項的回饋。稍後章節將會說明如何訂購與解讀團隊評估調查報告。

# 透過證實有效的方式，改善團隊績效

回饋是改善團隊績效的重要步驟，但是光憑回饋是不夠的。當團隊確切掌握本身的優勢與缺點，就需要開始規劃並執行改善的方案。就如我們沒辦法給所有領導者同樣的發展計畫，團隊的發展也無法採用制式的方案。翻轉團隊的要素取決於其歷史、面臨的挑戰，以及績效落差的性質。

本書針對十三種團隊常面臨的挑戰提供指導的方針，以及四十項實際操作過的活動，協助改善團隊的動能與績效。相較於一些只專注於人際互動和諧的團隊課程，這些活動讓團隊真正運作起來，以建立團隊效能。我們就是透過這些活動來協助比利與航站領導團隊，幫助他們從低績效的團隊轉化成為高績效團隊。

第三到十五節介紹不同的個案，說明團隊經常面對的一些挑戰。這些章節也提供整體的團隊建立計畫的設計、課程的理念，並提供教練引導者一些準則，包括目標、需要解決的關鍵問題、活動，以及要讓團隊在這些狀況中參與的素材。這些章節的主題包括：

- 建立新的團隊（第三節）
- 協助團隊從A升級到A+（第四節）
- 修復有問題的團隊（第五節）
- 合併不同的團隊（第六節）
- 虛擬團隊（第七節）
- 群體形式的團隊（第八節）
- 矩陣式團隊（第九節）
- 高階經營團隊（第十節）
- 新的團隊領導者：快速上手（第十一節）
- 新團隊成員的加入（第十二節）
- 培訓領導者建立高績效團隊（第十三節）

- 高潛能人才與團隊（第十四節）
- 協助組織培育高績效團隊（第十五節）

第3-15節提到了40個團隊改善活動或練習。本書詳細說明每項活動的目的、主要考慮因素，準備工作，逐步引導流程，並提供了完成表單或海報紙的範例、輔助材料和活動後續的安排。在確認如何完善解決團隊問題時，擁有多種指導的教具和活動，可以讓團隊領導者和引導者更加靈活地運用。

## 如何充分運用本書

這本書並不需要從頭到尾詳讀，建議先從第二節開始閱讀。這個章節會先導引各位先思考，如果要讓團隊參與度更為提升，需要先做的一些決定。之後，請根據符合你團隊的狀況，閱讀適合的章節。比方說，如果你想要讓新成立的團隊有個好的開始，那就請閱讀第三節，了解新的團隊面對的挑戰，學習如何設計你的計畫，以有效建立新的團隊，之後請檢視第三節推薦的團隊績效改善活動；如果你想要修復有問題的團隊，請閱讀第五節；如果你想要制訂一個領導力發展計畫，指導領導者學習高績效團隊建立時需要的能力，那就請閱讀第十三節。

第三至十五節提出建議，說明四十項團隊績效改善活動最適合什麼樣的團隊挑戰。這些章節也詳細說明執行的順序。不過，這些建議都只是起始點。在不同的狀況下，這些活動可以調整順序、作為單一的練習、加以修改來解決現有問題，或是用其他活動來替代。

我們理解有時候因公司的營運或訂單的需求，讓有些團隊無法挪出時間來好好處理團隊的問題。不過領導者或教練引導者還是可以按照這些建議的步驟進行，或許可以每一、二個星期進行一個活動。大多數的團隊都應該可以每隔

幾個星期抽出一、兩個小時來進行這些活動。

　　這四十個團隊績效改善活動也搭配有一些書面資料、文章、PowerPoint簡報，各位可以從www.infelligent.com 網站上下載中文版的這些檔案。

# 第二節

# 起始點

| 登場人物 |
|---|
| 雀兒喜（連鎖咖啡品牌區經理） |
| 海莉（連鎖咖啡品牌店經理） |

　　雀兒喜在東岸一家知名連鎖咖啡品牌擔任區經理已經兩年。方圓將近5公里內的十來位店經理都隸屬她的管轄區。身為區經理，雀兒喜需要負責這十家店的整體營收，比方說，她的年度營收目標是1,850萬美元，是這十家分店營收的總額。有些目標，像是區域的整體顧客滿意度評比以及員工離職率的責任，則是由所有店經理共同承擔。

　　這十家分店基本上都是獨立營運，在規模、客群、營運時間上都各有不同。各家店營收從100萬至300萬美元不等，而員工人數也從八位到三十位都有。部分分店位於城中區辦公大樓內，有些則是購物中心裡面的獨立店家，兩家分店還提供得來速的服務。辦公大樓的店家從早上五點開到下午六點，週一到週五營業，獨立的分店則是從早上五點開到晚上十點、每週營業七日。店經理必須負責扛起各分店的財務與經營狀況、聘用和培訓員工、管理班表。每年

員工的離職率高達六成，所以店經理花相當多的時間在員工相關的問題上。

雀兒喜最近把海莉晉升成店經理。海莉是一位認真、有企圖心、聰明的員工，相當熟悉店裡的營運細節，經常在區域分店的評比中得到冠軍。顧客跟雀兒喜都喜歡她開朗的個性，也將她列入公司高潛力經理人才培訓計畫的人選名單中，但是海莉的分店狀況並不是很好。雖然她跟客戶關係很好，但對部屬卻過於嚴厲。她分店的員工離職率高於平均值，員工的士氣也相對低迷。每季的員工敬業度分數也相當令人擔心，但是海莉都有合理的說明，表示是有一、兩位心懷不滿的員工把分數拉低。因為她負責的分店員工常常離職，很多其他分店的員工需要來支援。毫不意外地，這些外調的員工不喜歡在這裡工作，有些甚至直接拒絕支援。海莉其他的同儕試圖跟雀兒喜提醒這個問題，但是雀兒喜卻聽不進去。

除了幫海莉提供代班人員之外，其他店經理手上也有一些狀況要處理。最近發生的一件事，讓品牌受到媒體矚目，所有員工都必須出席兩小時的多元組織文化培訓課程，由店經理來指導。大家在全國各地開始展開培訓課程之前的一小時才收到培訓教材，而且培訓內容牽涉了一些敏感的議題，很多人未做好事先準備，場面相當棘手。同時店經理在使用一套全新的選才軟體時，因為軟體本身相當困難無法上手，也導致流失了一些優秀的應徵者。

店經理們對海莉的敵意、對這套多元組織培訓的怨言，加上這套選才追蹤系統的問題，讓雀兒喜感到團隊快要崩盤了。店經理們配合度不高，團隊的互信很低。她知道自己必須有所作為，所以每週安排「團隊建立」的會議，請十位店經理參加。第一個星期，她跟店經理們說了一段勉勵的話，幫團隊加油，也請大家分享自己的性格類型。第二週，大家玩了一系列建立互信的活動，包括一些必須遮眼的團康活動。第三週，雀兒喜安排了全區的尋寶遊戲。第四個禮拜，兩位店經理因為家裡有事必須提早走。第五個禮拜，三位店經理有其他事不能參加。團隊的氣氛也越來越壞，而兩個月之後，雀兒喜必須聘請四位新的店經理。

　　大部分強化團隊的活動都跟雀兒喜的作法一樣，意圖很好，但是成效不如預期。這個章節將提供一些作法，預防這樣的事情發生。領導者和引導者規劃團隊投入活動之前，必須先了解一些重要的元素，像是團隊與群體之間的差異、該如何在引導團隊活動之前先做好準備，還有在改善團隊效能過程中，領導者、成員、教練、引導者必須扮演的角色是什麼。熟悉這些要素，就能提高團隊投入活動的效果，對團隊績效有實質的幫助。

## 群體還是團隊？

　　很多人常把群體和團隊兩者混為一談，其實這是兩種不同的工作型態。群體是一群各自持有個人目標而不是共同目標的人，他們的作為對群體中的其他人影響不大；團隊則是一群擁有共同目標而非個別目標的人，他們的行為高度影響其他成員，是屬於共存共榮的一群人；還有一些是混合體，介於兩者之

### 群體 vs. 團隊對照表

| 層面 | 群體 | 混合體 | 團隊 |
|---|---|---|---|
| 目標 | 各個成員聚焦完成各自的績效目標。團隊的目標僅是各自目標的總和。 | 個人的目標與共同的目標有一定的比例。 | 共同目標。團隊成員想要達成的唯有團隊的目標。 |
| 投入心力 | 獨立。一位成員的所作所為，對於其他成員影響不大。 | 有些作為對團隊成員有一點影響，有的影響較大。 | 彼此互依。一位成員的作為對團隊其他成員有很大的影響。 |
| 回報 | 以個人的績效為本。整體的團隊績效對成員的回報影響不大。 | 有些回報是因個人努力而獲取，有些則是因整體團隊的努力而取得。 | 以團隊績效為主。成員的成就來自於團隊的共同成就，個人的成就相較之下比較不重要。 |

間，其中成員的目標，有的是屬個人目標，有的是屬共同目標，有些作為會影響其他成員，有些則不會，他們工作的回報，則是部分是個人的貢獻，部分是集體的貢獻。

雀兒喜的店經理們其實比較像是群體而非團隊，畢竟各個分店各有自己的衡量指標，彼此獨立營運，所得到的回報也都是以自己店家的績效為準。花時間培養團隊的向心力，也無法讓他們在分店的經營上更有效率，反而佔用他們自己工作的時間，讓他們更焦慮。雀兒喜負責的這個區域或許有問題，但是並不是團隊合作的問題。

領導者和諮詢顧問如果將兩者混淆，就麻煩了。把群體當作團隊的話，會讓群體的成員抓狂，因為讓他們加強團隊向心力的時間，是他們可以用來達成目標的寶貴時間。把團隊當作群體也一樣令人挫折，領導者會用一對一的方式主導溝通模式、工作的分派、解決問題的方式，而不是讓他們一起解決問題。第八節會更詳細說明群體和團隊的差異，並建議適切的活動來改善群體效能，協助群體改善群體的工作模式。

# 建立團隊投入的準備工作

領導者的任務就是解決問題。雀兒喜想出的解決方式，就是團隊出現士氣低迷問題時，一般人會想到的作法。可惜她的作法錯誤，如果事先做好完善的準備，效果可能會好一點。規劃團隊活動之前，有一些事是領導者必須先考慮的。

## 誰應該出席？

這個問題並沒有想像中那麼好回答。團隊的效能，會受制於其中績效最低的成員，所以如果領導者認真想要改善團隊的績效，就必須在事前先針對低效

能、投入較低的成員做處理。當部分成員無法專注，會嚴重影響團隊的活動。如果要規劃異地的團隊培訓，最好先解決這些問題，不要讓一粒老鼠屎壞了一鍋粥，影響整個團隊。雀兒喜應該先與店經理們個別會面，聆聽他們的問題，先採取必要的行動，而不是草率地規劃建立團隊效能的活動。

　　順道一提，有些團隊可能規模太大，無法在團隊建立的活動上呈現好的效果。如果團隊成員超過十位，很難進行有意義的對話。如有這樣的狀況，團隊領導者可以先鎖定一群核心的成員，進行不同的團隊活動，再請其他成員提供建議和回饋。

| 投入目標 | 為什麼團隊要群聚一堂？成功的樣貌是什麼？ |
|---|---|
| 單獨進行還是異地活動的一部分？ | 團隊投入活動是單獨進行，還是異地大型活動的一部分？團隊投入的活動如何連結到其他異地活動的內容？ |
| 出席者 | 有誰要參加？是強制出席的活動嗎？ |
| 日期與時間 | 準備要花多久的時間來加強團隊投入？日期、活動開始和結束的時間是什麼時候？可以提早離開嗎？ |
| 地點 | 投入活動舉行的地點在哪裡？準備的空間是否具備可以蘊釀出正向對話、訓練領導者的氛圍？ |
| 團隊評估調查作業 | 這項活動中，團隊會不會完成團隊評估調查問卷？團隊評估調查的執行人員必須注意哪些作業的細節？ |
| 團隊訪談 | 這項團隊活動，會不會對成員進行訪談？訪談的流程會包括哪些細節？ |
| 前置作業 | 有哪些前置作業必須先完成？在什麼時候必須完成？誰會負責執行？ |
| 溝通 | 關於前置作業與活動內容的事項，有哪些部分是需要與團隊成員進行溝通的？ |
| 相關資料 | 針對這項活動，需要準備哪些相關資料？誰會負責將資料送達活動現場？ |
| 活動角色 | 在活動前、活動中、活動後，誰應該進行哪些事項？ |

## 規劃建立團隊投入的活動

規劃一些提升團隊向心力活動之前，必須先回應以下的問題：

這些問題看起來都相當簡單，但是就如雀兒喜所面臨的狀況，如果不先將這些問題釐清，團隊的活動很容易失焦。失能的團隊如果以為參加一些有趣、實驗性的活動，就能找出並解決團隊的問題，就會出現嚴重的誤差。當這些團隊在長達三天的異地活動中抽出一個小時，希望改善團隊的運作與績效，就會出現另一個問題。因為領導者往往高估團隊績效，這樣的誤判比想像中還要常見。如果領導者認真想要改善團隊的效能，就應該在檢討團隊評估調查和訪談結果之後，就先調整團隊活動的目標與議程。

如果引導者參與活動，就必須與團隊領導者事先討論這些問題。通常需要兩次的會議才能完成。第一次的會議中，需要先討論上述的前面九項問題，像是清楚訂定活動的目標、決定哪些成員需要事先完成團隊評估調查或進行訪談，並整理出為團隊活動能順利進行的溝通計畫。如果過程中運用團隊評估調查或訪談，就必須進行第二次會議，蒐集更多的資訊、討論調查的結果、設計活動的流程，並討論出活動期間和結束後領導者與引導者扮演的角色。

決定不要外聘引導者參與團隊活動的領導者，可以有兩種選擇：他們可以自己規劃所有的細節，或指派團隊成員來進行規劃和執行。這其實也是一種學習的方式，學習可以在其他團隊中運用的技巧。如果領導者選擇將這項任務授權給其他團隊成員來進行，就必須與成員密切合作，確定所有的問題都已經釐清，可以著手引導這次提升團隊投入所準備進行的活動。

# 引導團隊投入活動

多年來，我們在引導提升團隊投入中有了一些收穫與學習，其中有些是痛苦的教訓。在此段落中，我們會跟各位分享十項要點，可以在會議前、會議期間、會議後進行，提升這次會議成功的機率。

## 認真準備引導的過程，並在引導時保持彈性

　　團隊領導者與引導者在進行任何強化團隊投入的活動之前，請務必先做好功課。他們必須先了解團隊的歷史、團隊的關鍵利益關係人與影響因子、其挑戰與目標、團隊的成員以及他們的直屬主管。他們也需要先掌握所有有關團隊動態與績效的數據（例如團隊訪談、團隊評估調查的結果、團隊計分卡，或是過去的紀錄），知道如何引導選定的團隊績效改善活動，並準備足夠數量的相關資料與教材。如果現場需要外部的引導者，也需要釐清活動目標、流程與扮演的角色，並對如何進行指導在活動之前與團隊領導者取得共識。

　　高效能的領導者與引導者在進行任何的團隊活動之前，都會有完善的規劃，但是也要有心理準備，即使準備再好也還是可能出錯。事先未預料到的主題有時會浮出檯面，其他的主題得到的迴響也不一定跟設想的一樣，討論也可能不如預期熱烈。團隊領導者與引導者都必須視情況調整，引導大家討論適切的議題。從實際面來看，這意味著團隊領導者和引導者都必須克制自己，不要過度介入活動的流程。先做好完善的準備，但是留意不要試圖把所有的活動一次搞定、完成。

## 順著當下的能量進行

　　就如之前所述，通常團隊需要花時間找出目前最大的問題，並投入時間來內化與檢視，才能產出更大的改善幅度。通常團隊訪談和團隊評估調查的結果可以找到這些問題，但是還是會有一些領導者和引導者事先未知的問題出現。像雀兒喜這樣想要掩蓋問題，只會讓問題更嚴重，最好的作法就是立即、直接面對問題。如果沒有辦法立刻處理，還是需要承認有這些問題存在。有時候也是需要停頓一下，蒐集更多資訊，然後再安排時間一起討論浮現的問題。

---

**過程中的學習要點**

- 認真準備引導的過程，並在引導時保持彈性。
- 順著當下的能量進行。
- 用小型團體活動來增進心理上的安全感。
- 領導者需要稍微貼近現實。
- 人們永遠對自己最感興趣。
- 對話比數據重要。
- 釐清模糊，盡量明確。
- 只有實質的努力才會增強團隊。
- 有意願很好，願意承擔責任更好。
- 引導者不會把團隊修好，團隊會自己修復。

---

## 用小型團體活動來增進心理上的安全感

我們建議先以小組的模式來討論議題，再將結果向大家報告。這樣的模式可以促進有建設性的對話，因為通常人們在三到五人小組中會比較自在，也比較願意發表意見。小組討論時，大家也都相對願意點出問題的所在。小型的討論會提升會議空間的能量，打造更安全的氛圍，讓其他人更願意分享自己的觀點。

## 領導者需要稍微貼近現實

我們的研究發現，用團隊評估調查的五分量尺量表時，團隊領導者對團隊表現會比其他成員的評分高出0.5到1.5分。如此評分的趨勢有幾個可能的理由：有時候團隊成員對主管只報喜不報憂；有些團隊主管不在乎團隊的績效；有時候團隊主管只想聽自己想聽的，也不太會傾聽；有些主管只忙著自己的事，沒有花太多時間跟團隊相處。領導者給分過高，也是團隊績效不佳的理由之一。

團隊領導者要如何修正自己看不到的問題？又或是即使看到問題，如果他們太晚介入或完全不介入，又會怎麼樣？雀兒喜就是一個活生生的例子，她無視海莉的問題所發出的警訊，也低估多元文化培訓與全新人才軟體對他們區域的影響。團隊領導者往往被團隊評估調查的分數嚇到，但是團隊成員不會，他們心裡早就有譜。

因為這觀感的落差，在進行任何投入活動之前，領導者應該先比對自己的團隊評估調查分數和團隊成員的分數，了解自己對團隊的解讀是否正確，以及在哪些部分是高估團隊的績效，也同時讓他們知道在哪些地方，還需要多了解團隊成員的觀點。

## 人們永遠對自己最感興趣

人類天生都會對自己感到好奇，所以無論是性格評量、360度評量（360-degree assessments）、員工敬業度調查或團隊評估調查回饋報告，他們都會想知道結果。大部分的人想要知道自己跟別人評比之下的狀況如何，所以我們在團隊評估調查報告中，會提供百分比的數據，可以知道團隊在火箭模式的八大要素中，與其他團隊相較，哪些較為卓越，哪些低於平均值。

這天生的好奇心也可以用來改善團隊績效。大部分的團隊看到自己的得分低於其他團隊時，會燃起想要改善的動力。分享團隊評估調查的結果應該更能激勵大家，讓他們更投入參與接下來在本書中所提到的團隊改善活動。

## 對話比數據重要

「老實說，分數是高還是低我都不在意」這句話可以精準地形容我們對於團隊評估調查各項分數是高是低的想法。雖然團隊評估調查可以說是坊間最能

精準呈現團隊動態與績效的評量，但團隊評估調查的主要功能還是促進更多的對話，而不是呈現真相。團隊可以透過討論自己的團隊評估調查結果來決定自己的真實狀態。透過這些對話，團隊可以決定哪些結果是合理的、哪些分數太高或太低，以及哪些部分需要做更多討論。

## 釐清模糊，盡量明確

團隊成員對顧客、工作量、團隊決策過程、衝突的管理方式都會各有想法，至於他們會不會說出來，就是另外一回事。許多主管都覺得團隊成員的想法跟他們一樣，但大部分的時候則不見得如此，尤其是新的團隊、虛擬團隊，或是在新的團隊裡做調整的時候更是如此。在任何想要強化團隊效能的活動過程中，讓大家把想法都說出來，一起解決衝突，並針對接下來的行動有所共識，就非常重要。這樣的過程對於雀兒喜來說，遠比找店經理一起出去打高爾夫球、一起聚餐，更能產出好的結果。

## 只有實質的努力才會增強團隊

改善團隊效能的一大阻力，就是野外繩索活動、尋寶遊戲、分享奇怪自我評量分數等等這類型的活動。這些活動當然充滿歡樂，大家也都樂於其中，但是很難讓團隊成員聚焦於正確的議題或是有真正的作為。團隊需要找出妨礙他們有效執行任務的問題，找到可以克服困難的解決方案，願意做出承諾，負責執行該做的事，才能建立互信、增強能力、更加投入。

這並不是要否定傳統團隊建立活動對高效能團隊的作用，只是建議謹慎使用，同時也需要確認活動內容可以連結到想要解決的問題上，而不是團隊士氣低迷時，或是只因為引導者喜歡這類型的活動而使用。

## 有意願很好，願意承擔責任更好

人跟團隊都一樣，難免會故態復萌。大家參加團隊投入活動後士氣滿滿，但不到六個月就回到原狀。如果想要預防這樣的情況，就應在活動期間制訂責任歸屬的機制。可能要定期審視團隊計分卡、團隊行動計畫，並註記完成日期以及負責的人員，針對團隊規範進行非正式的評估，或進行第二次的團隊評估調查來追蹤進度，或是請同儕給予回饋。

所有團隊都需要監督人，團隊領導者在建立責任歸屬的制度上，扮演重要的角色，必須確認大家確實遵守所有團隊成員的承諾。請團隊成員互相督促來完成任務，這在理論上聽起來不錯，但實際上卻很難做到。頭幾次破壞規定時，可能會怪罪違規的人，但是如果繼續如此，問題就出在領導者身上。督促大家的人可能人緣不會太好，但是會幫助團隊讓績效更上一層樓。

## 引導者不會把團隊修好，團隊會自己修復

引導者在引導團隊活動時，力道應該輕一點，盡量避免分派團隊工作，例如為團隊進行團隊評估調查報告解讀、影印團隊活動的結果、完成團隊行動計畫，或是要求團隊為同意的事項負責。這是團隊的任務，不是引導師的任務。團隊越是負起責任來進行各種項目，越有可能將工作執行完成。不過引導者可以將自己的觀察和建議記錄下來，作為後續行動的依據，並與團隊成員分享。

## 團隊投入活動中的角色

### 團隊領導者

他們在團隊投入活動中扮演極為重要的角色。他們決定要不要舉辦團隊投

入的活動、掌控活動時間的規劃、設定活動的整體主軸，並決定活動後該完成的事項以及目標是否達成。高效能的領導者也知道高績效團隊的基礎要素，知道什麼時候該帶頭衝，什麼時候該從後面推動。他們在勾勒團隊願景時、教導大家如何搶得先機時、制訂對團隊行為模式的期許時、鼓勵大家努力完成目標時、選擇和執行可以增進團隊效能的活動時，都是走在最前線領導大家。他們在提問問題時、鼓勵大家參與討論時、請團隊成員主動帶領不同的團隊活動時，是站在最後面推動大家。在增進團隊績效的活動中，這兩種領導的風格都非常重要。

## 團隊建立活動中站在最前線領導 vs. 從後面推動領導

從後面推動領導的風格，就是提問問題多於提供答案，縮短發言的時間，最後發言，以及刻意營造機會，讓團隊成員主導。在報告時，領導者應該避免搶麥克風、白板筆以及成為代言人。

從最前線領導的風格，說明活動的內容，釐清大家的期許，以及在團隊無法達成共識時表達立場。

該站在最前線領導，還是從後面推動，這兩者之間的平衡的確難以拿捏。喜歡衝衝衝、過度掌控的領導者，說的話有時候比整個團隊的話還要多。如此一來，大幅度降低團隊成員發言量、參與感、長遠的認同感，最後讓團隊陷於無助的氛圍。當團隊領導者抱怨自己必須做全部的決定，那肯定是因為他花太多時間站在最前線來領導大家。過度站在後面推動的風格也會有問題，無法明確說出自己的期許、表明立場、希望團隊成員每次都能達到共識的領導者，會耗費過多的時間。如果領導者無法自己做決定，到頭來成員們會感到灰心。在進行團隊投入活動時，領導者們可以參考以下的幾項要點：

1. 參與小組活動，但不要幫忙記錄下所有的事項。
2. 小組向大家報告時，請切記不要幫大家發言。

3. 請不要發言超過20%的時間。花時間提出問題，幫大家的決定與完成事項做重點整理。把其他八成的時間留給團隊成員，讓他們分享觀點、找出問題、討論出解決之道。

團隊領導者也應該安心當個監督者，畢竟到最後必須讓團隊負起責任，完成被指派的任務，並遵守團隊規則。這意味著他們必須確保團隊裡都是對的人，並適時剔除績效不佳或長期影響士氣的成員。團隊領導者手握大權，應適時發揮作用。高成效的團隊領導者會把團隊變得更好，很多效能不足的團隊，問題通常是因為領導者花太多或太少時間在前面帶領大家、在後面推動大家，或是無法適任監督的角色。雀兒喜在監督的角色上無法發揮作用，是因為她讓海莉破壞了大家的士氣卻毫無作為。

團隊領導者的第四個角色，就是培植成員，讓他們也成為高績效的領導者。領導者在投入活動中授權給團隊成員，指導他們如何做準備，有效執行這些改善團隊的活動。

## 團隊成員

團隊成員必須願意分享自己的觀點，在大家思考問題、解決問題時加入討論，投入心力來完成指派的任務，並願意承諾去完成這些事項，且遵守團隊的規則和協議。由於很多的成員過去曾經在績效不足的領導者底下工作，或是在失能的團隊裡服務，這些都可能很難做到。

## 引導者或教練

如果團隊決定借助引導者的長才來引導活動，他們就必須進行許多的事項，以確保團隊投入的活動能夠成功。首先，引導者在進行任何團隊投入活動前，必須先進行盡職調查（due diligence）。先與團隊領導者開會，了解領導者

對團隊的觀感、聘請引導者的理由、活動的目標，這些都缺一不可。引導者也必須先蒐集資料，了解團隊的歷史、顧客、競爭對手、重點完成事項清單與挑戰、成員、小圈圈和團體，以及團隊的規範。他們可以從組織的年報、網頁、相關文章，以及訪問團隊成員來更加了解團隊。

其次，引導者必須在進行團隊投入活動之前，先協助團隊領導者做好準備，並且指引領導者，這包含討論活動的目標、設計流程和討論活動的安排；協助領導者準備開場白和結語；釐清活動中大家要扮演的角色。

第三，引導者必須能夠自在地順著活動的能量來引導團隊，保持流程的彈性，因為有時候團隊需要的時間可能比預期來的多。引導者也應該能夠很自然地提問問題，縮短發言的時間，避免成為專家的角色。當引導者提出適切的問題，讓團隊成員可以思考答案而不是一直接收答案，這樣他們的參與度將會更高。有經驗的引導者會依團隊需求，適度選擇、調整活動。

第四，引導者也應該在活動中適度指導領導者。這通常是私下進行，重點在於協助領導者更精確掌握帶頭領導、從後面推動或扮演監督角色的時機。引導者也會在異地活動時，提供團隊更多的指導，通常是提供回饋，分享自己的觀察。舉例來說，團隊成員可能答應要一起參與，願意挑戰彼此，但是到最後卻變成由單一的成員主導對話，這時引導者可以協助團隊領導者回顧這個過程，詢問團隊成員在這兩項規範下，是否切實做到了，那麼在未來該如何改善。

第五，引導者必須知道，即使再成功的活動也無法把團隊「修復好」。團隊的指導會在這次的活動之後繼續進行。好的引導者會做紀錄，檢視對這個團隊的觀察，在活動結束後與領導者討論，分享觀察與建議。這些紀錄可能涵蓋一些有關團隊的敏感內容，因此引導者也需要在分享之前，先釐清誰會看到這份資料。引導者也可以跟這一個團隊進行報告，通常會請團隊成員一起討論，活動中哪些是有成效的，哪些沒有；重要的學習；如果要改善團隊績效，還需要做些什麼。

### 團隊應該與外部引導者合作嗎？

團隊領導者和成員可以不搭配外部引導者，只根據本書內容的準則進行各式的活動，但是在一些特殊的情況，像是新的團隊、資深領導團隊或修復有問題的團隊時，引導者就成為非常重要的助力。引導者不屬於團隊的一分子，因此更容易提出困難的議題，也更容易向主管說實話。好的團隊引導者可以幫助團隊進行適切的對話，針對問題發展出有成效的解決方案，協助做出決策，建立計畫，使用當責的制度來確認團隊的決策與計畫都能妥善執行。

# 結語

本章整理出要成功執行團隊投入活動的一些重點。團隊領導者與引導者必須了解群體與團隊之間的差異、在準備團隊活動時要考慮些什麼，以及在這類活動中，領導者、團隊成員、教練、引導者扮演的角色。如果領導者知道什麼時候該帶頭領導大家、什麼時候要退到後面來推動、什麼時候要監督大家，將能更大幅度地幫助團隊。在接下來的第三到十五節，將會更進一步說明這些事項。

# 第二章

# 常見的團隊情境

# 第三節

# 建立新的團隊

| 登場人物 |
| --- |
| 安迪（高潛能領導者） |

　　我們最近與一個團隊合作，為一家從事產品安全測試的中型企業進行一項能見度相當高、關鍵性的計畫。這家公司以其卓越的技術而享譽盛名，公司的工程師也是世界級的產品安全專家，顧客對他們提出的產品改進建議相當讚賞。可惜這家公司提供的拙劣服務也是相當有名的。顧客委任的產品雛型會擱置數月後，才進行安全檢測，工程師也常常不回電，顧客往往無法得知產品是否通過檢測、能不能如期上市和行銷。

　　雖然在過去四年中，此公司年收入每年成長約5%，但大部分的成長來自收購和價格的調漲。更深度的分析也發現，該公司顧客流失率超過開發新客源的速度。公司執行長（chief executive officer, CEO）請一位高潛能領導者安迪來改善顧客服務。

　　由於這項計畫有了執行長的背書，安迪從公司內部延攬多位菁英同仁加入

這項計畫。十位成員的專案團隊涵蓋行銷部、銷售部、資訊部、財務部、客服中心、產品安全部門的主管。執行長給團隊四個月的時間來找出可行的方案。安迪覺得如果要讓團隊順利展開，需要先面對面開會討論，但是他不太確定這第一次的會議要做些什麼。

# 新建立的團隊在哪裡會卡住？

　　洗髮精品牌海倫仙度絲（Head and Shoulders）曾經推出一句標語：「留下好的第一印象的機會只有一次。」同樣這句話也可以應用在新建立的團隊上。好的開始，可以為團隊後續的成功帶來很大的助力，但是如果領導者和引導者想要將一群陌生人轉變成一個高績效的團隊，那麼需要克服幾項重要的挑戰。踏出成功第一步的新團隊，應該很快釐清為什麼要建立這個團隊、他們成功的定義是什麼，以及該如何共事，好讓團隊能夠成功。這些越早釐清，就能越快開始踏上高績效之路。

　　我們用火箭模式的架構來找出新的團隊在每項要素中，可能需要努力的地方：

- 環境：因為大家的背景不同，所屬的業務單位也不同，團隊成員對於團隊所處的狀態與面臨的挑戰，會有不同的觀點。
- 使命：通常團隊的目標與計畫可能還沒有明確制訂出來。如果缺乏共同的目標，團隊成員努力的方向可能慌亂無序、毫無章法。
- 人才：如果團隊的所有成員對於角色、職能、界線都不是很清楚，那麼可能會出現衝突。團隊也可能出現人才的缺口。
- 規範：團隊成員對於組織的溝通、決策過程、責任的歸屬可能有不同的期許，因此讓大家達成共識、願意遵守同樣的規範是很重要的。
- 認同：新的團隊必須花時間讓所有的成員承諾，共同為團隊的使命努

力，且認同大家是可以成功的。除此之外，通常也需要討論團隊成員的忠誠度，是對這個團隊還是其他團隊忠誠。

- 資源：釐清使命之後，團隊就應該盤點可以使用的資源。如果要完成目標，團隊是否擁有足夠的資料、預算、權限和設備？
- 勇氣：新的團隊必須制定明確的期待，說明如何提出困難的問題、表達不認同的想法，以及創造出可以針對正向的衝突提出討論的安全空間。
- 結果：新的團隊需要釐清他們如何評估成功，建立回饋機制，讓團隊持續改進。

## 新團隊常見的挑戰

- 彼此不熟悉
- 對團隊環境有不同的觀點
- 對目標與目的不夠清楚
- 角色的模糊
- 缺乏團隊規範
- 不夠認同
- 信任不足

# 解決方案

我們協助安迪一起設計團隊投入活動的整體流程。專案小組在接下來的幾個月中，將會進行四天的會議。我們引導第一次的會議，安迪則進行最後的兩次會議。在會議之間，專案團隊完成指派的任務。第一次會議的四個月之後，專案團隊構思出解決的方案，向高層領導團隊（executive leadership team, ELT）報告成果。

| 三個月的計畫 | | | |
|---|---|---|---|
| 會議一（第一天） | 會議一（第二天） | 會議二 | 會議三 |
| • 開場白<br>• 夢幻團隊 vs. 噩夢團隊<br>• 火箭模式介紹<br>• 環境分析練習<br>• 訂定團隊目標<br>• 需完成的目標<br>• 人生旅程 | • 回顧第一天內容<br>• 角色責任矩陣<br>• 團隊規範<br>• 團隊行動計畫<br>• 團隊運作節奏<br>• 下一次會議需完成的目標 | • 檢視需完成的目標與行動計畫<br>• 團隊解決問題的能力<br>• 利益關係者分析<br>• 團隊行動計畫與下一次會議需完成的目標 | • 檢視需完成的目標與行動計畫<br>• 團隊評估調查回饋<br>• 團隊解決問題的能力<br>• 團隊行動計畫與最後會議需完成的目標 |

## 會議一

　　完成開場白、向大家介紹火箭模式之後，我們帶領大家進行環境分析練習。團隊也用一點時間訂定目標、釐清計畫中需完成的目標，並在第一天結束前進行人生旅程的練習活動。人生旅程的活動可加速互信的建立，討論也在晚餐中繼續進行。專案團隊在第一場會議的第二天完成火箭模式的環境與使命的討論，討論出誰要負責哪些事項，也針對團隊共事、彼此溝通、進行會議的方式建立規則。第一場會議結束時，大家整理出一份長達四個月的團體行動計畫，列出重點的行動、負責人員，以及需要完成的日期。結束時，團隊成員對於團隊的情況、目標、任務的指派、會議的時間、正確的溝通模式，以及下次會議之前需要交付的事項，都有清楚的理解。

## 會議二

　　第二場會議進行之前，團隊成員針對目前的顧客服務作法、顧客申訴、客服中心的資訊、顧客的財務與滿意度評估制度進行資訊的蒐集。會議過程中，大家討論這些資料、更新需完成事項的清單、討論團隊行動計畫的進度、分享

重要的學習、討論手上的工作內容。討論內容也包括顧客滿意度的定義，以及公司評估的方式所產生的問題。團隊開始構思初步的解決方案。安迪引導大家進行利益關係者分析練習，找出重要的關係者，討論他們對可能的方案的態度，以及如何提升他們的支持度。

### 會議三

在這次會議之前，團隊成員針對團隊行動計畫的項目準備報告。他們也完成團隊評估調查，同時安迪也協助他們解讀報告的結果、討論團隊行動計畫的進度，以及著手要向高層領導團隊提出的建議內容。第三場會議結束時，專案團隊已經開始變成高績效的團隊，針對公司顧客服務的問題提出了有效的方案。

## 當責機制

安迪在第二場、第三場的會議中，一開始都先回顧團隊計分卡與團隊行動計畫，兩次會議結束前，也討論下一次之前要完成的事項。

## 成果

團隊向高層領導團隊提出建議，最後公司雖然沒有全面採用專案團隊的建議，但仍實施其中許多的項目。

## 結語

依據我們的經驗，通常需要兩天的時間來討論環境、使命、人才、規範和

資源等議題，才能成功建立新的團隊。或許感覺要花太多的時間，但是寧願事先先花費這些時間，也不要等到團隊失敗後再花時間來扭轉劣勢。除此之外，這兩天時間裡的活動也通常是在二到六個月的期間完成，其中還要規劃團隊的任務（團隊的工作、解決問題）和團隊的合作（執行不同的活動來增強團隊的功能與動態）。如果新的團隊沒有這麼多的時間，那要請他們盡量完成環境、使命、人才、規範這些項目的內容。

這只是建立新團隊的一種參考設計。當面對不同專案的緊急性與可見度，專案團隊可能需要在成立前有更多準備。我們見過其他領導者進行一連串分開二小時的會議，運用不同的活動或不同的順序。無論如何，成功的活動設計必須要有一個共通的框架來建立高效能團隊，取得有效運作的協議，以及當責機制確保團隊的承諾可以實際落實。

## 會議一（第一天）的引導者流程

| 時間 | 目標 | 重點問題 | 活動與所需資料 |
|---|---|---|---|
| 8:00-8:15<br>團隊領導者進行開場白 | • 列出本次會議目標<br>• 制定參與的期許<br>• 檢視本日流程<br>• 制定會議規則 | • 這次異地會議需要完成哪些項目？ | • 白板架 |
| 8:15-8:30<br>引導者進行夢幻團隊 vs. 噩夢團隊練習 | • 請參與者一同討論有效能 vs. 無效能團隊的差異<br>• 請團隊成員分享討論有效能團隊的重要性 | • 噩夢團隊的特質是什麼？夢幻團隊呢？<br>• 夢幻團隊有多常見？<br>• 如何打造夢幻團隊？ | • 夢幻團隊 vs. 噩夢團隊練習（請參考第238頁） |
| 8:30-9:15<br>引導者介紹火箭模式 | • 讓團隊了解並熟悉高績效團隊的八大要素 | • 團隊該做什麼才能成為高績效團隊？ | • 火箭模式簡報（請參考第244頁） |
| 9:15-9:30 休息 | | | |

| | | | |
|---|---|---|---|
| 9:30-11:00<br>引導者引導「團隊環境」的討論 | • 協助團隊成員了解團隊中多元的觀點<br>• 讓大家對於利益關係者的期許以及團隊在環境上面臨的議題有一致的理解 | • 利益關係者對於團隊有什麼樣的期待？<br>• 哪些外在的要素對團隊有所影響？<br>• 團隊面臨的最大挑戰是什麼？ | • 環境分析練習（請參考第270頁） |
| 11:00-12:00<br>引導者進行「團隊目標」討論 | • 對於團隊為何存在建立共同的理解 | • 為什麼這個團隊存在？ | • 團隊目標（請參考第285頁） |
| 12:00-12:45 午餐 | | | |
| 12:45-15:00<br>引導者帶領大家透過練習，撰寫「團隊計分卡」 | • 將高層級的目標轉化為需完成的事項<br>• 建立評估團隊績效的基準 | • 哪些是對這個團隊有意義、可衡量的目標？<br>• 這個團隊如何定義「獲勝」？ | • 團隊計分卡（請參考第288頁） |
| 15:00-15:15 休息 | | | |
| 15:15-17:00<br>引導者引領團隊進行「人生旅程」活動 | • 協助團隊成員彼此認識<br>• 開始建立互信與同事情誼 | • 什麼樣的生命經驗形塑了團隊成員？ | • 人生旅程（請參考第359頁） |
| 17:00-17:15<br>團隊領導者做結語 | • 回顧團隊在這一天所完成的事項<br>• 提醒團隊明天即將進行的事項 | • 我們今天有了什麼樣的進展？<br>• 我們明天需要完成哪些事項？ | |
| 18:00-20:00<br>團隊晚餐 | • 提供彼此交流的非正式時間 | | |

## 會議一（第二天）的引導者流程

| 時間 | 目標 | 重點問題 | 活動與所需資料 |
|---|---|---|---|
| 8:00-8:30<br>團隊領導者進行開場白與反思 | • 列出本次會議目標<br>• 了解第一天會議的重要學習與反應 | • 這次異地會議需要完成哪些項目？<br>• 第一天的會議後，參與者的反應與學習是什麼？ | • 白板架 |
| 8:30-10:00<br>引導者協助團隊完成環境與使命 | • 針對關鍵的利益關係者與影響因子做最後的確認<br>• 將團隊的目標與目的做最後的確認 | • 團隊面臨的狀況是如何？<br>• 團隊的挑戰是什麼？<br>• 團隊需要完成的事項是什麼？ | • 討論環境的白板架<br>• 討論目標的白板架<br>• 討論團隊計分卡的白板架 |
| 10:00-10:15 休息 | | | |
| 10:15-12:00<br>引導者協助團隊制訂團隊行動計畫 | • 創造一份從團隊目標轉化成的行動步驟，並列出負責人員與完成日期 | • 我們該採取什麼行動才能達成目標？ | • 團隊行動計畫（請參考第291頁） |
| 12:00-12:45 午餐 | | | |
| 12:45-14:00<br>引導者帶領大家完成角色責任矩陣 | • 為團隊成員釐清負責人員、任務內容、工作量平衡表 | • 團隊行動計畫的各個步驟是由誰來負責？<br>• 還有哪些團隊活動需要負責執行的人（如前置準備、執行團隊會議等）？ | • 角色責任矩陣（請參考第295頁） |
| 14:00-14:15 休息 | | | |
| 14:15-15:30<br>引導者協助團隊制訂規範 | • 訂定團隊成員互動、溝通、相處的規則 | • 團隊的規則是什麼？<br>• 大家對於團隊彼此溝通、工作任務、相處的方式有什麼期許？ | • 團隊規範（請參考第329頁） |

| 15:30-16:30 引導者協助團隊訂定團體運作節奏以及整體工作日程表 | • 決定團隊會議的頻率、時間與規則 | • 團隊應該什麼時候開會？<br>• 會議中該討論什麼？<br>• 誰要主持會議？<br>• 會議中應遵守什麼規則？ | • 團隊運作節奏（請參考第333頁） |
|---|---|---|---|
| 16:30-17:00 團隊領導者做結語 | • 檢視會議需完成的事項檢視下次團隊會議的細節<br>• 鼓勵團隊的參與者<br>• 本次會議的優缺點 | • 在下次會議之前，團隊需要完成哪些事項？<br>• 誰需要為這些需完成的事項負責？<br>• 下一次團隊會議是什麼時候？<br>• 由誰主持會議？<br>• 下次團隊會議之前，需要完成哪些事項？<br>• 本次會議中哪些事項是進行順利的？<br>• 下一次會議時，團隊需要在哪些項目上有不同的作法？ |  |

# 會議二的領導者流程

| 時間 | 目標 | 重點問題 | 活動與所需資料 |
|---|---|---|---|
| 8:00-8:15<br>團隊領導者進行開場白 | • 列出本次會議目標<br>• 制定參與的期許<br>• 檢視會議流程<br>• 檢視會議規則 | • 這次異地會議需要完成哪些項目？ | |
| 8:15-9:30<br>領導者帶領檢視團隊計分卡與團隊行動計畫 | • 檢視團隊計分卡的進度<br>• 檢視團隊行動計畫進度<br>• 找出問題所在 | • 團隊是否朝正確方向達成目標與完成團隊行動計畫？<br>• 目前仍缺乏什麼？<br>• 哪些需要更多討論？ | • 團隊計分卡（請參考第288頁）<br>• 團隊行動計畫（請參考第291頁） |
| 9:30-9:45 休息 | | | |
| 9:45-12:00<br>團隊領導者帶領大家找出團隊問題，並練習解決問題的討論 | • 檢視並討論活動中蒐集的資料<br>• 找出團隊面臨的最嚴重問題<br>• 針對這些最嚴重的問題，發展出解決方案 | • 團隊計分卡、團隊行動計畫以及資料傳達了什麼訊息？<br>• 團隊面臨的最大問題是什麼？<br>• 團隊該如何解決這些問題？ | • 白板架 |
| 12:00-12:45 午餐 | | | |
| 12:45-14:00<br>（續早上討論）團隊領導者帶領大家找出團隊問題，並練習解決問題的討論 | • 檢視並討論活動中蒐集的資料<br>• 找出團隊面臨的最嚴重問題<br>• 針對這些最嚴重的問題，發展出解決方案 | • 團隊計分卡、團隊行動計畫以及資料傳達了什麼訊息？<br>• 團隊面臨的最大問題是什麼？<br>• 團隊該如何解決這些問題？ | • 白板架 |
| 14:00-14:15 休息 | | | |

| 14:15-15:30<br>團隊領導者進行利益關係者分析練習 | • 思考各種方案所影響到的關鍵利益關係者<br>• 構思策略與方法來管理利益關係者 | • 誰可能支持團隊的解決方案？<br>• 誰可能抗拒團隊的解決方案？<br>• 團隊該如何經營重要的利益關係者？<br>• 團隊該如何尋求關鍵性的支持？ | • 利益關係者分析（請參考第380頁） |
|---|---|---|---|
| 15:30-16:45<br>團隊領導者更新團隊行動計畫，並帶領討論會議三需完成的事項清單 | • 針對團隊行動計畫做更新修訂<br>• 針對下次團隊會議以及會議三制定需完成的事項清單 | • 根據從會議二所學到的部分，我們該如何更新團隊計分卡和團隊行動計畫？ | • 團隊計分卡（請參考第288頁）<br>• 團隊行動計畫（請參考第291頁） |
| 16:45-17:00<br>團隊領導者做結語 | • 檢視會議需完成的事項<br>• 檢視下次會議的細節<br>• 鼓勵團隊的參與者<br>• 本次會議的優缺點 | • 團隊在下一次會議之前，需要完成哪些事項？<br>• 誰需要為這些需完成的事項負責？<br>• 下次的團隊會議時間？<br>• 誰會主持下次的會議？<br>• 下次團隊會議之前需要完成哪些事項？<br>• 本次會議中哪些事項是進行順利的？<br>• 下一次會議時，團隊需要在哪些項目上有不同的作法？ | |

# 會議三的領導者流程

| 時間 | 目標 | 重點問題 | 活動與所需資料 |
|---|---|---|---|
| 8:00-8:15<br>團隊領導者進行開場白 | • 列出本次會議目標<br>• 制定參與的期許<br>• 檢視會議流程<br>• 檢視會議規則 | • 這次異地會議需要完成哪些項目？ | • 白板架 |
| 8:15-9:30<br>領導者帶領檢視團隊計分卡與團隊行動計畫 | • 檢視團隊計分卡的進度<br>• 檢視團隊行動計畫進度<br>• 找出問題所在 | • 團隊是否朝正確方向達成目標與完成團隊行動計畫<br>• 目前仍缺乏什麼？<br>• 哪些需要更多討論？ | • 團隊計分卡（請參考第288頁）<br>• 團隊行動計畫（請參考第291頁） |
| 9:30-9:45 休息 | | | |
| 9:45-11:00<br>領導者進行團隊評估調查<br><br>回饋討論 | • 檢視團隊評估調查報告結果<br>• 找出團隊優勢、驚奇，以及需要改善的地方 | • 團隊的優勢是什麼？<br>• 團隊需要再努力的地方是什麼？<br>• 團隊與其他團隊相較之下，狀況如何？ | • 團隊評估調查回饋報告<br>• 團隊回饋時段（請參考第261頁） |
| 11:00-15:00<br>團隊領導者帶領大家找出團隊問題，並練習解決問題的討論<br><br>工作午餐 | • 檢視並討論活動中蒐集的資料<br>• 找出團隊面臨的最嚴重問題<br>• 針對這些最嚴重的問題，發展出解決方案 | • 團隊計分卡、團隊行動計畫以及資料傳達了什麼訊息？<br>• 團隊面臨的最大問題是什麼？<br>• 團隊該如何解決這些問題？ | • 白板架 |
| 15:00-15:15 休息 | | | |

| 15:15-16:45<br>團隊更新團隊行動計畫，以及最後需完成的事項清單 | • 針對團隊行動計畫做更新修訂<br>• 針對下次團隊會議和要向執行長簡報的內容，制定需完成的事項清單 | • 根據從會議三所學到的部分，我們該如何更新團隊計分卡和團隊行動計畫？ | • 團隊計分卡（請參考第288頁）<br>• 團隊行動計畫（請參考第291頁） |
|---|---|---|---|
| 16:45-17:00<br>團隊領導者做結語 | • 檢視會議需完成的事項<br>• 鼓勵參與的團隊成員 | • 在進行最後一次簡報之前，需要完成哪些事項？<br>• 誰需要為這些需完成的事項負責？ | |

# 第四節

# 協助團隊從 A 升級到 A+

　　幾年前，有一家廣告公司的創意長（chief creative officer, CCO）聯繫我們，希望幫她的團隊進行團隊增能的會議工作坊。她心目中想要的是好玩的遊戲活動：大家先划船，圍著營火分享故事，接著或許一起分享自己性格色彩學的得分。我們很有耐心地聽她說完，然後說明這不是我們運作的方式。她聽到我們的回答後有點錯愕，詢問我們是如何進行的。我們說明公司的業務就是協助團隊成為高績效的團隊，也相信團隊會因為一起投入於工作而更堅實。

　　當我們詢問為什麼想要舉行團隊投入的活動，她說明雖然公司相當成功也有賺錢，但也開始延宕應遵守的工作完成時限，創意企劃也開始超出預算。雖然大家相處的算融洽，會議也算順利，但總監們卻好像都是各自努力著自己的東西，很少積極討論為什麼有些案子成效不夠亮眼。這聽起來是必須要解決的問題，而且不是透過划船、說故事、分析性格色彩學能解決的問題。

　　我們依序說明火箭模式八大要素對於團隊績效的影響，提出或許團隊的問題之一可能是大家並未在形成和處理衝突上參與太多，也詢問她想不想知道自家的團隊和其他團隊相較，效能如何，這或許可以從中找出一些可以強化的領

域，將團隊提升到下一個層次。我們和她的會談一開始雖然不是很順利，但她還是決定聘用我們。

## 團隊診斷

這項計畫方案從完整的團隊診斷開始。我們訪談了這個創意團隊的所有十位總監，詢問團隊表現好的地方、面臨困境的地方，以及他們需要執行長給他們什麼支援。我們也安排他們進行團隊評估調查（TAS）施測，並實地觀察創意團隊會議中的實際情況。在訪談過程中我們發現了一個問題，也透過團隊評估調查做確認，那就是團隊在「環境」上認知缺乏整合。創意總監們對於顧客的需求、產業走向，以及是不是需要投資在科技上有不同的觀點，也因此他們在「使命」上出現分歧。

另一個導致「使命」分數低迷的原因，就是公司創始合夥人想要將公司出售，因此團隊對於到底應該聚焦於短期還是長遠策略持不同意見。除此之外，團隊沒有採用團隊計分卡，無法追蹤自己在顧客服務、行銷、銷售、營運與財務上的績效。

# 團隊評估調查的結果

**結果：團隊的績效紀錄**
團隊是否兌現承諾？是否達成重要目標、滿足利益相關者的期望，並且不斷改進績效？ **44**

**勇氣：團隊管理衝突的方法**
團隊成員是否願意提出感到棘手的問題，衝突是否得以有效處理？ **38**

**資源：團隊的資產**
團隊是否擁有必要的物質和資金資源、許可權和政治支持？ **80**

**認同：團隊成員的動機水準**
團隊成員是否對於團隊獲勝的機會持樂觀的態度，且對達成團隊目標充滿動力？ **48**

**規範：團隊的正式和非正式工作流程**
團隊是否運用有效、高效的流程來召開會議、做出決策並且完成工作。 **54**

**人才：組成團隊的成員**
該團隊是否人數合理、職責明確，具備成功所必需的各項技能？ **50**

**使命：團隊的目的和目標**
團隊為什麼存在？團隊對於獲勝的定義是什麼，為了達成目標制定了怎樣的策略？ **22**

**環境：團隊運作的環境條件**
團隊成員對於團隊的政治和經濟現實、利益相關者和面臨的挑戰是否達成共識？ **18**

我們所觀察到的團隊會議情況，正好說明了在「勇氣」上得分較低的原因。會議中，只有創意長提出銳利的問題，而且與其他團隊一樣，成員們關心大家能否好好相處的程度遠遠大於想要解決問題。有人提出問題，但是討論相當草率，也沒有談出個所以然。

雖然在團隊評估調查分數上，「規範」的分數處於中等，但訪談的結果讓我們發現大家想要更有效率地開會，因為大家無法在誰應該負責客戶關係上取

得共識，因此很多重要的決策都停滯下來。從我們對團隊運作的觀察，我們發現討論常常離題，無法達成決議。

　　整體來說，團隊在「認同」的分數算是介於平均值，但是細看分項的分數，以及訪談中大家提供的回饋後發現，約有一半的團隊成員想要讓團隊更成功，其他的成員卻只是裝裝樣子，沒有投入其中。

# 解決方案

　　在討論後，我們擬定一項共涵蓋四次會議的方案。在第一次會議中，我們聚焦於團隊訪談（Team Interview Summary, TIS）內容、團隊評估調查的結果，並強化團隊的「環境」與「使命」。在第一次和第二次會議之間，創意長請成員們製作並發送電子版的團隊環境分析練習和團隊計分卡，請大家針對這些文件的草案提出回饋，在第二次會議前完成。

　　第二次到第四次會議都是在團隊每個月定期的會議之後進行。創意長引導第二次的會議，創意團隊在這期間完成團隊計分卡與團隊行動計畫，並擬定團隊規範。創意長請一位創意總監進行第三次會議，另一位總監進行第四次會議，讓她可以從後面帶領大家，並讓這兩位總監有機會可以成長。團隊在第三次會議中花了三小時透過角色責任矩陣釐清工作上的角色，並建立當責機制，接著在第四次會議中投入兩個小時，建立團隊運作節奏。

| 四個月的計畫 | | | |
|---|---|---|---|
| **會議一（第一天）** | **會議二** | **會議三** | **會議四** |
| • 開場白<br>• 夢幻團隊 vs. 噩夢團隊<br>• 火箭模式介紹<br>• 團隊回饋時段：團隊評估調查與團隊訪談<br>• 環境分析練習<br>• 團隊計分卡<br>• 團隊行動計畫<br>• 團隊晚餐 | • 完成最後團隊計分卡<br>• 完成最後團隊行動計畫<br>• 團隊規範 | • 角色責任矩陣<br>• 當責機制 | • 團隊運作節奏 |

## 當責機制

團隊討論了不同型態的當責機制，選擇將完成事項的報告以及團隊計分卡的檢討，列入每個月的會議中。除此之外，團隊也在每個月的會議中，評估團隊遵守規範的狀況，並且決定在九個月之後完成第二次的團隊評估調查，檢視團隊的進度。

## 成果

因為進行了這些事項，創意團隊更精準地聚焦於團隊的績效上，每個月的會議也都會有熱烈的討論，會議結束時，對於團隊的現況、需要在下次會議前完成的目標、還有團隊如何更有效運作都有清楚的理解。九個月之後，他們即將達成年度的營收目標，在團隊評估調查的分數上也有顯著的進展。

# 結語

有時候團隊的領導者想要進行一些團隊投入的活動，只因為感覺上應該這樣做，即使團隊沒什麼問題。只是大部分的時間，這些類型的活動不會造就更強大的團隊。團隊成員們一起做些歡樂的事情沒什麼不對，我們也極力鼓勵，但是請不要把這些活動就當作團隊投入的活動。

如果團隊認真想要成為最頂端20%的高績效團隊，我們建議這三個步驟：首先，先進行團隊診斷，了解團隊在火箭模式八大要素上的狀況如何。其次，用這份分析的結果來針對需要改善的地方訂定策略，強化團隊的績效。最後，建立當責機制，確定大家完成該進行的事項，遵守大家同意的規範，並有所進展。這樣才是團隊建立。

要讓一個團隊更強韌並沒有所謂最好的唯一的方案，需要思考的是團隊究竟在哪裡停滯不前，也因此一定要先診斷團隊。任何的培訓或方案如果要成功，首先需要建立起共同的架構，精準地找出優勢以及需要改進的地方，針對大家需要完成的事項達成共識，再透過當責機制來將大家承諾的事項付諸行動完成。歡樂的團隊建立活動無法取代這些行動，也很少產出像這樣真正付諸行動後的效果。

# 會議一的引導者流程

| 時間 | 目標 | 重點問題 | 活動與所需資料 |
|---|---|---|---|
| 8:00-8:15<br>團隊領導者進行開場白 | • 列出本次會議目標<br>• 制定參與的期許<br>• 檢視本日流程<br>• 制定會議規則 | • 這次異地會議需要完成哪些項目？ | • 白板架 |
| 8:15-8:30<br>引導者進行夢幻團隊 vs. 噩夢團隊練習 | • 請參與者一同討論有效能 vs. 無效能團隊的差異<br>• 請團隊成員分享討論有效能團隊的重要性 | • 噩夢團隊的特質是什麼？夢幻團隊呢？<br>• 夢幻團隊有多常見？<br>• 如何打造夢幻團隊？ | • 夢幻團隊 vs. 噩夢團隊練習（請參考第238頁） |
| 8:30-9:15<br>引導者介紹火箭模式 | • 讓團隊了解並熟悉高績效團隊的八大要素 | • 團隊該做什麼才能成為高績效團隊？ | • 火箭模式簡報（請參考第244頁） |
| 9:15-9:30 休息 | | | |
| 9:30-9:50<br>火箭模式拼圖 | • 協助團隊成員熟悉火箭模式的八大要素 | • 火箭模式的各個要素，涵蓋哪些相關的活動？ | • 火箭模式拼圖（請參考第246頁） |
| 9:50-11:30<br>團隊回饋時段：團隊評估調查與團隊訪談 | • 針對團隊功能與績效，提供標竿比較資料給團隊 | • 與其他團隊相較，我們的團隊表現如何？<br>• 我們團隊的優勢、驚奇、需要改善的地方是什麼？ | • 團隊回饋時段（請參考第261頁）<br>• 團隊評估調查回饋報告<br>• 團隊訪談 |
| 11:30-12:15 午餐 | | | |

| 時間 | 目標 | 討論議題 | 練習 |
|---|---|---|---|
| 12:15-13:30<br>引導者帶領大家討論團隊環境 | • 協助團隊成員了解團隊中多元的觀點<br>• 讓大家對於利益關係者的期許以及團隊在環境上面臨的議題有一致的理解 | • 利益關係者對於團隊有什麼樣的期待？<br>• 哪些外在的要素對團隊有所影響？<br>• 團隊面臨的最大挑戰是什麼？ | • 環境分析練習（請參考第270頁） |
| 13:30-15:30<br>引導者帶領大家討論團隊環境 | • 將高層級的目標轉化為需完成的事項<br>• 建立評估團隊績效的基準 | • 哪些是對這個團隊有意義、可衡量的目標？<br>• 這個團隊如何定義「獲勝」？ | • 團隊計分卡（請參考第288頁） |
| 15:30-15:45 休息 | | | |
| 15:45-17:30<br>團隊行動計畫 | • 建立團隊行動計畫，其中包括行動步驟、負責人員，以及完成目標的日期 | • 我們該採取什麼行動才能達成目標？<br>• 誰要負責哪些事項，這些任務需要在什麼時候完成？ | • 團隊行動計畫（請參考第291頁） |
| 17:30-17:45<br>團隊領導者做結語 | • 回顧團隊在這一天所完成的事項<br>• 提醒團隊明天即將進行的事項 | • 我們今天有了什麼樣的進展？<br>• 我們明天需要完成哪些事項？ | |
| 18:00-20:00<br>團隊晚餐 | • 提供彼此交流的非正式時間 | | |

## 會議二的創意長流程

| 時間 | 目標 | 重點問題 | 活動與所需資料 |
|---|---|---|---|
| **13:00-13:05**<br>創意長進行開場白 | • 列出本次會議目標 | • 這次異地會議需要完成哪些項目？ | |
| **13:05-14:30**<br>創意長協助團隊完成使命 | • 將團隊的目標、衡量標準與團隊行動計畫做最後的確認 | • 團隊的挑戰是什麼？<br>• 團隊需要完成的事項是什麼？<br>• 該如何追蹤進度？<br>• 計畫是什麼？ | • 討論環境的白板架<br>• 討論團隊計分卡的白板架<br>• 討論團隊行動計畫的白板架 |
| **14:30-14:45 休息** | | | |
| **14:45-16:15**<br>創意長協助團隊制訂團隊規範 | • 訂定團隊成員互動、溝通、相處的規則 | • 團隊的規則是什麼？<br>• 大家對於團隊彼此溝通、工作任務、相處的方式有什麼期許？ | • 團隊規範（請參考第329頁） |
| **16:15-16:30**<br>創意長做結語 | • 檢視會議需完成的事項<br>• 提供這次異地會議的觀察與反應<br>• 鼓勵參與的團隊成員<br>• 本次會議的優缺點 | • 在下次會議之前，團隊需要完成哪些事項？<br>• 誰需要為這些需完成的事項負責？<br>• 下一次團隊會議是什麼時候？<br>• 由誰主持會議？<br>• 本次會議中哪些事項是進行順利的？<br>• 該如何讓下一次的會議更好？ | |

## 會議三的總監流程

| 時間 | 目標 | 重點問題 | 活動與所需資料 |
|---|---|---|---|
| 13:00-13:05<br>總監進行開場白 | • 列出本次會議目標<br>• 制定參與的期許<br>• 檢視會議規則 | • 這次異地會議需要完成哪些項目？ | |
| 13:05-14:30<br>總監協助團隊討論角色責任矩陣 | • 為團隊成員釐清負責人員、任務內容、工作量平衡表 | • 團隊行動計畫的各個步驟是由誰來負責？<br>• 還有哪些團隊活動需要負責執行的人（如前置準備、執行團隊會議等）？ | • 角色責任矩陣（請參考第295頁） |
| 14:30-14:45 休息 | | | |
| 14:45-15:45<br>總監帶領團隊討論團隊當責機制 | • 說明為什麼團隊當責機制如此重要<br>• 分享不同類型的當責機制<br>• 選出適切的當責機制 | • 團隊要使用哪一項團隊績效改善活動，來強化團隊的當責機制？ | • 完成產出交付報告<br>• 檢討團隊計分卡與團隊行動計畫<br>• 行動回饋與反思（請參考第385頁）<br>• 團隊規範（請參考第329頁）<br>• 團隊前饋練習（請參考第306頁）<br>• 自我調適（請參考第355頁）<br>• 團隊評估調查（請參考第250頁） |

| 時間 | 目標 | 重點問題 | 活動與所需資料 |
|---|---|---|---|
| 15:45-16:00<br>總監做結語 | • 檢視會議需完成的事項<br>• 提供這次異地會議的觀察與反應<br>• 鼓勵參與的團隊成員<br>• 本次會議的優缺點 | • 下一次團隊會議是什麼時候？<br>• 由誰主持會議？<br>• 本次會議中哪些事項是進行順利的？<br>• 下一次會議時，團隊需要在哪些項目上有不同的作法？ | |

## 會議四的總監流程

| 時間 | 目標 | 重點問題 | 活動與所需資料 |
|---|---|---|---|
| 13:00-13:05<br>總監進行開場白 | • 列出本次會議目標<br>• 制定參與的期許<br>• 檢視會議規則 | • 這次異地會議需要完成哪些項目？ | |
| 13:05-14:30<br>總監協助團隊制定新的團隊運作節奏 | • 決定團隊會議的頻率、時間與規則 | • 團隊應該什麼時候開會？<br>• 會議中該討論什麼？<br>• 誰要主持會議？<br>• 會議中應遵守什麼規則？ | • 團隊運作節奏（請參考第333頁） |
| 14:30-14:45<br>總監做結語 | • 檢視會議需完成的事項<br>• 提供這次異地會議的觀察與反應<br>• 鼓勵參與的團隊成員<br>• 本次會議的優缺點 | • 下一次團隊會議是什麼時候？<br>• 由誰主持會議？<br>• 本次會議中哪些事項是進行順利的？<br>• 下一次會議時，團隊需要在哪些項目上有不同的作法？ | |

# 第五節

# 修復有問題的團隊

　　一家跨國製造業廠商的人資長（chief human resources officer, CHRO） 詢問我們能不能協助他們其中一個部門的領導團隊。這個團隊的財務正在拖累整個公司，一位聲望相當高且很有才幹的主管加入團隊才一年，就因為無力感而離職。離開前，他直接針對團隊的問題開罵，讓公司的資深主管針對此事表達關切。

　　業務部門的領導團隊成員包括部門的副總裁，以及行銷、銷售、工程、營運、經銷、財務、人事部的總監。團隊的成員必須向營運長（chief operations officer, COO）、商務長（chief commercial officer , CCO）、總部其他部門主管、部門副總裁直接報告。團隊的成員各個分布於不同的地區，也因營運不佳，沒有經費可以安排實體的會議。我們問起團隊如此慘狀持續多久後，發現早在團隊成員異動好幾次之前就開始，根本不記得什麼時候開始出現問題。

# 團隊診斷

　　為了解開這剪不斷理還亂的結，我們非常好奇想知道團隊診斷的結果，特別是影響團隊有效運作的內在與外在要素。除了進行團隊評估調查，訪談團隊的所有成員之外，也與團隊的直屬主管、高階主管，甚至一些非直屬但有業務往來的高階主管進行訪談。整體來說，我們與超過二十五人進行訪談，討論團隊的歷史與目前的挑戰。我們也列席團隊每月的視訊工作會報，希望親自觀察團隊的運作。最後，我們也到訪工廠廠房，希望更了解團隊資源上的侷限。

　　整個公司營運陷入負向的輪迴。營收沒有起色，利潤在過去三年來從12%驟降至2%不到。因為財務狀況不佳，也沒有多餘的預算可以改善公司內急需的基礎設備；沒有資金投入來強化設備與人才的培訓，更不可能改善整體績效。廠房狀況不佳，因此無法吸引有經驗的人才來工作，流動率超過100%。新的員工還來不及完成培訓、開始有所作為之前就離職，也因此導致生產和品質的問題。團隊成員們每天到公司，都覺得工作時欲振乏力。

# 團隊評估調查的結果

| | |
|---|---|
| **結果：團隊的績效紀錄**<br>團隊是否兌現承諾？是否達成重要目標、滿足利益相關者的期望，並且不斷改進績效？ | 16 |
| **勇氣：團隊管理衝突的方法**<br>團隊成員是否願意提出感到棘手的問題，衝突是否得以有效處理？ | 18 |
| **資源：團隊的資產**<br>團隊是否擁有必要的物質和資金資源、許可權和政治支持？ | 20 |
| **認同：團隊成員的動機水準**<br>團隊成員是否對於團隊獲勝的機會持樂觀的態度，且對達成團隊目標充滿動力？ | 22 |
| **規範：團隊的正式和非正式工作流程**<br>團隊是否運用有效、高效的流程來召開會議、做出決策並且完成工作。 | 8 |
| **人才：組成團隊的成員**<br>該團隊是否人數合理、職責明確，具備成功所必需的各項技能？ | 24 |
| **使命：團隊的目的和目標**<br>團隊為什麼存在？團隊對於獲勝的定義是什麼，為了達成目標制定了怎樣的策略？ | 26 |
| **環境：團隊運作的環境條件**<br>團隊成員對於團隊的政治和經濟現實、利益相關者和面臨的挑戰是否達成共識？ | 28 |

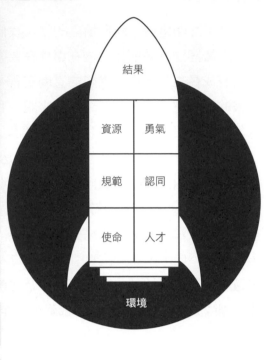

團隊成員們很認同組織的「使命」，但是卻沒有人退後一步看一下長遠的藍圖。業務人員專注於達成每個月的業績目標，完全不顧公司營運是否賺錢、答應交貨的日期是否合理，或是生產線有沒有能力滿足臨時改單需要的產能。營運部門必須負責產能與品管的目標，但是卻因為設備老舊、員工問題而難以達成。維修部門很努力彌補這些不足，但是卻無餘力進行預防性的保養。生產線常常故障，設備狀況也很慘。而因為生產線產能不足，無法測試新的產品，

妨礙了新產品的研發，所以推出的產品無法完整測試，報廢產品過多，也影響生產的數量。

「人才」也是問題，部分是因為團隊成員流動率太高（很少人願意待在績效不佳、未來前景堪憂、年終獎金少到可憐的團隊）。除此之外，很多資深的團隊成員也不適任於他們的職位。做決策的職權凌亂。因為大家不解決問題，所以會議也無效率。對未來感到悲觀，也導致「認同」的分數低落。團隊缺乏讓他們成功的資源，也因產品品質的問題，讓廠房堆滿報廢產品，影響工作的安全。

對領導階級不夠信任也是一個嚴重的問題。領導者只顧自己業務的目標，說要幫忙也只是說說而已，常常不顧會議裡已同意的事項，轉而指責其他部門的問題，無法完成交辦事項時就怪罪他人。很多人覺得其他團隊成員根本來添亂，是成事不足敗事有餘的豬隊友，但是開會時也不願提出問題。棘手的討論常常被壓抑，廠房天天都出現火爆的衝突。

簡單地說，我們的診斷中，唯一值得慶幸的就是大家希望改善的意願很高。雖然大家都很有心想要全力以赴，卻不相信其他夥伴做得到。團隊的互信低迷，對於能不能成功都很悲觀。

## 解決方案

面對這樣的狀況，我們需要小心地幫團隊建立信心，讓他們對未來感到樂觀，但也不能讓他們過度樂觀，以為狀況會一下子就改善。我們設計的方案，包括了一些讓他們很快達成成果的項目，以及一些長遠的規劃，透過一些里程碑來循序漸進、持續進步。

我們跟營運長和商務長分享這份診斷報告之後，團隊很快有了想要改善的動力。公司也表達支持，在廠房設備投入資金，也調降短期業績目標並訂定合

理的目標。

也因我們的診斷，有兩位團隊成員被替換，這對團隊也產生立即的正向效果。除此之外，團隊內部的報告機制做了一些調整，並開始為兩位成員進行教練式指導。修復有問題的團隊時，人才通常是很重要的因素，因為如果團隊領導者、報告制度績效不好，或是有幾個不適任的成員，都會影響改善的成效。

做了這些調整之後，團隊準備好進行第一次異地會議活動。為了表達公司的支持，營運長和商務長一大早都出席參加。他們在致詞中表達對部門長遠的前景感到樂觀，也說明即將投注的資金以及調整的目標，為這次的會議活動注入了正向的氛圍。

會議活動中，團隊除了討論團隊評估調查和訪談的結果之外，也一起討論出整合的業務計畫。第一步就是請行銷、營運、工程部門的總監報告年度的計畫。聽完報告，大家就看出來資源的計算都有所重複。比方說，營運部門在一項降低成本的計畫中所列出的人員，也是工程部門在新產品研發所列出的同一批人。既然人力無法複製，兩組人員肯定會有衝突。接下來大家就開始討論各事項的輕重緩急，因此訂定出整合的計畫。我們也開始進行整合的團隊計分卡。

第一次會議中，我們有兩個議題沒有直接討論，就是團隊的「環境」與信任。訪談的結果顯示團隊對於團隊的利益關係者和影響因子都算有共識，所以制定出整合性的團隊計分卡和團隊行動計畫相較之下是比較重要的。很多成員，包括部門副總裁都問我們什麼時候要討論信任的議題，我們的回應是，信任並不是透過用顏色、性格類型或繩索這類探索內心靈魂的活動來建立的，而是在團隊一起討論真正的議題、進行真正的工作、信守自己答應的承諾之中來建立的。在會議過程之中、會議與會議之間進行的團隊績效改善活動，因為直搗議題的核心而得以建立起信任。多年的經驗告訴我們，刻意加強信任的活動，帶來的成果往往不如預期。

| 六個月的計畫 | | | | |
|---|---|---|---|---|
| 會議一<br>（2天） | 會議二 | 會議三 | 會議四 | 會議五<br>（2天） |
| • 商務長和創意長開場鼓勵大家<br>• 夢幻團隊 vs. 噩夢團隊<br>• 火箭模式整體介紹<br>• 團隊評估調查與團隊訪談回饋<br>• 功能性計畫<br>• 整合行動計畫<br>• 團隊計分卡<br>• 團隊需完成的事項<br>• 團隊晚餐 | • 需完成事項更新<br>• 完成最後團隊計分卡<br>• 更新團隊行動計畫<br>• 團隊問題解決<br>• 團隊規範<br>• 個人的承諾<br>• 團隊需完成的事項 | • 需完成事項更新<br>• 檢視團隊計分卡<br>• 團隊問題解決與團隊行動計畫<br>• 決策機制<br>• 團隊規範檢討<br>• 團隊需完成的事項 | • 需完成事項更新<br>• 檢視團隊計分卡<br>• 團隊問題解決與團隊行動計畫<br>• 人生旅程<br>• 團隊需完成的事項<br>• 團隊晚餐 | • 需完成事項更新<br>• 檢視團隊計分卡<br>• 團隊問題解決與團隊行動計畫<br>• 第二次團隊評估調查結果<br>• 環境分析練習<br>• 策略規劃與預算流程<br>• 個人與團隊的學習<br>• 團隊需完成的事項<br>• 團隊晚餐 |

　　在第二次的會議中，團隊調整了整合的團隊計分卡與團隊行動計畫，解決一些重要的業務議題、建立團隊規範，並且制定個人的承諾，一起為團隊的成功努力。

　　第三次的會議則是聚焦於大家在團隊目標與團隊行動計畫上的進度，繼續討論重要的業務議題、建立決策的權限，並針對團隊規範評估目前的進展。

　　在第四次的會議中，團隊再度檢視團隊目標與計畫的進展、討論重要的業務議題，並分享人生旅程。團隊的領導者和部分的成員開始接手引導部分的活動，引導者在旁指導，僅在需要時提供支援。我們在活動之前先與參與引導的人員會面，確認他們事先做好完善的準備。人生旅程所延伸的討論繼續到晚

餐。此時，團隊已經建立了足夠的互信與善意，會期待一起用餐，而不是一場被強迫出席的團康活動。

在第五次會議之前，我們請團隊進行第二次的團隊評估調查，找出團隊接下來需要繼續改善的項目。這次的會議聚焦於工作任務和團隊合作。運用先前團隊計分卡和團隊行動計畫的討論，針對明年擬定初步的策略計畫和預算。會議中完成環境分析練習，藉此開始討論策略規劃與預算的擬定過程。會議的最後，請團隊成員們分享過去六個月來針對自己和團隊他們學到了些什麼。

除了在這些會議活動進行中全力投入之外，團隊在會議之間也沒閒著。他們繼續調整、運用並更新團隊計分卡、團隊行動計畫、團隊規範、團隊運作節奏、行事曆，也透過他們所學一起解決問題。

## 當責機制

噩夢團隊要倒退嚕很容易，所以設定當責機制就特別重要。我們在第二、三、四、五場會議的最開始，都會先討論之前所承諾要完成的事項，接下來，大家會根據團隊目標、團隊行動計畫來評估進度，並且評估大家是否遵守了之前所同意的規範。最後，團隊會進行第二次的團隊評估調查，評估目前的進度。

## 成果

第二次的團隊評估調查分數有顯著的改善，平均分數從20提升至47。業務的營收也從平扁無成長的狀況，改善到有6%的成長，並推出兩項新款商品。生產力增強加上成本縮減的計畫，也讓利潤在不到一年之間從不到2%拉高到超過7%。雖然團隊還需要努力提升財務績效才能達成預期的目標，但大家對未來感到更樂觀，也擁有足夠的工具可以繼續改進。

# 結語

在這詮釋一下托爾斯泰（Tolstoy）的論述：每個正常的家庭都很相似，但是每個失常的家庭，失常的方式都有所不同。我們覺得團隊也是這樣：每一個失能的團隊，失能的方式都是獨一無二的。最嚴重失能的團隊，就是每一個面向都失能。最糟糕的團隊，則是成員們缺乏對於「環境」的共識、整合的目標與回報、必需的技能、清晰的角色與責任、「認同」、忠誠度和信任。所以他們的衝突也很不健康、追隨力薄弱、士氣低迷、「規範」的約束力低落、溝通不良、不願負責。也因如此，他們的「結果」通常不會太優。

無效能的團隊往往苟延殘喘多年，但是這樣也嚴重影響團隊成員和整體的績效，只有在發生以下這三件事的時候才會求救：績效嚴重到無法忽視、失能的狀態嚴重到導致重要成員的離去，或是新上任的領導者具備足夠的技能與魄力來讓團隊振作起來。將噩夢團隊重整是做得到的，但是就如同羅馬不是一天造成的，修復團隊也需要時間。

依據團隊診斷的不同，修復有問題的團隊的方式也會有所不同。如果能夠精確地找出問題、針對解決方式達到共識，並且制訂可以追蹤進度的系統，團隊的領導者和引導者就能朝正確的方向努力。要謹記的是，修復團隊的問題，絕對不可能一夕之間完成，也無法用花俏的團康活動來達成。

在大多數的狀況中，團隊領導者可以獨自進行所有的事項來建立新的團隊、協助組合不同的團隊、領導虛擬的團隊，但有問題的團隊和高階經營團隊（C-suite teams）可能就是例外。在這類型的狀況下，外聘的教練引導者可能可以更有效地協助這些團隊轉化成高績效的團隊。當需要討論敏感的議題、向高層管理階級說出實情、提供回饋時，外部的教練引導者可以提供外部角度的觀點、選擇適用的測評與活動來引導團隊進行適切的對話，也如明鏡般，讓團隊更清楚看見自己的樣貌。

# 會議一（第一天）的引導者流程

| 時間 | 目標 | 重點問題 | 活動與所需資料 |
|---|---|---|---|
| 8:00-8:15<br>團隊領導者進行開場白 | • 列出本次會議目標<br>• 制定參與的期許<br>• 檢視本日流程<br>• 制定會議規則 | • 這次異地會議需要完成哪些項目？ | • 白板架 |
| 8:15-9:00<br>商務長和創意長激勵大家 | • 針對業務單位制定新目標<br>• 對團隊表達信心<br>• 表達支持 | • 公司對這個業務單位有什麼想法？<br>• 公司會提供什麼支援，讓部門改善？ | • 商務長和創意長簡報 |
| 9:00-9:15<br>引導者進行夢幻團隊 vs. 噩夢團隊練習 | • 請參與者一同討論有效能 vs. 無效能團隊的差異<br>• 請團隊成員分享討論有效能團隊的重要性 | • 噩夢團隊的特質是什麼？夢幻團隊呢？<br>• 夢幻團隊有多常見？<br>• 如何打造夢幻團隊？ | • 夢幻團隊 vs. 噩夢團隊練習（請參考第238頁） |
| 9:15-10:00<br>引導者介紹火箭模式 | • 讓團隊了解並熟悉高績效團隊的八大要素 | • 團隊該做什麼才能成為高績效團隊？ | • 火箭模式簡報（請參考第244頁） |
| 10:00-10:15 休息 | | | |
| 10:15-11:45<br>引導者引導團隊回饋時段 | • 指導團隊成員如何解讀自己的團隊評估調查與團隊訪談結果<br>• 針對團隊的優勢與需要改善的地方達成共識 | • 與其他團隊相較，我們的團隊表現如何？<br>• 我們團隊的優勢是什麼？<br>• 團隊最大的挑戰是什麼？ | • 團隊評估調查回饋報告<br>• 團隊訪談<br>• 團隊回饋時段（請參考第261頁） |
| 11:45-12:30 午餐 | | | |

| 12:45-14:45<br>各部門進行功能性計畫簡報 | • 行銷與業務計畫<br>• 工程部門計畫 | • 行銷與業務部門在接下來一年計畫要做什麼？<br>• 工程部門在接下來一年計畫要做什麼？ | • 各部門簡報 |
|---|---|---|---|
| 14:45-15:00 休息 | | | |
| 15:00-17:00<br>各部門進行功能性計畫簡報 | • 營運與維修部門計畫<br>• 財務與人事部計畫 | • 營運與維修部門在接下來一年計畫要做什麼？<br>• 財務部與人事部門在接下來一年計畫要做什麼？ | • 各部門簡報 |
| 17:00-17:15<br>團隊領導者做結語 | • 回顧團隊在這一天所完成的事項<br>• 提醒團隊明天即將進行的事項 | • 我們今天有了什麼樣的進展？<br>• 我們明天需要完成哪些事項？ | |
| 18:00-20:00<br>團隊晚餐 | • 提供彼此交流的非正式時間 | | |

## 會議一（第二天）的引導者流程

| 時間 | 目標 | 重點問題 | 活動與所需資料 |
|---|---|---|---|
| 8:00-8:30<br>團隊領導者進行開場白與反思 | • 列出本次會議目標<br>• 了解第一天會議日活動的重點要學習與反應 | • 這次異地會議需要完成哪些項目？<br>• 第一天的會議後，參與者的反應與學習是什麼？ | • 白板架 |
| 8:30-10:00<br>引導者協助團隊制訂整合行動計畫 | • 結合行銷、業務、營運、維修、財務、人事部的想法擬定月份計畫 | • 我們每個月需要完成哪些事項？<br>• 阻擾我們完成工作的瓶頸是什麼？ | • 白板架 |
| 10:00-10:15 休息 | | | |

| | | | |
|---|---|---|---|
| **10:15-11:30**<br>（續之前）<br>引導者協助團隊制訂整合行動計畫 | • 結合行銷、業務、營運、維修、財務、人事部的想法擬定月份計畫 | • 我們每個月需要完成哪些事項？<br>• 阻擾我們完成工作的瓶頸是什麼？ | • 白板架 |
| **11:30-12:15 午餐** | | | |
| **12:15-15:15**<br>引導者協助團隊設計「整合計分卡」 | • 建立初步的團隊目標、衡量數據與標準 | • 團隊的挑戰是什麼？<br>• 團隊需要完成哪些事項？<br>• 該如何追蹤進度？ | • 團隊計分卡（請參考第288頁） |
| **15:15-15:30 休息** | | | |
| **15:30-16:15**<br>引導者協助團隊討論決定事項以及需完成的事項清單 | • 檢視會議的決定以及列出的需完成的事項<br>• 檢視下次團隊會議的細節 | • 團隊決定了哪些事項？<br>• 團隊在下一次會議之前，需要完成哪些事項？<br>• 誰需要為這些需完成的事項負責？<br>• 下一次團隊會議是什麼時候？ | |
| **16:15-16:45**<br>團隊領導者做結語 | • 需要向團隊部門溝通的重點訊息<br>• 本次會議的優缺點<br>• 鼓勵團隊的參與者 | • 團隊將如何對組織其他同事說明這次的會議？<br>• 本次會議中哪些事項是進行順利的？<br>• 該如何讓下一次的會議更好？ | |

# 會議二的引導者流程

| 時間 | 目標 | 重點問題 | 活動與所需資料 |
|---|---|---|---|
| 8:00-8:15<br>團隊領導者進行開場白 | • 列出本次會議目標<br>• 檢視參與的規則 | • 這次異地會議需要完成哪些項目？ | • 白板架 |
| 8:15-9:00<br>引導者引導討論需完成的事項清單 | • 討論上一次會議至今，需完成事項的進度 | • 上次會議之後完成的項目有哪些？ | • 需完成的事項清單簡報 |
| 9:00-9:15 休息 | | | |
| 9:15-10:45<br>引導者協助團隊討論並完成「團隊計分卡」 | • 完成最後版本團隊目標、衡量數據與標準 | • 團隊的挑戰是什麼？<br>• 團隊需要完成哪些事項？<br>• 該如何追蹤進度？ | • 團隊計分卡投影片與講義 |
| 10:45-12:00<br>引導者協助團隊更新整合行動計畫 | • 檢視結合行銷、業務、營運、維修、財務、人事部想法的整合計畫 | • 我們上個月完成哪些事項？<br>• 有什麼地方可以用不同的方式來進行嗎？ | • 整合行動計畫投影片與講義 |
| 12:00-12:45 午餐 | | | |
| 12:45-14:30<br>引導者協助團隊解決優先的問題 | • 根據「團隊計分卡」與「團隊行動計畫」中兩個最重要的問題，構思解決方案 | • 業務中有哪些是最優先的議題？<br>• 針對這些問題，我們要做什麼？<br>• 誰要執行這解決方案？<br>• 執行解決方案之後，哪些評估的數據會改變？ | • 白板架 |
| 14:30-14:45 休息 | | | |

| 14:45-16:00 引導者協助團隊討論出團隊的規範 | ● 建立規範，創造出企業的思維、溝通模式、當責、解決衝突的規則 | ● 團隊成員該如何看待業務上的問題？<br>● 團隊成員彼此之間該如何相處？<br>● 如果規則被破壞，要怎麼辦？ | ● 團隊規範（請參考第329頁） |
|---|---|---|---|
| 16:00-17:00 引導者請團隊成員立下承諾，支持團隊的成功 | ● 做出公開承諾，願意協助團隊從更高的層次來運作 | ● 大家應該持續做什麼，以幫助團隊成功？<br>● 大家要開始做什麼、停止做什麼或是要有什麼不同的作法，以幫助團隊更成功？<br>● 團隊成員該如何承擔責任，對自己承諾的事項負起責任？ | ● 個人的承諾（請參考第373頁） |
| 17:00-17:30 引導者協助團隊討論決策與需完成的事項清單 | ● 檢視本次會議的決策與需完成的事項清單<br>● 檢視下次團隊會議的細節 | ● 團隊決定了哪些事項？<br>● 團隊在下一次會議之前，需要完成哪些事項？<br>● 誰需要為這些需完成的事項負責？<br>● 下一次團隊會議是什麼時候？ | |
| 17:30-18:00 團隊領導者做結語 | ● 需要向團隊部門溝通的重點訊息<br>● 本次會議的優缺點<br>● 鼓勵團隊的參與者 | ● 團隊將如何對組織其他同事說明這次的會議？<br>● 本次會議中哪些事項是進行順利的？<br>● 該如何讓下一次的會議更好？ | |

# 會議三的引導者流程

| 時間 | 目標 | 重點問題 | 活動與所需資料 |
|---|---|---|---|
| 8:00-8:15<br>團隊領導者進行開場白 | • 列出本次會議目標<br>• 檢視參與的規則 | • 這次異地會議需要完成哪些項目？ | • 白板架 |
| 8:15-9:00<br>引導者引導討論需完成的事項清單 | • 討論上一次會議至今，需完成事項的進度 | • 上次會議之後完成的項目有哪些？ | • 需完成的事項清單簡報 |
| 9:00-9:15 休息 | | | |
| 9:15-10:45<br>引導者協助團隊討論並完成「團隊計分卡」 | • 討論團隊目標、衡量數據與標準的進度 | • 團隊完成哪些事項？<br>• 哪些項目進行順利？<br>• 進度落後的地方是什麼？ | • 團隊計分卡投影片與講義 |
| 10:45-12:00<br>引導者協助團隊更新整合行動計畫 | • 檢視結合行銷、業務、營運、維修、財務、人事部想法的整合計畫 | • 我們上個月完成哪些事項？<br>• 有什麼地方可以用不同的方式來進行嗎？ | • 整合行動計畫投影片與講義 |
| 12:00-12:45 午餐 | | | |
| 12:45-14:30<br>引導者協助團隊解決優先的問題 | • 根據「團隊計分卡」與「團隊行動計畫」中兩個最重要的問題，構思解決方案 | • 業務中有哪些是最優先的議題？<br>• 針對這些問題，我們要做什麼？<br>• 誰要執行這解決方案？<br>• 執行解決方案之後，哪些評估的數據會改變？ | • 白板架 |
| 14:30-14:45 休息 | | | |

| 時間 | 目標 | 重點問題 | 活動與所需資料 |
|---|---|---|---|
| 14:45-16:00<br>引導者協助團隊釐清團隊成員在決策過程中的權益 | • 建立針對團隊、次團隊、個人決策的規則 | • 哪些決策應該由團隊來制定？次團隊？個人？團隊底下的人？<br>• 誰應該參與？應該如何做決定？誰應該做最後的決定？ | • 決策機制（請參考第343頁） |
| 16:00-16:45<br>引導者協助團隊討論決策、需完成的事項清單，以及規範 | • 檢視本次會議的決策與需完成的事項清單<br>• 檢視下次團隊會議的細節 | • 團隊決定了哪些事項？<br>• 團隊在下一次會議之前，需要完成哪些事項？<br>• 誰需要為這些需完成的事項負責？<br>• 下一次團隊會議是什麼時候？<br>• 團隊是如何遵守團隊規範的？ | • 團隊規範；練習後活動（請參見第329頁） |
| 16:45-17:15<br>團隊領導者做結語 | • 需要向團隊部門溝通的重點訊息<br>• 本次會議的優缺點<br>• 鼓勵團隊的參與者 | • 團隊將如何對組織其他同事說明這次的會議？<br>• 本次會議中哪些事項是進行順利的？<br>• 該如何讓下一次的會議更好？ | |

## 會議四的引導者流程

| 時間 | 目標 | 重點問題 | 活動與所需資料 |
|---|---|---|---|
| 8:00-8:15<br>團隊領導者進行開場白 | • 列出本次會議目標<br>• 檢視參與的規則 | • 這次異地會議需要完成哪些項目？ | • 白板架 |
| 8:15-9:00<br>營運總監引導討論需完成的事項清單 | • 討論上一次會議至今，需完成事項的進度 | • 上次會議之後完成的項目有哪些？ | • 需完成的事項清單簡報 |
| 9:00-9:15 休息 | | | |

| | | | |
|---|---|---|---|
| 9:15-10:45<br>財務總監協助團隊討論「團隊計分卡」 | • 討論團隊目標、衡量數據與標準的進度 | • 團隊完成哪些事項？<br>• 哪些項目進行順利？<br>• 進度落後的地方是什麼？ | • 團隊計分卡投影片與講義 |
| 10:45-12:00<br>工程總監協助團隊更新整合行動計畫 | • 檢視結合行銷、業務、營運、維修、財務、人事部想法的整合計畫 | • 我們上個月完成哪些事項？<br>• 有什麼地方可以用不同的方式來進行嗎？ | • 整合行動計畫投影片與講義 |
| 12:00-12:45 午餐 | | | |
| 12:45-14:30<br>業務總監引導團隊進行解決問題的討論 | • 根據「團隊計分卡」與「團隊行動計畫」中兩個最重要的問題，構思解決方案 | • 業務中有哪些是最優先的議題？<br>• 針對這些問題，我們要做什麼？<br>• 誰要執行這解決方案？<br>• 執行解決方案之後，哪些評估的數據會改變？ | • 白板架 |
| 14:30-14:45 休息 | | | |
| 14:45-16:45<br>引導者協助團隊分享人生旅程 | • 了解過去經驗如何影響目前行為 | • 團隊成員們有哪些對他們影響較大的經驗？<br>• 團隊成員們從這些經驗中學習到什麼？<br>• 這些經驗如何影響他們領導他人、和他人互動的方式？ | • 人生旅程（請參考第359頁） |
| 16:45-17:30<br>團隊領導者協助團隊討論決策、需完成的事項清單，以及規範 | • 檢視本次會議的決策與需完成的事項清單<br>• 檢視下次團隊會議的細節 | • 團隊決定了哪些事項？<br>• 團隊在下一次會議之前，需要完成哪些事項？<br>• 誰需要為這些需完成的事項負責？<br>• 下一次團隊會議是什麼時候？<br>• 團隊是如何遵守團隊規範的？ | • 團隊規範；練習後活動（請參見第329頁） |

| 17:30-18:00 團隊領導者做結語 | • 需要向團隊部門溝通的重點訊息<br>• 本次會議的優缺點<br>• 鼓勵團隊的參與者 | • 團隊將如何對組織其他同事說明這次的會議？<br>• 本次會議中哪些事項是進行順利的？<br>• 該如何讓下一次的會議更好？ | |
| 18:00-20:00 團隊晚餐 | • 提供彼此交流的非正式時間 | | |

## 會議五（第一天）的引導者流程

| 時間 | 目標 | 重點問題 | 活動與所需資料 |
|---|---|---|---|
| 8:00-8:15 團隊領導者進行開場白 | • 列出本次會議目標<br>• 檢視參與的規則 | • 這次異地會議需要完成哪些項目？ | • 白板架 |
| 8:15-9:00 營運總監引導討論需完成的事項清單 | • 討論上一次會議至今，需完成事項的進度 | • 上次會議之後完成的項目有哪些？ | • 需完成的事項清單簡報 |
| 9:00-9:15 休息 | | | |
| 9:15-10:45 財務總監協助團隊討論「團隊計分卡」 | • 討論團隊目標、衡量數據與標準的進度 | • 團隊完成哪些事項？<br>• 哪些項目進行順利？<br>• 進度落後的地方是什麼？ | • 團隊計分卡投影片與講義 |
| 10:45-12:00 工程總監協助團隊更新整合行動計畫 | • 檢視結合行銷、業務、營運、維修、財務、人事部想法的整合計畫 | • 我們上個月完成哪些事項？<br>• 有什麼地方可以用不同的方式來進行嗎？ | • 整合行動計畫投影片與講義 |
| 12:00-12:45 午餐 | | | |

| 12:45-14:30<br>業務總監引導團隊進行解決問題的討論 | • 根據「團隊計分卡」與「團隊行動計畫」中兩個最重要的問題，構思解決方案 | • 業務中有哪些是最優先的議題？<br>• 針對這些問題，我們要做什麼？<br>• 誰要執行這解決方案？<br>• 執行解決方案之後，哪些評估的數據會改變？ | • 白板架 |
|---|---|---|---|
| 14:30-14:45 休息 | | | |
| 14:45-16:15<br>引導者引導進行團隊回饋時段 | • 針對團隊的優勢與需要改善的地方達成共識 | • 與其他團隊相較，我們的團隊表現如何？<br>• 在過去六個月以來，狀況是否有所改變？<br>• 我們團隊的優勢是什麼？<br>• 團隊最大的挑戰是什麼？ | • 團隊評估量表回饋報告<br>• 團隊回饋時段（請參考第261頁） |
| 16:15-17:45<br>團隊領導者協助團隊釐清環境 | • 針對團隊目前面對的狀況整合想法<br>• 針對團隊面對的重要挑戰整合想法 | • 團隊重要的利益關係者是誰？他們在接下來的十二個月裡可能會做什麼？<br>• 團隊的重要影響者是誰？他們在接下來的十二個月裡可能會做什麼？<br>• 團隊在明年的最大挑戰是什麼？ | • 環境分析練習（請參考第270頁） |
| 18:00-20:00<br>團隊晚餐 | • 提供彼此交流的非正式時間 | | |

# 會議五（第二天）的引導者流程

| 時間 | 目標 | 重點問題 | 活動與所需資料 |
|---|---|---|---|
| 8:00-8:15<br>團隊領導者進行開場白 | • 列出本次會議目標<br>• 檢視參與的規則 | • 這次異地會議需要完成哪些項目？ | • 白板架 |
| 8:15-11:45<br>行銷與財務總監引導進行策略規劃的討論 | • 了解策略規劃的流程<br>• 制定明年的業務目標<br>• 做出策略上的抉擇<br>• 找出跨部門、部門的重點提案 | • 我們明年要做什麼？<br>• 我們明年不要做什麼？<br>• 我們要如何定義成功？<br>• 明年的重要提案是什麼？<br>• 這份策略規劃在預算上有什麼意涵？ | • 策略規劃投影片<br>• 白板架 |
| 11:45-12:30 午餐 | | | |
| 12:30-14:45<br>（續早上討論）行銷與財務總監引導進行策略規劃的討論 | • 了解策略規劃的流程<br>• 制定明年的業務目標<br>• 做出策略上的抉擇<br>• 找出跨部門、部門的重點提案 | • 我們明年要做什麼？<br>• 我們明年不要做什麼？<br>• 我們要如何定義成功？<br>• 明年的重要提案是什麼？<br>• 這份策略規劃在預算上有什麼意涵？ | • 策略規劃投影片<br>• 白板架 |
| 14:45-15:00 休息 | | | |
| 15:00-16:00<br>引導者引導團隊討論個人與團隊的學習 | • 釐清團隊成員在過去六個月以來學到了什麼<br>• 釐清團隊在過去六個月以來學到了什麼 | • 團隊成員個人在過去六個月有學到了什麼？<br>• 團隊在過去六個月以來有什麼改變？在過去六個月以來有學到了什麼？ | • 個人與團隊的學習（請參考第397頁） |

| | | | |
|---|---|---|---|
| **16:00-16:45**<br>團隊領導者協助團隊討論決策與需完成的事項清單 | • 檢視本次會議的決策與需完成的事項清單<br>• 檢視下次團隊會議的細節 | • 團隊決定了哪些事項？<br>• 團隊在下一次會議之前，需要完成哪些事項？<br>• 誰需要為這些需完成的事項負責？<br>• 下一次團隊會議是什麼時候？ | |
| **16:45-17:15**<br>團隊領導者做結語 | • 需要向團隊部門溝通的重點訊息<br>• 本次會議的優缺點<br>• 鼓勵團隊的參與者 | • 團隊將如何對組織其他同事說明這次的會議？<br>• 本次會議中哪些事項是進行順利的？<br>• 該如何讓下一次的會議更好？ | |

# 第六節

# 合併不同的團隊

| 登場人物 |
| --- |
| 馬可（新組成團隊領導者） |

　　馬可是一個高潛力的領導者，非常擅長於培養忠誠度、建立團隊、創造很亮眼的績效數據。即使才剛在事業起步的他，已經建立很優質的績效紀錄，為一家歐洲國防承包商的北美部門帶來成長。但是公司為了增進營收、縮減成本而重整後，讓他擔任一個新組成團隊的領導者，負責整合北美與歐洲設備時，他卻無法有效讓這個領導團隊發揮作用。

　　這個全新組成的高層領導團隊（executive leadership team, ELT）成員有四位美國同事，包括業務部門、維修部門、人力資源部門、法務部門的副總裁，還有四位歐洲的同事，包括製造部門、經銷部門、資訊部門、財務部門副總裁。雖然團隊的成員都隸屬同一公司，但是卻有不同的文化。

　　團隊成員對環境的看法，都會因自己的職位而異，對於團隊應該如何溝通、做決策、處理衝突的方法也自然有不同的期待。可想而知，他們也努力調

整自己對新團隊的忠誠度。面臨這些挑戰的馬可，請一位專業的領導教練來協助他。我們幫助馬可進行診斷，找到團隊卡住的地方，透過一些步驟來協助他調整團隊的運作。

## 合併團隊時要考量的事項

根據《哈佛商業評論》（Harvard Business Review）整理的多項研究發現，企業合併與收購的失敗率超過七成。這個數字對任何經歷合併與收購的人來說，應該不會感到太訝異。在我們的經驗中，規模較小的團隊合併，失敗率也相當高。

要將兩個團隊整合成一個高績效團隊是非常艱困的一件事，部分原因是績效好的團隊本來就為數不多。如果一個團隊是高績效團隊的比例是 20%，兩個團隊同時都是高績效的比例僅有4%。除此之外，組織的變革通常讓同仁更焦慮、增加失能的機率，也會降低績效，所以要讓新的團隊呈現績效，根本就是難上加難。

即使兩個團隊都是健全、高效能的團隊，想要合併成一個效能極高的團隊，也會在許多的層面上特別辛苦。比方說，在成功的團隊裡，成員的認同感是很強的，他們相信團隊的「使命」，工作的任務也都有明確的目標，團隊的「規範」也讓他們清楚工作的模式、如何相處，也知道自己的位置在哪裡。但是團隊合併後，因為新的團隊還沒有團結的意識，所以他們仍然比較認同過去的團隊。其次，團隊合併時，往往會比較誰贏誰輸，過去覺得自己處於優勢的團隊，可能忽然覺得自己佔下風。大家不知道自己的定位在哪裡，也不知道自己技能、經驗會不會跟得上團隊的其他人，不知道自己能不能帶給團隊價值。第三，面臨改變時，選邊站的氛圍容易出現，往往讓彼此互信變弱。在最壞的情況下，團隊成員甚至會故意破壞新團隊的成果。這些問題是不會自動消失的。

　　火箭模式提供一個相當綿密的架構，架設出需要的元素，可以在企業合併後發展出高績效的團隊：

- 環境：針對現況、新團隊面臨的挑戰以及團隊合併的原因建立共識。
- 使命：訂立團隊的目的、目標與計畫。
- 人才：依據團隊新訂定的「使命」來檢視「人才」現況（多餘人力、人力落差），釐清大家的角色與職責，找出還沒辦法接受改變的團隊成員（或許還會出現影響團隊凝聚力的行為），解決這些問題。
- 規範：拋開過去工作的方式，一起找出新團隊處理會議、溝通、決策、當責等議題的方式，在這些方面找出共識。
- 認同：為新的團隊建立忠誠度，讓大家有信心可以成功。
- 資源：找出團隊可共用資源的更佳方式。
- 勇氣：了解新組成的團隊裡，一定會出現某種程度的不信任，需要一些時間來營造出安全的氛圍，讓大家願意挑戰彼此的想法，特別是彼此業務有重疊的部分。
- 結果：領導者需要投入相當的努力，一起衝刺、學習，跨越改變後的一些餘波，一起向前。

## 團隊診斷

　　因為這是新組成的團隊，我們覺得成員們或許沒有足夠的時間可以填寫團隊評估調查（TAS），此刻進行團隊訪談，或許比較容易找出立即可以付諸行動的好點子。因此我們採訪了團隊內的所有成員，也先將團隊訪談的資料整理好後提供給馬可，用這份資料來設計會議活動的內容。

　　不出我們所料，「環境」是一個很大的阻礙。在美國的團隊裡主要依賴四個大客戶，歐洲團隊的客群則是比較均勻，約四十多個客戶。這兩個地區在地

理政治、法規、競爭的環境上都有很大的差異。眼前最重要的任務就是協助大家了解對方的觀點，針對業務建立起共同的和全球化的觀點。

　　這兩個地區的「規範」也非常迥異，歐洲團隊在決策上比較偏向找出共識，美國團隊則是喜歡快速決定。決策背後的價值觀也差異頗多，歐洲這邊比較重視品質、聲望、長遠的夥伴關係，美國的團隊則是重視營收、獲利，以及跟顧客之間的交易關係。他們對會議的次數、時間、議程也有不同的作法。而讓這些差異被放大的原因，就是這些都是過去行得通、效果很好的作法，所以讓合併後的這個新團隊訂定他們想要一起共事的方式，是當下需要處理的重點之一。

　　「認同」也在這兩個地區有歧見。因為馬可是第一個負責這項業務的美國人，歐洲的同事感到有些失落，他們是在一家歐洲企業任職，卻必須向一位美國的主管報告，這口氣有點嚥不下。

## 團隊訪談內容摘錄

**人才**。成功的團隊需要豐富的知識與能力才能達成其目標。除了擁有適切的專業能力之外，團隊成員也應該扮演好高績效成員的角色。高績效的團隊應該規模大小剛好、組織完善好讓團隊的績效可以達到最理想狀態、對於自己的角色與職責也都非常清楚。

| 高績效的團隊會這樣說 | 對這個團隊的觀察如下 |
| --- | --- |
| • 我們的人數剛剛好。<br>• 團隊擁有剛好的組織／呈報結構。<br>• 我們對於大家的角色、職責、當責的機制都非常清楚。<br>• 團隊能力與經驗的組合非常剛好。<br>• 團隊的每一位成員都是高績效的成員。 | • 團隊的規模與架構看起來很適合。<br>• 團隊成員的才能相當多元，都可以為團隊帶來獨特的知識與經歷。<br>• 大家對於團隊成員的角色有高度的不確定感。誰應該負責什麼？<br>• 團隊成員之間似乎有很多的角力。<br>• 有些人對於組織的重整感到不是很高興。 |

**規範**。規範包括正式的流程與步驟，以及讓工作完成的一些非正式的規則。高效能的團隊會確保這些規範能夠幫助（而不是妨礙）團隊的績效。重要的規範包括團隊開會的模式、決策過程、團隊溝通的方式，以及當責的機制。

| 高績效的團隊會這樣說 | 對這個團隊的觀察如下 |
|---|---|
| • 團隊的會議在時間的掌握上非常有成效、有效率。<br>• 我們投入足夠的時間進行積極、有效能的議題，而不是被動的問題。<br>• 我們運用有效能的決策過程，做出穩健、即時的決策。<br>• 我們彼此都能開放、直接地溝通，很少八卦。<br>• 團隊成員為自己的態度、行為、執行的事項負責。<br>• 我們定期檢討，希望找到更有效共事的方式。 | • 誰應該參與做決策？誰會做最後的決定？<br>• 新的團隊似乎不太願意為最後的結果負起責任。<br>• 團隊成員們在狀況開始出現問題時，並不會主動積極處理，往往等了許久才會尋求協助。<br>• 對於部分團隊成員來說，面對面的互動很重要。<br>• 團隊需要建立正式的開會時程。<br>• 團隊行為的規則是什麼？ |

# 解決方案

　　我們提醒馬可，要讓新組成的這個團隊成為極高績效的團隊，需要花一點時間。在接下來的幾個月期間裡，他需要協助團隊，針對團隊面臨的挑戰達成共識、釐清團隊的目的與規則，並建立一個讓團隊感到可以表達想法的環境。他也需要讓大家在決定必須完成的事項、訂定「規範」之後，承諾要遵守。即使過了一開始的階段之後，馬可還是需要努力跟進團隊的進展，防止他們退回起點。為了要達成這些目標，我們引導第一次的會議，幫團隊起步進行。接著我們指導馬可，指導他引導不同的團隊改善活動、說明需要完成的事項，也解釋這對於第二至第四場會議的重要性。

　　馬可在第一場異地會議中的開場，分享了他對這場會議的期許，也請大家分享自己的期望與擔憂。他接著談到自己對團隊的願景，鼓勵大家充分討論大家的反應。之後，他解說火箭模式的細節，並強調這個模式在許多歐洲公司早

已廣泛使用，並引領團隊進行各項的練習，討論「環境」、「使命」、「認同」等要素。

　　第二至第四場會議都安排與每個月的團隊會議一起進行。馬可引導第二場，將團隊計分卡做最後的定案，並制定團隊行動計畫。兩位高層領導團隊成員引導第三場會議的角色責任矩陣和決策機制的活動，另外兩位成員則引導第四場會議的團隊規範、團隊運作節奏的活動。這些會議協助團隊更精準地訂出目標、目的、計畫；確認團隊能夠在面對重要業務挑戰時，充分運用這些洞察；引導他們制定新的規範、建立互信；讓馬可可以培育部分的團隊成員；並讓馬可採取從後面推動的領導方式，來增強大家的認同感。

| 三個月的計畫 | | | |
|---|---|---|---|
| 會議一 | 會議二 | 會議三 | 會議四 |
| • 開場白<br>• 領導者的願景及反饋<br>• 夢幻團隊 vs. 噩夢團隊<br>• 火箭模式整體介紹<br>• 團隊訪談討論<br>• 環境分析練習<br>• 團隊目標<br>• 團隊計分卡<br>• 人生旅程<br>• 結語<br>• 團隊晚餐 | • 團隊計分卡<br>• 團隊行動計畫 | • 角色責任矩陣<br>• 決策機制 | • 團隊規範<br>• 團隊運作節奏 |

## 當責機制

由於之前的兩個團隊位在不同的國家以及擁有迥異的世界觀、目標、角色和「規範」，因此讓這個新成立的高層領導團隊隨時可能跳回過去的模式。馬可得協助團隊在「他們會如何負起責任去堅守新的營運方式」上取得共識。這當責機制包括在月會的一開始時檢視需完成的事項、團隊計分卡、團隊行動計畫的進度追蹤；在月會結束時評估規範的執行狀態；在第一場會議的四個月後進行團隊評估調查。

## 成果

在第一場會議的四個月之後進行的團隊評估調查中，團隊效能指數（TQ）為43。在團隊尚屬草創期，這樣的指數算合理。大家對於團隊的「環境」、「使命」、「資源」感到滿意；覺得角色與職責、決策權益、溝通規範需要更多的釐清；排除了一位無法融入新團隊的成員；也完成每個月的需完成事項和團隊行動計畫的活動。在四個月後的這個時間點上，還不能確切知道團隊是否能對業務單位的整體營收或成本有正向的影響，但是團隊成員都覺得，如果能夠將團隊計分卡和團隊行動計畫都全面性地落實，就能達成事前預設的成果。

## 結語

協助其他合併不同的團隊的方案，可能與這次的設計會有所不同。團隊領導者與引導者只要能夠幫助這些團隊發展出共同的觀點；對團隊的目標、目的和計畫達成共識；釐清團隊成員的新角色；制定一起工作的規範；設定需要的機制，以便可以追蹤達成目標和遵守承諾的進度，就是朝著正確的方向在走。

# 會議一的引導者流程

| 時間 | 目標 | 重點問題 | 活動與所需資料 |
|---|---|---|---|
| 8:00-8:45<br>團隊領導者的願景與回饋 | • 説明兩個業務體系過去的歷程<br>• 説明新業務單位的潛在優勢與負擔<br>• 説明業務需要的走向，以及該如何達到這方向<br>• 尋求大家的回應，並回答關於願景的問題 | • 這個業務單位的願景是什麼？<br>• 對於高層領導團隊成員的期許是什麼？<br>• 高層領導團隊對願景的回應是什麼？<br>• 高層領導團隊對願景有什麼問題？ | • 願景宣言（請參考第279頁） |
| 8:45-9:00<br>引導者進行夢幻團隊 vs. 噩夢團隊練習 | • 請參與者一同討論有效能 vs. 無效能團隊的差異<br>• 請團隊成員分享討論有效能團隊的重要性 | • 噩夢團隊的特質是什麼？夢幻團隊呢？<br>• 夢幻團隊有多常見？<br>• 如何打造夢幻團隊？ | • 夢幻團隊 vs. 噩夢團隊練習（請參考第238頁） |
| 9:00-9:30<br>引導者介紹火箭模式 | • 讓團隊了解並熟悉高績效團隊的八大要素 | • 團隊該做什麼才能成為高績效團隊？ | • 火箭模式簡報（請參考第244頁） |
| 9:30-9:45 休息 | | | |
| 9:45-11:00<br>引導者引導團隊回饋時段與團隊訪談 | • 針對團隊運作與績效提供質化的資訊給團隊 | • 團隊的優勢、驚奇、需要改善的地方是什麼？ | • 團隊回饋時段（請參考第261頁）<br>• 團隊訪談 |

| | | | |
|---|---|---|---|
| 11:00-12:15<br>引導者帶領討論團隊環境 | • 協助團隊成員了解團隊中多元的觀點<br>• 讓大家對於利益關係者的期許以及團隊在環境上面臨的議題有一致的理解 | • 利益關係者對於團隊有什麼樣的期待？<br>• 哪些外在的要素對團隊有所影響？<br>• 團隊面臨的最大挑戰是什麼？ | • 環境分析練習（請參考第270頁） |
| 12:15-13:00 午餐 | | | |
| 13:00-14:00<br>引導者帶領討論團隊目標 | • 針對團隊為什麼存在建立共同的理解 | • 團隊為什麼存在？ | • 團隊目標（請參考第285頁） |
| 14:00-15:45<br>引導者帶領大家透過練習，撰寫「團隊計分表」 | • 將高層級的目標轉化為需完成的事項<br>• 建立評估團隊績效的基準 | • 哪些是對這個團隊有意義、可衡量的目標？<br>• 這個團隊如何定義「獲勝」？ | • 團隊計分卡（請參考第288頁） |
| 15:45-16:00 休息 | | | |
| 16:00-17:45<br>引導者帶領團隊進行「人生旅程」活動 | • 協助團隊成員互相認識<br>• 開始建立互信與同事情誼 | • 什麼樣的生命經驗形塑了團隊成員？ | • 人生旅程（請參考第359頁） |
| 17:45-18:00<br>團隊領導者做結語 | • 回顧團隊在這一天所完成的事項 | • 我們今天有什麼樣的進展？<br>• 我們明天需要完成哪些事項？ | |
| 18:30-20:30<br>團隊晚餐 | • 提供彼此交流的非正式時間 | | |

## 會議二的團隊領導者流程

| 時間 | 目標 | 重點問題 | 活動與所需資料 |
|---|---|---|---|
| 8:00-8:05<br>團隊領導者進行開場白與反思 | • 列出本次會議目標 | • 這次會議需要完成哪些項目？ | • 白板架 |
| 8:05-9:45<br>團隊領導者協助團隊制訂使命 | • 將團隊的目標、目的、衡量標準做最後的確認 | • 團隊的挑戰是什麼？<br>• 團隊為什麼存在？<br>• 團隊需要完成的事項是什麼？<br>• 該如何追蹤進度？ | • 討論環境的白板架<br>• 討論團隊目標的白板架<br>• 討論團隊計分卡的白板架 |
| 9:45-10:00 休息 | | | |
| 10:00-11:45<br>引導者協助團隊制訂團隊行動計畫 | • 訂定可以強化團隊計分卡的每月計畫 | • 團隊要如何達成目標？<br>• 團隊每個月需要完成哪些事項？<br>• 阻礙團隊完成任務的瓶頸是什麼？<br>• 是誰的責任？ | • 團隊行動計畫（請參考第291頁） |
| 11:45-12:00<br>團隊領導者做結語 | • 讓大家結束異地會議前，獲得同樣的訊息<br>• 本次會議的優缺點<br>• 鼓勵參與的團隊成員 | • 在這次的異地會議中，有什麼重要的訊息？要如何將這些訊息傳達給大家？<br>• 這次的會議進行得如何？<br>• 要如何讓下次的會議更好？ | |

# 會議三的團隊成員流程

| 時間 | 目標 | 重點問題 | 活動與所需資料 |
|---|---|---|---|
| 8:00-8:05<br>團隊成員進行開場白 | • 列出本次會議目標<br>• 制定參與的期許<br>• 檢視會議流程<br>• 檢視會議規則 | • 這次異地會議需要完成哪些項目？ | • 白板架 |
| 8:05-9:45<br>團隊成員進行討論角色責任矩陣 | • 為團隊成員釐清負責人員、任務內容、工作量平衡表 | • 團隊行動計畫的各個步驟是由誰來負責？<br>• 還有哪些團隊活動需要負責執行的人（如前置準備、執行團隊會議等）？ | • 角色責任矩陣（請參考第295頁） |
| 9:45-10:00 休息 | | | |
| 10:00-11:30<br>團隊成員協助團隊釐清團隊成員在決策過程中的權益 | • 討論並修改哪些是高層領導團隊需要做出的決策<br>• 建立針對團隊、次團隊、個人決策的規則 | • 哪些決策應該由團隊來制定？次團隊？個人？團隊底下的人？<br>• 誰應該參與？應該如何做決定？誰應該做最後的決定？ | • 決策機制（請參考第343頁） |
| 11:30-11:45<br>團隊成員做結語 | • 檢視會議需完成的事項清單<br>• 檢視下次團隊會議的細節<br>• 鼓勵參與的團隊成員<br>• 本次會議的優缺點 | • 在下次會議前，團隊需要完成哪些事項？<br>• 誰需要為這些需完成的事項負責？<br>• 下次團隊會議是什麼時候？<br>• 由誰主持會議？<br>• 本次會議中哪些事項是進行順利的？<br>• 下一次會議時，團隊需要在哪些項目上有不同的作法？ | |

# 會議四的團隊成員流程

| 時間 | 目標 | 重點問題 | 活動與所需資料 |
|---|---|---|---|
| 8:00-8:05<br>團隊成員進行開場白 | • 列出本次會議目標<br>• 制定參與的期許<br>• 檢視會議流程<br>• 檢視會議規則 | • 這次異地會議需要完成哪些項目？ | • 白板架 |
| 8:05-9:45<br>團隊成員協助團隊制定新的團隊運作節奏 | • 決定團隊會議的頻率、時間與規則 | • 團隊應該什麼時候開會？<br>• 會議中該討論什麼？<br>• 誰要主持會議？<br>• 會議中應遵守什麼規則？ | • 團隊運作節奏（請參考第333頁） |
| 9:45-10:00 休息 | | | |
| 10:00-11:30<br>團隊成員協助制定團隊規範 | • 針對團隊互動與溝通的規範做出釐清 | • 團隊的規則是什麼？<br>• 大家對於團隊彼此溝通、工作任務、相處的方式有什麼期許？ | • 團隊規範（請參考第329頁） |
| 11:30-11:45<br>團隊成員做結語 | • 檢視會議需完成的事項<br>• 檢視下次團隊會議的細節<br>• 本次會議優缺點 | • 在下次會議之前，團隊前需要完成哪些事項？<br>• 誰需要為這些需完成的事項負責？<br>• 下次團隊會議是什麼時候？<br>• 由誰主持會議？<br>• 本次會議中哪些事項是進行順利的？<br>• 下一次會議時，團隊需要在哪些項目上有不同的作法？ | |

第七節

# 虛擬團隊

　　我們最近合作的一個個案，是負責企業與品牌溝通的虛擬團隊。諷刺的是，他們卻在溝通上面臨障礙。團隊的九位成員當中，有五位在多倫多的企業總部服務，其他兩位在美國、一位在英國，還有包括團隊領導者在內的兩位在德國。這個團隊在十二個月前組成，隸屬一個較大的組織。雖然團隊裡每個人都彼此認識，整個團隊因為預算的關係，從來沒有面對面見過面。

　　初次造訪團隊領導者時，她跟我們說，團隊必須重新整理企業網站，但目前這項工作已經延誤了六個星期，員工敬業度的分數是全公司最低的其中之一，兩位成員也已經跑去人資部申請轉調。我們還發現，整個團隊一直聚焦在達成他們的目標，沒有花太多時間進行任何整合團隊的活動。我們向團隊領導者再三確認我們是要來改善團隊的績效，不會浪費時間做任何的表面功夫。開始談到規劃異地會議時，我們又發現公司要求出差行程暫停，所以我們這系列的會議需要以虛擬的方式進行。

# 虛擬團隊需要考量的事項

二十年前，虛擬團隊不算是常態，現在拜科技所賜，許多團隊都有一位或更多位同仁以遠距離的模式工作。在當下的全球化組織裡，虛擬團隊往往必須跨國、跨文化工作（我們私底下認為，即使是美國不同地區的合作，也跟加拿大和哥倫比亞人共事沒兩樣，都是跨文化的合作）。就如我們在之前的章節所提及，高績效的團隊基本上是例外而非常態，而且高績效團隊成員更是少之又少。

火箭模式的不同要素，對於虛擬團隊而言，又更具備挑戰性，其中包括：

- 環境：來自不同地區的人對於與團隊相關的利益關係者、面對的挑戰，看法可能南轅北轍，因為他們所聽、所見的資訊確實是完全不同。

- 人才：因為在現場觀察團隊成員、提供實質回饋的機會並不多，因此團隊領導者在指導、培植遠距離工作的成員上，經常是倍感艱辛。要聘用遠距離工作的團隊成員，也是相當辛苦。

- 規範：溝通、決策、會議管理和當責機制，對於虛擬團隊來說都是很大的挑戰。電子郵件、簡訊無法表達重要的非語言訊息，也讓大家的溝通更容易產生誤解。語言跟文化的差異讓問題又更複雜一些。團隊成員分布於不同的地區，光是要找到適合大家的開會時間，根本就是不可能的任務。老實說，如果沒有人監督，開會時同時做其他工作的問題也就更嚴重。

- 認同：優先的團隊忠誠度(first team loyalty)，或是說成員們應該優先忠誠的團隊，是虛擬團隊最常見的困擾，是虛擬團隊最常見的困境，因為團隊成員們夾在每天見面的同事（區域分公司的夥伴）和不常見面的團隊成員之間。距離真的沒辦法讓大家感情更融洽。

- 資源：部分團隊成員位於資源豐富的地點，其他則是在較為偏遠的地區。取得資源的方式不夠均衡，可能讓團隊成員彼此積怨，影響團隊的

績效。除此之外，虛擬團隊更需要倚賴科技，支援彼此的溝通、會議的進行與生產力。

- 勇氣：不同的文化在意見產生分歧時，表達方式各有不同，有些直接說重點，有些則比較隱晦。這兩種風格交錯下來，通常不會有太好的結果。而且當團隊成員沒辦法花時間相處、多認識，要營造一個讓大家可以放心彼此挑戰想法的環境，相當不容易。

# 團隊診斷

## 團隊評估調查的結果

| | |
|---|---|
| **結果：團隊的績效紀錄**<br>團隊是否兌現承諾？是否達成重要目標、滿足利益相關者的期望，並且不斷改進績效？ | 14 |
| **勇氣：團隊管理衝突的方法**<br>團隊成員是否願意提出感到棘手的問題，衝突是否得以有效處理？ | 34 |
| **資源：團隊的資產**<br>團隊是否擁有必要的物質和資金資源、許可權和政治支持？ | 88 |
| **認同：團隊成員的動機水準**<br>團隊成員是否對於團隊獲勝的機會持樂觀的態度，且對達成團隊目標充滿動力？ | 40 |
| **規範：團隊的正式和非正式工作流程**<br>團隊是否運用有效、高效的流程來召開會議、做出決策並且完成工作。 | 40 |
| **人才：組成團隊的成員**<br>該團隊是否人數合理、職責明確，具備成功所必需的各項技能？ | 60 |
| **使命：團隊的目的和目標**<br>團隊為什麼存在？團隊對於獲勝的定義是什麼，為了達成目標制定了怎樣的策略？ | 48 |
| **環境：團隊運作的環境條件**<br>團隊成員對於團隊的政治和經濟現實、利益相關者和面臨的挑戰是否達成共識？ | 46 |

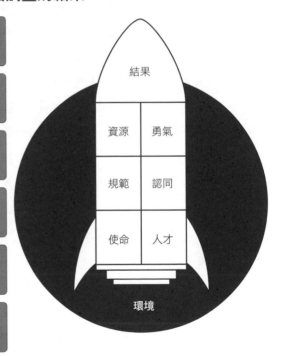

　　我們對團隊九位成員施測了團隊評估調查（TAS）並進行了訪談。在探掘過程中找到兩個亮點。首先，團隊的「人才」分數相較之下算高。從各細項的資訊以及訪談細節中，我們發現團隊有適切的能力，角色與責任都非常清晰，但是追隨力並不均衡。其次，團隊的「資源」並不匱乏，而且這是得分最高的項目，儘管很容易把問題都怪罪於「資源不足」，他們還算公允，並未以此作為低績效的理由。

　　除此之外，他們的確面臨困境。在企業總部的四位成員對於利益關係者的優先順序，與遠距離工作的兩位同仁有不同的想法。在美國的兩位同仁根本就是破壞王，所作所為都是在傷害這個團隊。因為六位在北美洲工作的成員都在同一個時區工作，會議安排的時間常常讓歐洲的夥伴得晚上加班。加拿大、美國、英國、德國同事的溝通模式大不相同，常常會誤解了彼此的意圖。比方說，有一位加拿大的同仁，自認已經向德國同事提出很有建設性的回饋，對方卻只聽到讚賞，因此完全忽略他提出的建議。在多倫多的團隊成員對同一個城市裡的同仁比對團隊其他地區的同仁來得有向心力，此外還常常跑去幫忙別人的專案。這期間出現的衝突完全沒有幫助，團隊裡的成員彼此指責，怪罪其他人無法準時把新的網站架設好。

## 解決方案

　　團隊投入會議活動之前，領導者約談了這兩位影響團隊績效的同仁，其中一位決定離開，另一位同仁承諾要徹底改變。我們從這裡接手，開始與團隊合作。

　　為了配合團隊需要以虛擬模式工作並考慮到時差的挑戰，我們建議他們規劃一系列九次的每月線上會議，並在各會議之間，請大家做一點準備的功課。在第一次會議之前，我們送出團隊評估調查回饋報告、團隊訪談和一篇介紹火

箭模式的短文給所有成員。在第一次每月線上會議中，請團隊領導者開場，說明大家即將踏上一段旅程，在接下來的九個月中，會進行一系列的活動，希望改善團隊整體的功能與績效。接著很快速介紹火箭模式、團隊評估調查回饋報告、團隊訪談，並將大家分成每三個人為一組的小組，找出團隊的優點、缺點、報告中最感到驚奇的地方。這些小組各自進行為時四十五分鐘的線上會議，再回到大團體的線上會議，並以虛擬的簡報向大家報告討論的結果。這些討論幫助團隊釐清需要發展的重點事項，以及接下來八次會議要進行的活動：

| | |
|---|---|
| 第一個月 | 團隊回饋時段：團隊評估調查與團隊訪談 |
| 第二個月 | 環境：環境分析練習 |
| 第三個月 | 使命：團隊目標 |
| 第四個月 | 使命：團隊計分卡 |
| 第五個月 | 人才：角色責任矩陣 |
| 第六個月 | 規範：團隊運作節奏與主要行事曆 |
| 第七個月 | 規範：團隊溝通模式與當責機制 |
| 第八個月 | 認同：優先的團隊忠誠度與個人的承諾 |
| 第九個月 | 團隊回饋時段（第二次團隊評估調查） |

我們還引導了第二個月的會議，進行環境分析練習，並且由一名團隊成員負責整合練習的結果，並與團隊其他成員分享以徵詢其他意見。從第三個月的會議開始，我們將自己的角色從團隊引導者轉換成團隊教練。

團隊領導者和指定的團隊成員將負責詳讀下一個月要進行的團隊改善活動的相關資料。然後，在第三次到第九次的線上會議之前，我們透過電話與團隊領導者、團隊成員進行一個小時的會議，討論怎麼準備、引導團隊改善活動、回應問題，討論活動後需要完成的事項。不同的團隊成員負責引導每個月的團隊改善活動，這樣做可以增進團隊的認同感，並允許團隊領導者培植自己的成

員並花更多時間進行從後面推動領導。進行第二次的團隊評估調查（TAS）之後，在第九個月的會議上，團隊領導者和團隊成員一起討論調查的結果。

## 當責機制

團隊成員必須負責在下一次會議之前，先將團隊改善活動的成果製成電子檔案，發送給其他成員。團隊還決定在第八次每月會議之後完成第二次團隊評估調查，以確認團隊的進度。

## 成果

團隊完成了所有的重大目標，並於九個月之後，在團隊評估調查的「環境」、「使命」、「規範」、「結果」等項目上得到了更高的分數。「人才」、「認同」與「勇氣」分數也有所提升，但是進步幅度沒有其他火箭模式的要素來得多。團隊在以下方面仍然有需要解決的問題：優先的團隊忠誠度、在會議中能否彼此挑戰，以及在社群媒體行銷上的「人才」短缺。

## 結語

科技讓虛擬團隊越漸普遍，但是組織需要體認到，虛擬團隊領導比同地點團隊更具挑戰性。對於虛擬團隊而言，以下這些部分是更不容易做到的：建立遠程關係、聘用和培植團隊成員、建立「規範」、確保「資源」、建立心理安全、得到「認同」，而領導者更容易錯過團隊出現困境時發出的警訊。要讓虛擬團隊重回正軌，還需要花費更多時間和領導階層的心力。有鑑於此，我們希望在與虛擬團隊的合作過程中，至少涵蓋一次面對面的會議。我們理解有些企

業的預算並不允許出差旅行，但是與虛擬團隊成員面對面互動一兩天，絕對有助於建立關係、共同的世界觀，以及制定目標、角色與規則。

## 會議一的引導者流程

| 時間 | 目標 | 重點問題 | 活動與所需資料 |
|---|---|---|---|
| **15分鐘**<br>團隊領導者進行開場白 | • 列出本次會議目標<br>• 制定參與的期許<br>• 檢視本日流程<br>• 制定會議規則 | • 這次會議需要完成哪些項目？ | |
| **30分鐘**<br>引導者介紹火箭模式 | • 讓團隊了解並熟悉高績效團隊的八大要素 | • 團隊該做什麼才能成為高績效團隊？ | • 火箭模式簡報（請參考第244頁） |
| **3小時**<br>團隊回饋時段：團隊評估調查與團隊訪談 | • 針對團隊功能與績效，提供標竿比較資料給團隊 | • 與其他團隊相較，我們的團隊表現如何？<br>• 我們團隊的優勢、驚奇、需要改善的地方是什麼？ | • 團隊回饋時段（請參考第261頁）<br>• 團隊評估調查回饋報告<br>• 團隊訪談 |
| **15分鐘**<br>團隊領導者做結語 | • 檢視會議需完成的事項<br>• 請大家提供對本次會議的想法和回饋<br>• 本次會議的優缺點 | • 誰會負責將團隊的優勢、驚奇、需要改善的地方製成電子檔？ | |

## 會議二的引導者流程

| 時間 | 目標 | 重點問題 | 活動與所需資料 |
|---|---|---|---|
| **20分鐘**<br>團隊領導者進行開場白 | • 列出本次會議目標<br>• 制定參與的期許<br>• 檢視本日流程<br>• 制定會議規則 | • 這次會議需要完成哪些項目？<br>• 大家對於上次會議後有關團隊評估調查和訪談結果，有什麼想法與回應？ | |
| **2 小時**<br>引導者引導「團隊環境」的討論 | • 協助團隊成員了解團隊中多元的觀點<br>• 讓大家對於利益關係者的期許以及團隊在環境上面臨的議題有一致的理解 | • 利益關係者對於團隊有什麼樣的期待？<br>• 哪些外在的要素對團隊有所影響？<br>• 團隊面臨的最大挑戰是什麼？ | • 環境分析練習（請參考第270頁） |
| **15分鐘**<br>團隊領導者做結語 | • 檢視會議需完成的事項<br>• 請大家提供對本次會議的想法和回饋<br>• 本次會議的優缺點 | • 誰會負責將團隊的優勢、驚奇、需要改善的地方製成電子檔？ | |

## 會議三的團隊成員流程

| 時間 | 目標 | 重點問題 | 活動與所需資料 |
|---|---|---|---|
| **20分鐘**<br>團隊成員進行開場白 | • 列出本次會議目標<br>• 制定參與的期許<br>• 檢視本日流程<br>• 檢視會議規則<br>• 請團隊成員們提供活動的最新進度 | • 這次會議需要完成哪些項目？<br>• 大家對於上次會議後有關團隊環境的結果，有什麼想法與回應？ | |
| **1.5 小時**<br>團隊成員帶領進行「團隊目標」討論 | • 對於團隊為何存在建立共同的理解 | • 為什麼這個團隊存在？ | • 團隊目標（請參考第285頁） |
| **15分鐘**<br>團隊成員做結語 | • 檢視會議需完成的事項<br>• 請大家提供對本次會議的想法和回饋<br>• 本次會議的優缺點 | • 誰會負責將團隊目標製成電子檔？ | |

## 會議四的團隊成員流程

| 時間 | 目標 | 重點問題 | 活動與所需資料 |
|------|------|----------|----------------|
| **20分鐘**<br>團隊成員進行開場白 | • 列出本次會議目標<br>• 制定參與的期許<br>• 檢視本日流程<br>• 檢視會議規則<br>• 請團隊成員們提供活動的最新進度 | • 這次會議需要完成哪些項目？<br>• 大家對於上次會議後有關團隊目標的結果，有什麼想法與回應？ | |
| **3 小時**<br>團隊成員帶領小組透過練習，撰寫「團隊計分表」 | • 將高層級的目標轉化為需完成的事項<br>• 建立評估團隊績效的基準 | • 哪些是對這個團隊有意義、可衡量的目標？<br>• 這個團隊如何定義「獲勝」？ | • 團隊計分卡（請參考第288頁） |
| **15分鐘**<br>團隊領導者做結語 | • 檢視會議需完成的事項<br>• 請大家提供對本次會議的想法和回饋<br>• 本次會議的優缺點 | • 誰會負責將團隊計分卡製成電子檔？ | |

## 會議五的團隊成員流程

| 時間 | 目標 | 重點問題 | 活動與所需資料 |
|---|---|---|---|
| **20分鐘**<br>團隊成員進行開場白 | • 列出本次會議目標<br>• 制定參與的期許<br>• 檢視本日流程<br>• 檢視會議規則 | • 這次會議需要完成哪些項目？<br>• 大家對於上次會議後有關團隊計分卡的結果，有什麼想法與回應？ | |
| **1.5 小時**<br>團隊成員帶領討論「角色責任矩陣」 | • 為團隊成員釐清負責人員、任務內容、工作量平衡表 | • 團隊行動計畫的各個步驟是由誰來負責？<br>• 還有哪些團隊活動需要負責執行的人（如前置準備、執行團隊會議等）？ | • 角色責任矩陣（請參考第295頁） |
| **15分鐘**<br>團隊成員做結語 | • 檢視會議需完成的事項<br>• 請大家提供對本次會議的想法和回饋<br>• 本次會議的優缺點 | • 誰會負責將團隊角色責任矩陣製成電子檔？ | |

## 會議六的團隊成員流程

| 時間 | 目標 | 重點問題 | 活動與所需資料 |
|---|---|---|---|
| **20分鐘**<br>團隊成員進行開場白 | • 列出本次會議目標<br>• 制定參與的期許<br>• 檢視本日流程<br>• 檢視會議規則 | • 這次會議需要完成哪些項目？<br>• 大家對於上次會議後有關角色責任矩陣的結果，有什麼想法與回應？ | |
| **1.5 小時**<br>團隊成員協助團隊訂定新的團隊運作節奏 | • 決定團隊會議的頻率、時間與規則 | • 團隊應該什麼時候開會？<br>• 會議中該討論什麼？<br>• 誰要主持會議？<br>• 會議中應遵守什麼規則？ | • 團隊運作節奏（請參考第333頁） |
| **15分鐘**<br>團隊成員做結語 | • 檢視會議需完成的事項<br>• 請大家提供對本次會議的想法和回饋<br>• 本次會議的優缺點 | • 誰會負責將團隊運作節奏和主要行事曆製成電子檔？ | |

## 會議七的團隊成員流程

| 時間 | 目標 | 重點問題 | 活動與所需資料 |
|---|---|---|---|
| **20分鐘**<br>團隊成員進行開場白 | • 列出本次會議目標<br>• 制定參與的期許<br>• 檢視本日流程<br>• 檢視會議規則 | • 這次會議需要完成哪些項目？<br>• 大家對於上次會議後有關角色責任矩陣的結果，有什麼想法與回應？ | |
| **1 小時**<br>團隊成員協助團隊訂定溝通的規範 | • 針對溝通的層級、溝通模式、回應時間的規範做出釐清 | • 團隊成員需要什麼資訊，才能完成指派的任務？<br>• 資訊應該多久更新？<br>• 資訊應該如何溝通？<br>• 期待的回應時間？ | • 團隊溝通模式（請參考第346頁） |
| **45分鐘**<br>團隊成員協助團隊制定當責機制 | • 釐清對團隊成員的期待 | • 對於團隊成員需完成的事項，有什麼期待？<br>• 對於團隊成員的行為有什麼期待？<br>• 如果沒有遵守，會有什麼後果？ | • 當責機制（請參考第350頁） |
| **10分鐘**<br>團隊成員做結語 | • 檢視會議需完成的事項<br>• 請大家提供對本次會議的想法和回饋<br>• 本次會議的優缺點 | • 誰會負責將團隊溝通模式與當責機制製成電子檔？ | |

## 會議八的團隊成員流程

| 時間 | 目標 | 重點問題 | 活動與所需資料 |
|---|---|---|---|
| **30分鐘**<br>團隊成員進行開場白 | • 列出本次會議目標<br>• 制定參與的期許<br>• 檢視本日流程<br>• 檢視會議規則 | • 這次會議需要完成哪些項目？<br>• 大家對於上次會議後有關團隊溝通模式與當責機制的結果，有什麼想法與回應？ | |
| **1 小時**<br>團隊成員請其他成員承諾支持團隊的成功 | • 做出公開承諾，願意協助團隊從更高的層次來運作 | • 大家應該持續做什麼，以幫助團隊成功？<br>• 大家要開始做什麼、停止做什麼或是要有什麼不同的作法，以幫助團隊更成功？<br>• 團隊成員該如何承擔責任，對自己承諾的事項負起責任？ | • 個人的承諾（請參考第373頁） |
| **15分鐘**<br>團隊成員做結語 | • 檢視會議需完成的事項<br>• 請大家提供對本次會議的想法和回饋<br>• 本次會議的優缺點 | • 誰會負責將個人的承諾製成電子檔？ | |

## 會議九的團隊領導者流程

| 時間 | 目標 | 重點問題 | 活動與所需資料 |
|---|---|---|---|
| **20分鐘**<br>團隊領導者進行開場白 | • 列出本次會議目標<br>• 制定參與的期許<br>• 檢視本日流程<br>• 檢視會議規則 | • 這次會議需要完成哪些項目？<br>• 大家對於上次會議後有關個人的承諾的結果，有什麼想法與回應？ | |
| **1.5至2小時**<br>團隊領導者引導團隊回饋時段：團隊評估調查 | • 針對團隊功能與績效，提供標竿比較資料給團隊 | • 與其他團隊相較，我們的團隊表現如何？<br>• 我們團隊的優勢、驚奇、需要改善的地方是什麼？<br>• 團隊經過這段期間，有什麼改變？ | • 團隊回饋時段（請參考第261頁）<br>• 團隊評估調查回饋報告 |
| **15分鐘**<br>團隊領導者做結語 | • 檢視會議需完成的事項<br>• 請大家提供對本次會議的想法和回饋<br>• 本次會議的優缺點 | • 誰會負責將團隊的優點、驚奇、需要改善的地方製成電子檔？<br>• 團隊接下來的步驟是？ | |

# 第八節

# 群體形式的團隊

| 登場人物 |
|---|
| 荷西（人力招募部門經理） |

　　荷西對於他即將在一家中型塑料公司擔任人力招募部門經理的職務感到興奮，曾是大學橄欖球運動員的他相信團隊合作的價值。在第一次開會時，他對新的下屬分享自己對團隊的看法：「我之所以會成功，都是因為團隊的合作，我希望各位都能成為團隊合作者。團隊合作是一股強大的力量，它讓我們看見我們的貢獻有多深遠。當我們發揮團隊合作的力量時，每一個個體還有我們的整體，就會有更豐沛的熱情，並在最後獲得更大的成就。」在他這段激勵人心的話之後，大家點點頭，禮貌地微笑著，然後全都回去繼續去安排空缺著的職務。

　　向荷西匯報的五名人力聘用專員，被分配負責五家分布美國各地的製造工廠。因為招募職缺的工作性質和工作時數的緣故，他們都在當地市場招聘人員，並且很少在負責地區以外的地方招募到人力。這些工廠的員工流失率超過

35%，加上勞動市場算是供不應求，很難找到時薪制的人力。團隊的每位成員都倍感壓力。

為了振奮團隊的士氣，荷西每星期都規劃團隊活動，像是一人一菜、下班歡樂時光等等。每個月挑一個下午帶團隊出遊，甚至自掏腰包請所有人一起去看棒球比賽。荷西還增加了團隊會議的頻率、拉長開會時間。但無論他多努力，荷西還是注意到人們繼續獨自工作而非團隊合作。雖然大家都坐在一起，但結束會議之後，大家互動不多。荷西沒看到團隊成員之間有任何衝突，只是缺乏同事愛。任職六個月後，荷西收到同事的360度回饋報告，感到非常沮喪。報告中，大家認為他在團隊經營的努力只是浪費時間，並且團隊在關鍵指標上的表現不盡理想。

## 團隊與群體需要考量的事項

在第二節中，我們介紹了群體和團隊之間的區別。群體是具有個人目標、獨立工作並根據個人成就獲得獎勵的個人組合。團隊有共同的目標，成員共依共存，一起贏或一起輸。兩者之間的差異，可以對照高爾夫球和足球隊來說明。每位高爾夫球球員的動作，對於其他一起打球的人們影響不大；每個人都努力打出最低桿數，也因為自己的努力成果而得到回報。相較之下，足球守門員或中場球員的一舉一動，都直接影響到球隊中的其他人；球隊的首要目標是贏得比賽，如果對手得分更高，個人英雄將無關緊要。要求高爾夫球球員用團隊的模式來打球，或是要求足球球員以群體的方式來打球，都會帶來災難性的結果。儘管許多人認為團隊比群體更好，但是還是要看目標和工作的本質，才能知道哪一種模式比較適合。

如第二節所述，在「群體 vs. 團隊」的光譜對照圖上，都會發現有許多團隊同時具備群體與團隊的特質。這樣的團體要思考的，就是什麼時候應該以群體

的方式來運作，還有什麼時候應該以團隊的模式來運作。釐清整體目標、相互依存的領域以及共同的獎勵，就能夠了解需要制定什麼樣的計畫、團隊成員應該見面的頻率、應該討論的內容、彼此應該如何溝通，以及如何評估進度。同樣重要的是，需要釐清需要完成的事項、決策權、溝通的條件，以及針對團隊成員個人的責任要求而來的行為期許。混合型的團隊應該在全體共事的時間討論團隊的議題，領導者也應該與成員們在一對一的相處時，協助他們實現個人的目標。

## 團隊診斷

根據我們與荷西的第一次會談，我們就懷疑他的團隊其實是一個群體，這也在團隊評估調查（TAS）回饋報告中得到證實。團隊評估調查結果中，「群體 vs. 團隊」的分析結果讓荷西相當震驚。他一直都覺得他和部屬們是一個團隊，而部屬卻認為他們是一個群體。荷西認為他們的目標是團隊中的共同目標，但是部屬們卻專注於自己的目標。在與荷西做更多的討論後，我們了解到他們的共同目標只是各自目標的總和。荷西認為他的下屬們在工作上是彼此相依的，但是他們卻覺得自己的工作相當獨立。我們告訴荷西，這其實很有道理。同仁們各自支援不同的製造廠，並在美國的不同地區招募人員，因此幾乎不需要合作。荷西認為團隊的目標是一種命運共同體的概念（或許是因為他的報酬與所有成員整體表現息息相關）。我們指出，他部屬們的獎勵主要還是因為他們自己的努力而獲得的。荷西與許多領導者一樣，不了解自己團隊運作的模式，又假設團隊比群體更好。

# 團隊評估調查群體 vs. 團隊分析

成員們的個人和共同目標之間的分布程度？

成員們的工作是較為獨立，還是彼此合作、互相依賴？

■ 團隊成員

成員們是命運共同體嗎？

群體　　　　　　　　　　　　　　團隊

## 目標策略

1. 每個人擁有各自的目標。共同的目標只是各自個人目標的加總。

2. 大部分的人都有自己的目標。

3. 人們同時有著個人目標和首要或共同團隊目標。

4. 大部分的人有共同的目標，但是也有一些個人的目標。

5. 沒有個人的目標，只有共同的目標。

## 工作依賴性

1. 人們都獨立工作，每個人的行動對團隊中其他人產生的影響極小。

2. 大多數人都獨立工作，但是會存在一些互相合作的部分。

3. 人們互相合作和獨立工作活動均等融合。

4. 人們彼此合作共事，但是會存在一些獨立工作的部分。

5. 人們彼此合作共事，任何人的行動都會對團隊中的其他成員產生重要影響。

## 命運

1. 人們只會由於各自個人的工作結果而獲得獎勵，不存在團隊績效獎勵。
2. 人們主要是因為自己努力達成的成果而得到回報，但是也有一些是基於團隊績效的獎勵。
3. 人們因為個人的努力和團隊整體的成果而得到回報。
4. 人們通常因團隊的成果而得到回報，但是部分的回報是以個人績效來考量。
5. 團隊的成員榮辱與共；不存在由於個人成就而獲得的獎勵。

　　荷西冷靜之後，我們與他分享群體與團隊之間的優勢，請他思考要用什麼樣的作法，才能產生最好的效果。荷西仔細考慮自己想要振奮團隊士氣的所作所為、想到他的努力卻無法帶來好的成果之後，表示：「我想我們應該用群體的方式來做。」就在這樣的頓悟時刻，領導者必須分辨出他們所帶領的究竟是群體還是團隊，並依此來調整管理的風格。

# 解決方案

　　在團隊診斷階段時，我們觀察到荷西的直屬下屬的運作模式其實比較偏向群體而非團隊。這相當合理，因為成員們的工作任務相當獨立。了解這一點之後，我們開始協助這個群體，希望能夠提升他們的績效。

　　我們用火箭模式作為框架，將以下的建議提供給荷西：

- 環境：我們建議先進行環境分析練習，讓大家對於組織重視的議題先有共同的理解，也特別讓大家知道公司即將擴展廠房的營運，還有整體經濟環境、人口分布的趨勢，讓大家思考這些對每個人的影響會是什麼，並找出大家都會面對的挑戰。透過這樣的討論，鋪陳一些前置作業，讓

大家可以分享最佳的解決方案。

- 使命：我們建議在重要的指標上，記錄大家的績效，找出障礙，先確定哪一些障礙是需要跨區解決，哪些是個別的區域可以處理的。提供績效相關的資訊，讓組員知道和其他團隊成員相較之下，自己的表現如何，如此一來，就能帶來更有用的回饋。

- 人才：化學作用在群體之間的重要性沒有在團隊裡那麼重要，所以我們建議荷西聘用人員時，主要看他們的能力而不是團隊匹配性。不過大家都是一起工作的人，若是找了一位破壞團體效能的人，還是會帶來很大的干擾。如果要讓大家的整體績效更理想，還是需要將獎勵制度著重在個人的成就，而不是群體的成就。

- 規範：我們建議大家花時間制定工作的規則，從需要開什麼會開始，到會議中需要討論的事項這些細節都需要加以討論。我們建議荷西將開會的頻率降低，也可以減少那些歡樂的活動，讓大家有時間完成自己的工作。他的領導風格必須從共識導向調整成樞紐式的作法，可以為每位直屬下屬提供個人化的支持。最後，因為公司的價值觀包括相互支持，即使大家都獨立工作，也可以讓大家找出可以彼此協助的方法。

- 認同：各自努力和目標達成之間的連結相當清楚，但是還是需要一起討論，確認同仁們的目標是不是可以達成的。

- 勇氣：雖然對群體而言，勇氣並沒有如在團隊中那麼重要，但荷西還是希望成員們可以很自在地提出質疑，挑戰彼此的觀點（包含他）。這對於荷西很重要，因為在他推出一連串振奮團隊士氣的活動時，同仁們並沒有提出質疑，卻在匿名提出回饋時才表達想法。

- 結果：我們建議群體將焦點放在「結果」上，並透過分享最佳作法的方式來改善績效。

　　會議中，我們對荷西說明團隊評估調查的結果，也針對群體和團隊的異同指導荷西。我們設計並引導一場為期1.5天的團隊會議，日期選在公司進行團隊年度目標設定和進行預算的時間。會議開始時，荷西先提供有關公司明年發展方向的最新消息，並讓大家討論這些發展對五個廠房人才招募的影響。接著，成員們學習群體與團隊之間的差異，以及火箭模式如何可以協助群體的運作。大家接下來檢視團隊評估調查的結果，除了「人才」和「資源」部分外，其他分數都偏低。這樣的得分並不奇怪，群體的分數通常較團隊低。大家接下來就人才招聘面臨的情況做討論，產生共同的想法，也釐清各個廠房面臨的挑戰。他們另外也投入時間，設定個人和整體人才招募的目標、確定最終指標和基準，並建立新的準則，以便更有效地合作。第二天大家一起更新團隊運作節奏，決定減少整體開會的次數，但增加與荷西一對一的會談次數。大家也用一點時間分享廠房的最佳人才招募作法。

| 1.5天的計畫 | |
|---|---|
| **會議一（第一天）** | **會議一（第二天）** |
| ● 公司業務會報與討論<br>● 群體 v.s 團隊<br>● 從群體的觀點介紹火箭模式<br>● 團隊回饋報告：團隊評估調查<br>● 群體與個人環境分析報告<br>● 群體與個人目標<br>● 團隊規範 | ● 團隊運作節奏<br>● 分享最佳作法 |

## 當責機制

荷西在討論當責機制時訂定了基調，請直屬下屬在新年度的六個月後進行第二輪360度回饋（360-degree feedback）報告。他的主管與同儕所給的回饋結果仍然相當好，但是他直屬下屬的回饋有了很大的進展。他的團隊感謝他減少了團隊建立活動的時間，也感謝荷西透過一對一的會議所給予的支持。團隊也在每個月的會議中檢討、討論個人與整體的結果，並在每一季都會評估是否遵守團隊的規範。

## 成果

如稍早所提，因為聚焦在群體的工作而不是團隊的合作，讓荷西成為效率更高的領導者。團隊開始用一種友好的競賽模式來思考每個月的成果，獎勵的方式包括輪流的獎盃、其他同仁請吃午餐等活動。隨著時間過去，招募人員所需的時間開始下降，聘用的員工留職超過六個月的比例也增高，連工廠經理和同事都常常讚賞團隊招募的人員素質不錯。

## 結語

挫折感、精力浪費和績效不佳，是混淆團隊與群體時常出現的結果。群體（group）和團隊（team）這兩個名詞經常互用，但是就如第二節所述，卻各自有不同的工作方法。其次，許多人認為團隊天生就優於群體，但事實並非如此。要思考需要完成的工作的性質，才能決定最好的方法，而且如果需要完成的是群體的任務，卻不斷推動團隊合作，效果幾乎永遠適得其反。第三，領導者往往認為，有效的領導力在每一種情況都適用，但是要成功領導群體所需的資源與帶領團隊所需的資源並不相同。很少有領導力發展計畫會告訴主管群體

和團隊之間的區別。

　　關於團隊和群體，還有其他重要的觀察。首先，一些領導者像帶領群體一樣領導團隊，這與荷西的情況相反，但問題都一樣。當領導者領導群體時過於融入，他們會把自己放在團隊活動的中心，干擾大家合作的效能。領導者可能以為，協調成員的溝通和努力會帶來更多的價值，但是樞紐式的領導模式降低效率、削弱團隊成員的能力，並導致團隊的整體績效受到影響。其次，即使荷西的直屬下屬都坐在一起，也同樣向相同的主管匯報，他們的功能還是趨向群體而不是團隊。這與我們遇到的許多團隊相反，這些團隊的成員在功能上或地理位置上都很分散，但需要作為一個團隊來運作。使一群人成為一個團隊或一個群體的原因不是他們所在的位置，而是他們目標的性質以及如何完成工作。第三，純粹的群體或團隊很少。大多數情況下，一起工作的人們，運作的模式都介於群體跟團隊之間。對於許多領導者來說，關鍵是要釐清：部屬的問題是需要用群體的方式來解決，還是團隊的方式來解決才會更有效。

　　最後，我們覺得區分群體與團隊非常重要，無法區分兩者的領導者可能就會為此吃到苦頭。無法區分群體與團隊的差異，是很多領導者失敗、很少團隊能展現高效能的原因。以下為大家說明火箭模式如何運用於群體與團隊上。

## 辨識群體 vs. 團隊時考慮的面向

| 要素 | 群體考慮的面向 | 團隊的思考面向 |
|---|---|---|
| 環境 | 群體成員必須清楚了解他們每個人面對的情況，像是當地的顧客、競爭者與挑戰。 | 團隊成員必須針對顧客、競爭對手、整體經濟條件、挑戰等問題，達成共同的想法和假設。 |
| 使命 | 群體成員必須各自有明確、清楚定義的目標，並以個人目標的達成作為成功的定義。 | 團隊需要撼動人心的目的和清楚定義的共同團隊目標，這需要大家彼此互助才能完成。團隊計分卡可以用來溝通團隊如何才是「獲勝」，以及追蹤目標達成的進展。 |
| 人才 | 群體的成員應該根據職位的具體需求來招聘；是不是能夠適應其他成員的問題並不那麼重要。人才的選拔與培訓應著重於他們所需要的技能。角色必須要明確，群體的大小通常與群體的績效呈直線關係。獎勵應專注於個人目標的實現。 | 團隊成員需要擁有不同但互補的技能和經驗，與其他團隊成員的適應性同樣重要。團隊規模是一個重要的考慮因素，而獎勵應該基於整體的成就。人才的遴選與發展應注重特定職位的需求、團隊成員的互依關係，還有團隊共同的要求。直接匯報結構與不良的追隨力，對於團隊的績效有更大的影響。 |
| 規範 | 群體的規範應以會議、溝通、決策和當責機制來思考。但是群體開會、溝通的頻率比團隊少，決策過程將以領導者為中心（可能較為權威，著重於蒐集資料）。群體成員應該對個人責任有明確的績效期望，並對實現這些責任負責。 | 在最低程度上，團隊的規範應著重於會議、溝通、決策和當責機制。團隊也可以選擇制定衝突管理、事後評估、緊迫性、績效、以顧客為中心等方面的規範。團隊應比群體更頻繁開會和溝通，決策將以團隊為中心（即更多的資訊蒐集和共識）。團隊成員應對個人和團隊責任有明確的績效期望，並對實現這些責任負責。 |

| | | |
|---|---|---|
| 認同 | 群體成員需要足夠的參與和動力來實現自己的目標，並遵守管理群體行為的規範。自己的努力與個人目標的實現之間的聯繫通常是不言而喻的，而且成員彼此之間也僅提供最少的支持。 | 團隊成員需要比群體投入更高度的參與和動力，因為他們需要完成個人和團隊目標、執行團隊決策、更頻繁地見面和溝通，並遵守管理團隊行為的規範。他們還需要相互支持，並了解他們的任務和職責如何為團隊的整體成功做出貢獻。 |
| 資源 | 群體成員需要必要的資源來達成個人的目標。成員經常需要遠距離工作，所以需要的資源可能跟團隊需要的有所不同。 | 與群體成員相比，團隊成員通常需要更多的資源，因為他們需要更頻繁地達成個人和團隊目標、開會、溝通、進行進度檢討以及共享數據和關鍵學習。通常團隊可能需要出差預算、正式會議空間、改進的電信通訊或特殊軟體。 |
| 勇氣 | 群體成員的相處或是是否能夠進行有建設性的對話並不重要。但是群體的領導者仍然需要有效管理衝突，因為大家可能因個人目標、銷售管道、地盤或顧客分配而產生歧見。 | 團隊領導者需要為團隊成員打造心理上感到安全的環境，讓他們願意提出困難的問題。團隊領導者必須注意的，是在團隊目標與流程上激發出有建設性的衝突，但是努力減少人際之間的衝突。 |
| 結果 | 群體的領導者對成功的定義，就是每位成員的成就，群體的成果簡單來說就是大家成就的加總。群體的領導者可以透過最佳作法的分享、換掉績效較低的成員，就能改善成果。 | 團隊領導者對於成功的定義，就是整體目標達成，並教導團隊設定可衡量的目標、周密的策略，讓目標可以達成。也針對個人訂定清楚的績效期許，讓他們知道個人的努力如何帶來團隊的成果，並定期根據團隊目標來檢視進度，調整策略。 |

## 會議一（第一天）的引導者流程

| 時間 | 目標 | 重點問題 | 活動與所需資料 |
|---|---|---|---|
| 8:00-9:00<br>群體領導者進行開場並說明公司最新狀況 | • 列出本次會議目標<br>• 制定參與的期許<br>• 檢視本日流程<br>• 制定會議規則<br>• 說明公司環境最新狀況，以及接下來一年中的策略 | • 這次異地會議需要完成哪些項目？<br>• 公司要往哪個方向走？<br>• 該如何達成這個目標？<br>• 這對於群體與群體成員有什麼意涵？ | |
| 9:00-9:15<br>引導者帶領大家進行群體 vs. 團隊練習 | • 帶領參與者討論群體 vs. 團隊 | • 群體的特質是什麼？團隊呢？<br>• 哪一種比較好？<br>• 我們是群體還是團隊？ | • 群體 vs. 團隊練習（請參考第241頁） |
| 9:15-10:00<br>引導者介紹火箭模式 | • 讓參與者了解並熟悉高績效群體的八大要素 | • 群體該做什麼才能成為高績效群體？ | • 火箭模式簡報（請參考第244頁） |
| 10:00-10:15 休息 | | | |
| 10:15-11:30<br>團隊回饋時段：團隊評估調查 | • 針對團隊功能與績效，提供標竿比較資料給團隊 | • 與其他群體相較，我們群體的表現如何？<br>• 我們群體的優勢、驚奇、需要改善的地方是什麼？<br>• 我們是群體還是團隊？ | • 團隊回饋時段（請參考第261頁）<br>• 團隊評估調查回饋報告 |
| 11:30-12:15 午餐 | | | |

| 12:15-13:45 引導者帶領大家討論群體與個人環境 | • 協助群體成員了解群體中多元的觀點<br>• 讓大家對於利益關係者的期許以及群體在環境上面臨的議題有一致的理解<br>• 協助成員們釐清他們各自特定狀況所面臨的挑戰 | • 利益關係者對於群體有什麼樣的期待？<br>• 哪些外在的要素對群體有所影響？<br>• 這個群體面臨的最大挑戰是什麼？<br>• 群體成員面臨的最大挑戰是什麼？ | • 環境分析練習（請參考第270頁） |
|---|---|---|---|
| 13:45-15:45 引導者協助群體成員制訂群體與個人群體目標 | • 建立各個成員的目標與基準<br>• 建立評估群體績效的基準 | • 每一位群體的成員，有什麼有意義、可衡量的目標？<br>• 每一位成員該如何定義成功？<br>• 對這個群體而言，有什麼是有意義、可衡量的目標？<br>• 這個群體如何定義成功？ | • 團隊計分卡（請參考第288頁） |
| 15:45-16:00 休息 | | | |
| 16:00-17:00 引導者協助群體制訂群體規範 | • 針對企業觀點、溝通、當責機制與衝突的化解訂定規則 | • 群體的成員該如何看待業務的議題？<br>• 成員們彼此該如何相處？<br>• 如果違反規則，會發生什麼事？ | • 團隊規範（請參考第329頁） |
| 17:00-17:15 群體領導者做結語 | • 回顧群體在這一天所完成的事項<br>• 提醒群體明天即將進行的事項 | • 今天我們有什麼進展？<br>• 明天需要完成哪些事項？ | |
| 18:00-20:00 群體晚餐 | • 提供彼此交流的非正式時間 | | |

# 會議一（第二天）的引導者流程

| 時間 | 目標 | 重點問題 | 活動與所需資料 |
|---|---|---|---|
| 8:00-8:30<br>群體領導者進行開場並帶領大家回顧 | • 列出本次會議目標<br>• 了解第一天會議的重要學習與反應略 | • 這次異地會議需要完成哪些項目？<br>• 第一天的會議後，參與者的反應與學習是什麼？ | • 白板架 |
| 8:30-9:45<br>引導者協助群體制定群體運作節奏 | • 決定開會的頻率、時間與規則 | • 群體應該什麼時候開會？<br>• 會議中該討論什麼？<br>• 誰要主持會議？<br>• 會議中應遵守什麼規則？<br>• 與群體領導者的一對一會議要什麼時候舉行？會議的內容會是什麼？ | • 團隊運作節奏（請參考第333頁） |
| 9:45-10:00 休息 | | | |
| 10:00-11:30<br>引導者協助群體討論最佳作法 | • 針對群體成員之間，哪些作法有效、哪些無效達到共同的理解 | • 成員們如果要達成目標，要做什麼？<br>• 哪些活動的效果比較好？<br>• 哪些活動似乎效果不太好？ | • 白板架 |
| 11:30-12:00<br>群體領導者做結語 | • 檢視會議需完成的事項<br>• 檢視下次群體會議的細節<br>• 提供這次異地會議的反應<br>• 鼓勵群體的參與者<br>• 本會議的優缺點 | • 下一次會議之前，群體成員需要完成哪些事項？<br>• 下一次群體會議是什麼時候？<br>• 由誰主持會議？<br>• 本次會議進行得如何？<br>• 該如何讓下一次的會議更好？ | |

# 第九節

# 矩陣式團隊

| 登場人物 |
|---|
| 路克（大型製藥公司總裁） |

　　路克被任命為一家大型製藥公司擁有30億美元營業額部門的總裁。他接手的高層領導團隊（ELT）包括四位區域副總裁，六位產品線副總裁和十一位部門副總裁（財務、供應鏈、研發、法務、法規、人力資源、資訊、市場行銷、消費者洞察、公關和新事業發展部門）。此外，路克還邀了策略部門副總裁進入團隊。策略部門副總裁和六個產品線副總裁直接對路克報告；四位區域副總裁則是間接向路克匯報，他們的直屬主管為區域集團總裁，後者負責監督公司在各個區域內所有部門的行銷與銷售；十一位部門副總裁也是間接向路克匯報，而直接匯報管道則是全球部門主管，其負責在全球企業體系中提供共享服務。

　　路克和他的領導團隊負責訂定策略並管理部門的整體績效，儘管最終的損益由他所在的區域主管負責，但路克有責任達成部門的收入和市場佔有率的增長目標。

　　路克知道自己陷入了困境。在過去的五年中，他的部門的業績一直低於計畫中的目標。部門長久以來業績不佳的狀況，也導致高層領導離職率的升高。多年來，路克已是第六位負責這個部門的主管。此外，在他之前的歷任主管，任職期間都對高層領導團隊成員進行過調整，因此大多數都是相對較新的成員。團隊文化是另一個關卡。為了扭轉部門的績效，路克的兩位前任者採獨裁管理方式，而提出質疑的同仁，在大家面前遭受抨擊，產生了寒蟬效應，讓大家變得不願意提出想法。從更廣泛的角度來看部門內的文化，會注意到員工敬業度和留職率成為嚴重的問題。很少員工願意留在連續五年都衰退的部門工作。

　　在舉行幾次高層領導團隊會議之後，路克無力感頓生，他沒辦法讓團隊在他們面臨的嚴峻挑戰中有所進展，也開始認為這個領導團隊無法協助他扭轉業績。同時，他擔心自己會成為這連串領導者中的另一個失敗的例子，這些領導者改變了團隊的成員，卻無法改變部門的業績。我們就是在這時候接到他的電話。

## 團隊診斷

　　根據我們從路克那裡聽到的有關團隊過去的歷史，以及他對團隊功能的擔憂，我們決定訪談高層領導團隊的所有二十二名成員。不出我們所料，訪談證實高層領導團隊需要專注於火箭模式中的「使命」、「人才」、「規範」、「認同」和「勇氣」等要素。以下是我們在訪談時所得知的更多訊息。

- 使命：高層領導團隊成員們對於整體的目的都有所共識，就是決定部門的策略，確保產品線、地區、功能能夠整合後執行，在營收上能夠超前市場。雖然大家對於應該完成的工作都有一致的想法，但是還沒有一個能完成這些想法的計畫。他們的高層願景並未轉化為具有明確優先順序

的統一策略。有一位主管的話對此情況做了最貼切的詮釋：

◇「我們缺乏明確、整合好的優先事項。有策略就能決定什麼不要做。
我們都說我們要聚焦在一些重點領域，但是卻繼續把資源擴散出去，
想要讓大家都滿意。個人關注的加總並不等同我們部門的最佳關
注。」

- 人才：高層領導團隊的所有人都認同所有同事都很有經驗、能力，但是
很多人卻表示團隊的人數太多是個問題（當然沒有人覺得自己是應該離
開的那些人）。訪談中聽到的想法包括：

◇「我們的團隊太大，無法有效率運作。如果每個人對某項議題提出想
法，就會討論一整天。」

◇「桌子旁的位子總是不夠大家坐的。」

人才的面向還有另一個難題，就是角色不夠清楚。有一位主管就跟我們
說：

◇「不同地區、產品線、功能之間有很多模糊混亂的地帶，角色與責任
的情況也是如此。我們一直在踩別人的線。」

- 規範：無效能的規範是團隊最需要改善的部分之一，其中，高層領導團
隊成員認為決策、會議管理以及緊迫感和當責制度更是問題。決策過程
如此混亂，會出現任何的決定都是奇蹟。產品線副總裁必須取得區域副
總裁核准行銷和銷售上的資源；然後，區域副總裁必須徵求其主管的批
示。各地區認為在影響自己損益的產品線上的決策過程中自己卻沒有發
言權。產品線副總裁和區域副總裁則認為，未經部門副總裁的裁示，他
們無法做出決定，而部門副總裁又必須獲得總部各部門主管的許可。大
家對於決策權的不滿情緒，可以從以下的言談看出：

◇「我們不知道決策權到底在哪裡。產品線主管覺得可以在歐美中東地
區 (EMEA)有所作為，但是EMEA地區決定的事項影響他們的區域。我

們就卡在這中間。」

◇ 「因為誰該負責什麼，並沒有清楚的界線，一個決定要花很久的時間。每個人都覺得自己什麼都得有發言權。」

高層領導團隊成員們都很害怕每個月的會議，形容這些會議如同蹲馬桶般扼殺時間。每次會議都充斥著浮誇、粉飾太平的簡報，沒有太多的質疑，流程列出的議題也不太會引起爭議，或是對最後成果有太大的影響。形容此情況的言論如下：

◇ 「我們團隊不是開會，比較像是一群人一起看簡報。」

◇ 「我們不討論急迫的議題，我們只是提供最新進度。」

◇ 「這艘船正在下沉，所以不要跟我談郵輪上的菜單。」

◇ 「流程上列出太多的議題，所以我們覺得進度落後，還有這麼多議題要討論。」

◇ 「高層領導團隊開會時大家都大閃神，大家不會事先看資料，或只是花時間滑手機、打電腦，不是認真參與會議。」

高層領導團隊成員也對團隊「規範」提出有關缺乏急迫感和責任感的抱怨，他們的想法包括：

◇ 「我們的結果分數很低，但是我卻沒有感覺到大家迫切想要調整的意念。」

◇ 「我們缺乏危機感、執行的嚴謹、當責的機制。」

◇ 「或許是因為我們根本沒有針對任何的行動有所共識，但是從上次開會之後，對於狀況的進展報告是零。我們有討論但是沒有結果，所以我們就一直要忍耐這些沒有意義的討論。」

• 認同：從訪談的過程中，我們發現很有趣的狀況。每位成員都自認願意對團隊的成功做出承諾，但是卻覺得其他人沒有那麼投入。我們聽到的評論包括：

◇ 「高層領導團隊成員的才智與熱情滿滿，我們都是有能力、優秀的領

導者，但是卻沒有同心協力的認同感。」

◇ 「沒有人願意為團隊挺身而出，他們只顧經營自己的職涯，不願意站出來成為企業的領袖。」

◇ 「大家只繼續專注在把自己的部分做得更好，不願意承諾遵守部門的整體策略。」

◇ 「在會議中達成共識，離開會議之後就做自己想做的，就是這裡的標準作業程序。」

◇ 「團隊成員們都是互相指責，而不是一起朝相同方向前進。」

• 勇氣：高層領導團隊的問題就是表面和諧、無法處理困難的問題、壞消息就加以粉飾、缺乏辯論、問題就是從來不解決。有一位主管形容的最貼切：

◇ 「我們都太有禮貌了，聽到人家鬼扯，就應該說出來。」

每位高層領導團隊成員都指出表面和諧是團隊失能的原因之一。被詢問為什麼不出來說清楚，他們就會歸咎於之前組織的領導者或組織的文化——沒有人願意為現在的情況負起責任。

整體來說，我們對領導一個負責經營30億美元業務的領導團隊所感到的無力感，感到非常訝異。他們都看到了同樣的問題，卻覺得沒有力量可以做任何事情。然而他們覺得自己就像卡在矩陣的受害者，正等待路克來拯救他們。

## 解決方案

第一次會議之前，我們將團隊訪談的內容跟路克分享。回饋中大家提出的重點，他其實已有心理準備，但是卻對於團隊成員感受到的無助感非常震撼。路克承認需要縮編團隊的成員，但是不想在兩個星期之後舉行的異地會議之前有任何動作。

就如路克不希望高層領導團隊成員把他想成能夠一次解決所有問題的超人一樣，我們也告訴他，我們沒辦法帶來奇蹟式的改變，希望他能下修對於第一次異地會議的期許。在討論如何達到雙贏成果的同時，我們跟路克針對第一次會議列出下列的方向：

- 不要安排過度不切實際的議程（很多成員抱怨高層領導團隊會議都這樣），改為聚焦在少數關鍵的業務和團隊議題上。
- 我們會將團隊訪談的內容向大家報告，但是會讓團隊從抱怨過去的問題，轉化成直接討論問題（神奇的是，一起抱怨成為了凝聚大家感情的潤滑劑）。
- 路克想要讓團隊擁有責任感、自我授能、當責感。
- 路克需要制定出期許，請高層領導團隊討論議題時要看大方向，而不是從自己部門、地理位置、產品線的角度來思考。
- 最重要的是，路克必須讓團隊針對一、兩項業務上的挑戰展現清晰可見的進展。所以，需要他們將財務上的目標轉化成真實的選項、制定確實的計畫，以一種迫切感、負責任、當責的態度來進行工作內容，並展開有勇氣的對話。

制訂團隊規範、釐清決策權，是第一次異地會議的重要議案，這些議題的討論，也將幫助團隊在未來能夠更有效地運作。

第一次和第二次會議的期間，路克決定將高層領導團隊分成兩組。老虎小組成員包括路克、四位區域副總裁、六位產品線副總裁。這個小組持續每個月開一次會，整個高層領導團隊則是每一季進行一次長達兩天的會議。老虎小組聚焦在執行面，包括找出問題、發展可能採用的方案、執行決策以確保日常的成果。高層領導團隊每季的二天會議則是討論各部門的計分卡，處理跨部門的問題，像是討論顧客、競爭者、法規、行銷與地理政治趨勢；發展策略；評估可能的併購案；做出困難的產品或投資選擇；討論老虎小組的決策；規劃接班

人。

第二次會議則是由整個高層領導團隊參加,是每季的兩天會議之外,額外規劃的半天議程。路克開場時,先說明老虎小組跟整個高層領導團隊的規劃與角色,然後大家一起討論出兩個團隊的團隊運作節奏。結束時,請成員們根據高層領導團隊是否遵守規範、是否認真討論如何遵守規範,給予評分。

第二次和第三次會議之間,路克發現一位區域副總裁、兩位產品線副總裁、行銷和供應鏈副總裁需要被換掉。其中幾位無法領導部門的團隊成員,兩位追隨力不足,無法遵守團隊的規範,還有一位總是無法完成交付的事項。路克必須和他們的直屬主管討論,花了一點人際手腕才將他們換掉,但是也在年度結束前,將這些職位升級。其他成員很清楚這個狀況,路克也因為解決這些棘手的人事案,讓團隊對他的信任度大幅度提升。

第三次會議是在下一次的當季會議中舉行,是在整個高層領導團隊兩天會議中的第二天。到此時,六位有問題的成員已經離開,四位交接的同仁也已經上任。高層領導團隊成員在會議前幾個星期先完成霍根性格量表(HPI)以及團隊評估調查(TAS),我們也在異地會議之前和路克一起討論這些結果。團隊評估調查的分數顯示高層領導團隊需要重新討論決策權、制定如何傳遞訊息給每個人的規則,以及花一點時間讓彼此更熟悉。

| 六個月的計畫 | | | |
|---|---|---|---|
| 會議一(第一天) | 會議一(第二天) | 會議二 | 會議三 |
| • 火箭模式介紹<br>• 團隊回饋時段:團隊訪談重點整理<br>• 團隊規範<br>• 解決業務問題的方案<br>• 團隊晚餐 | • 解決業務問題的方案<br>• 決策權<br>• 團隊行動計畫<br>• 團隊的承諾<br>• 團隊需完成的事項 | • 團隊運作節奏<br>• 團隊規範的檢討<br>• 團隊需完成的事項 | • 團隊回饋時段:團隊評估調查<br>• 團隊營運層面<br>• 決策權<br>• 團隊溝通模式<br>• 霍根性格量表<br>• 團隊需完成的事項 |

## 當責機制

因為訪談中，當責是大家一致認為相當嚴重的問題，我們要求高層領導團隊將當責機制列入每一次會議的流程。老虎小組跟整個高層領導團隊非常清楚定義計畫中誰要負責、負責什麼，也在每個月、每季的會議中，一開始就討論計畫的進度，以及上一次需要完成的事項。除此之外，我們要求每一次會議結束時，必須整理出需要完成的事項、負責完成的人員，並評估流程是否討論到適切的議題、團隊有沒有遵守規範等。最後高層領導團隊在第一次會議之後的六個月，進行了團隊評估調查，了解這個團隊運作的狀態。

## 成果

將老虎小組和整個高層領導團隊區分出來，將兩個團隊聚焦在適切的主題、替換比較有問題的高層領導團隊成員、建立老虎小組和高層領導團隊的團隊運作節奏、釐清決策權與溝通的規則，大大提升了高層領導團隊 的士氣與績效。雖然團隊評估調查的結果顯示，還有很大的進步空間，團隊還是覺得這成果比六個月之前的狀態好了太多。在接下來的兩年內，部門的績效大幅度改善，持續達成、甚至超越預設的目標。路克成為這個部門過去十年來任期最久的總裁，最後在企業裡被晉升到更高的位置。

## 結語

雖然這是本書中唯一特別討論矩陣式團隊（matrixed teams）的章節，但書內的許多團隊，其實多少都有一點矩陣式團隊的特質。同樣地，在我們諮詢的個案中，大部分的團隊也或多或少有矩陣式團隊的特質。其中的一個理由，可能是當今的組織架構普遍流行矩陣式的組織。在一份最近的研究中，蓋洛普

（Gallup）就發現調查的員工中，84%認為自己服務的組織具備矩陣式的型態。另一個原因，可能是企業顧問公司往往在公司績效不足時才會被委任協助，而矩陣式團隊最常面臨這種困境。

　　組織採用矩陣式的結構來因應環境中的複雜因素，之所以會設計這樣的結構，是希望讓組織能夠處理針對地理位置、功能、產品線之間交錯的利益與衝突。但是在我們的經驗中也發現，矩陣式的結構無法減緩複雜的環境所帶來的衝擊，只是更加反映出來而已。實際上，矩陣式的結構讓職位的責任重疊、資訊發散、決策凌亂（如果真的有任何決策）、造成衝突、無法當責。然後，讓事情更惡化的是，環境變化快速，團隊成員變化太大，所以一直處在不穩定狀態，讓矩陣式的團隊無法感受到心理層面的安全感，也無法以互信的基礎討論困難的議題。

　　光是靠組織的架構是無法解決複雜的問題，正確的系統、流程、關係、行為模式也必須到位才行。火箭模式提供的是一個有用的框架，團隊改善活動則是提供有效的工具，協助矩陣式團隊解決在目標、角色、規範、承諾、衝突管理上可能面對的問題。

## 會議一（第一天）的引導者流程

| 時間 | 目標 | 重點問題 | 活動與所需資料 |
|---|---|---|---|
| 8:00-8:15 團隊領導者進行開場白 | • 列出本次會議目標<br>• 制定參與的期許<br>• 檢視本日流程<br>• 制定會議規則 | • 這次異地會議需要完成哪些項目？ | • 白板架 |
| 8:15-9:00 引導者介紹火箭模式 | • 讓參與者了解並熟悉高績效團隊的八大要素 | • 團隊該做什麼才能成為高績效團隊？ | • 火箭模式簡報（請參考第244頁） |
| 9:00-9:15 休息 | | | |
| 9:15-10:45 團隊回饋時段：團隊訪談 | • 針對團隊功能與績效，提供質化的資訊給團隊 | • 我們團隊的優勢、驚奇、需要改善的地方是什麼？ | • 團隊回饋時段（請參考第261頁）<br>• 團隊訪談 |
| 10:45-12:15 引導者協助團隊制訂規範 | • 釐清團隊成員互動、溝通、相處的規則 | • 團隊的規則是什麼？<br>• 大家對於團隊彼此溝通、工作任務、相處的方式有什麼期許？ | • 團隊規範（請參考第329頁） |
| 12:15-13:15 午餐 | | | |
| 13:15-16:45 引導者協助團隊解決業務問題（包括休息時間） | • 針對重要的業務問題發展潛在的解決方案 | • 部門面對的最大問題有哪些？<br>• 哪些問題目前在團隊的掌控中？<br>• 問題的最佳解決方案是什麼？ | |
| 16:45-17:00 團隊領導者做結語 | • 回顧團隊在這一天所完成的事項<br>• 提醒團隊明天即將進行的事項 | • 我們今天有了什麼樣的進展？<br>• 我們明天需要完成哪些事項？ | |
| 18:00-20:00 團隊晚餐 | • 提供彼此交流的非正式時間 | | |

## 會議一（第二天）的引導者流程

| 時間 | 目標 | 重點問題 | 活動與所需資料 |
|---|---|---|---|
| 8:00-8:30 團隊領導者進行開場並帶領大家回顧 | • 列出本次會議目標 <br> • 了解第一天會議的重要學習與反應 | • 這次的異地會議需要完成哪些項目？ <br> • 第一天的會議後，參與者的反應與學習是什麼？ | • 白板架 |
| 8:30-11:45 引導者協助團隊解決業務問題（包括休息時間） | • 針對重要的業務問題發展潛在的解決方案 | • 部門面對的最大問題有哪些？ <br> • 哪些問題目前在團隊的掌控中？ <br> • 問題的最佳解決方案是什麼？ | |
| 11:45-12:45 午餐 | | | |
| 12:45-14:15 引導者協助團隊釐清團隊成員在決策過程中的權益 | • 決定哪些主題需要由高層領導團隊決定 <br> • 建立針對團隊、次團隊、個人決策的規則 | • 哪些決策應該由團隊來制定？次團隊？個人？團隊底下的人？ <br> • 誰應該參與？應該如何做決定？誰應該做最後的決定？ | • 決策機制（請參考第343頁） |
| 14:15-14:30 休息 | | | |
| 14:30-16:30 引導者協助團隊制訂團隊行動計畫，並請成員們承諾要成功 | • 檢視會議需完成的事項 <br> • 檢視下次團隊會議的細節 <br> • 讓團隊成員承諾達到團隊的目標、角色、規範 | • 在下次會議之前，團隊需要完成哪些事項？ <br> • 誰需要為這些需完成的事項負責？ <br> • 下一次團隊會議是什麼時候？ <br> • 由誰主持會議？ <br> • 下次團隊會議之前，需要完成哪些事項？ <br> • 大家是否願意對團隊的成功做出承諾？ | • 團隊行動計畫（請參考第291頁） <br> • 個人的承諾（請參考第373頁） |

| 時間 | 目標 | 重點問題 | 活動與所需資料 |
|---|---|---|---|
| 16:30-17:00<br>團隊領導者做結語 | • 提供這次異地會議的觀察與反應<br>• 鼓勵團隊的參與者<br>• 本次會議的優缺點<br>• 傳達給大家的重要訊息 | • 本次會議進行得如何？<br>• 該如何讓下一次的會議更好？ | |

## 會議二的引導者流程

| 時間 | 目標 | 重點問題 | 活動與所需資料 |
|---|---|---|---|
| 8:00-8:10<br>團隊領導者進行開場白 | • 列出本次會議目標與流程 | • 本次會議需要完成哪些項目？ | |
| 8:10-9:45<br>引導者協助團隊制定老虎小組與ELT團隊的團隊運作節奏 | • 決定開會的頻率、時間與規則 | • 團隊應該什麼時候開會？<br>• 會議中該討論什麼？<br>• 誰要主持會議？<br>• 會議中應遵守什麼規則？ | • 團隊運作節奏（請參考第333頁） |
| 9:45-10:00 休息 | | | |
| 10:00-11:30<br>引導者協助群體檢討團隊規範 | • 讓團隊為自己訂定的規範負起責任 | • 個人的承諾和團隊規範 | • 團隊規範：練習後活動（請參考第329頁） |
| 11:30-12:00<br>團隊領導者做結語 | • 檢視會議需完成的事項<br>• 檢視下次團隊會議的細節<br>• 提供這次異地會議的觀察與反應<br>• 鼓勵團隊的參與者<br>• 本會議的優缺點 | • 下一次會議之前，團隊需要完成哪些事項？<br>• 誰需要為這些需完成的事項負責？<br>• 下一次團隊會議是什麼時候？<br>• 由誰主持會議？<br>• 本次會議進行得如何？<br>• 該如何讓下一次的會議更好？ | • 團隊溝通模式（請參考第346頁） |

# 會議三的引導者流程

| 時間 | 目標 | 重點問題 | 活動與所需資料 |
|---|---|---|---|
| 8:00-8:10<br>團隊領導者進行開場白 | • 列出本次會議目標 | • 本次會議需要完成哪些項目？ | |
| 8:10-9:45<br>引導者進行團隊回饋時段：團隊評估調查 | • 針對團隊功能與績效，提供標竿比較資料給團隊 | • 我們團隊的優勢、驚奇、需要改善的地方是什麼？ | • 團隊回饋時段（請參考第261頁）<br>• 團隊評估調查 |
| 9:45-10:00 休息 | | | |
| 10:00-11:45<br>引導者釐清老虎小組和高層領導團隊在決策過程中的議題與權益 | • 決定哪些主題需要由高層領導團隊決定，哪些是由老虎小組所決定<br>• 建立針對團隊、次團隊、個人決策的規則 | • 哪些決策應該由老虎小組來制定？高層領導團隊？次團隊？個人？團隊底下的人？<br>• 誰應該參與？應該如何做決定？誰應該做最後的決定？ | • 團隊營運層面（請參考第338頁）<br>• 決策機制（請參考第343頁） |
| 11:45-12:45 午餐 | | | |
| 12:45-13:30<br>引導者協助團隊釐清溝通的規則 | • 針對溝通的層級、溝通模式、回應時間的規範做出釐清 | • 團隊成員需要什麼資訊？<br>• 資訊應該如何溝通？<br>• 期待回應需求的時間？ | • 團隊溝通模式（請參考第346頁） |
| 13:30-15:15<br>引導者協助進行霍根性格量表回饋時段 | • 針對每個人提供霍根性格量表的回饋<br>• 跟團隊討論整體的霍根性格量表結果 | • 性格是什麼？<br>• 性格特質如何影響團隊的動態？<br>• 團隊規範、團隊運作節奏、決策與溝通規則需要做什麼調整？ | • 霍根性格量表（請參考第317頁） |
| 15:15-15:30 休息 | | | |

| 15:30-16:00<br>團隊領導者做結語 | • 檢視會議需完成的事項<br>• 檢視下次團隊會議的細節<br>• 提供這次異地會議的觀察與反應<br>• 鼓勵團隊的參與者<br>• 本次會議的優缺點<br>• 傳達給大家的重要訊息 | • 在下次會議之前，團隊需要完成哪些事項？<br>• 誰需要為這些需完成的事項負責？<br>• 下一次團隊會議是什麼時候？<br>• 由誰主持會議？<br>• 本次會議進行得如何？<br>• 該如何讓下一次的會議更好？ | |

# 第三章

# 團隊的應用

# 第十節

# 高階經營團隊

| 登場人物 |
|---|
| 海倫（GroBiz執行長接班人） |

　　每年營收為80億美元、旗下擁有七千名員工、在十五個國家和地區設有營運機構的GroBiz，自成立之初就發展成為一家分解技術新創公司。當創始人暨執行長宣布要退休時，GroBiz的董事會開始全面尋找接班人。海倫看起來似乎是理想的人選，可以將業務提升到更高的層次。她的資歷完整：麻省理工學院的電腦科學學士學位，史丹佛商學院的管理碩士學位，曾經在SAP和亞馬遜（Amazon）等知名公司擔任高層主管，並曾擔任GroBiz主要競爭對手的首席行銷長，也以扭轉企業營運的成績受到矚目。海倫對於能夠在GroBiz擔任最高職位感到很振奮，也很想著手解決公司的問題，包括新產品通路薄弱、客戶流失率增加以及成長的停滯。

　　海倫檢視高階經營團隊的成員，並認為行銷長（chief marketing officer, CMO）和技術長（chief technology officer, CTO）缺乏扭轉業務所需的經驗和

技巧。這些人從一開始就加入GroBiz，因此這引起了內部人員的騷動。海倫認為，一旦人們看到較成熟的領導者在各部門帶來改變，反彈的情緒就會減弱。海倫運用她在業界的人脈關係，很快找到適合的人選。她也讓其他十位領導者留在了高層領導團隊（ELT）中。

　　儘管每個人最初都持樂觀態度，但仍事與願違。兩年後，GroBiz的新產品發布時程更加落後，客戶的流失率也沒有改變，營業額成長率仍然停滯不前。市場已經大大改善，但是自海倫接任以來，GroBiz的股價幾乎沒有變化。幾家大型機構投資者正向董事會施壓，希望提高股票表現。海倫感到不安並質問自己，新的行銷長和技術長為何沒辦法掌握新產品的發表，畢竟她已經網羅產業中一些最優秀、最聰明的人來擔任這些關鍵職位。

　　海倫知道高層領導團隊有問題，因為眾所皆知，行銷、產品研發和業務部門不合。他們在團隊會議中看似配合，但是彼此猜忌、內鬥、互相指責已經是每天的家常便飯。這些高層主管不僅處不來，而且每個部門又互鬥，積極搞破壞。產品研發部門聘用了行銷和業務人員來銷售新的應用軟體，行銷部也自己聘用程式設計師來開發自己的應用軟體，業務部門則是聘請行銷人員來提供更好的當地服務。海倫發現高層領導團隊的失能嚴重影響GroBiz極需振作的業務，只好勉為其難地尋找外部的協助。

## 高階經營團隊需要考量的事項

　　投注大量時間與精力進行接班計畫的高階經營團隊，理論上應該是高績效團隊的縮影。企業界的達爾文適者生存思維，也確保只有最傑出、最聰明的人才能登上企業最高階。但是研究卻顯示，只有五分之一的高階經營團隊表現出色。引用學習型組織之父彼得・聖吉（Peter Senge）的說法，為什麼一個平均智商140的團隊營運起來卻像智商只有80？

我們與高階經營團隊合作後發現，大多數的團隊會受困於一種或多種常見的「病徵」。高階經營團隊的七項病徵是可以輕鬆避開，而執行長的訣竅就是在病徵出現時，能快速辨識出來並採取行動，確定遏止不要再犯。

## 高階經營團隊的七大病徵

- 團隊的規模
- 同質性過高
- 人生勝利組症候群
- 團隊營運層面
- 表面和諧
- 短視
- 優先的團隊忠誠度

## 團隊規模

大部分團隊都因預算問題因而規模不大，但是高階經營團隊卻往往成為所謂「加州旅館現象」（Hotel California syndrome）（譯註：流行歌曲《加州旅館Hotel California》的知名歌詞所述：你可以隨時退房，但是你永遠離不開），進來之後就成為終身職。幾年之後，原本八人小組的團隊擴張成為十六人的編制，光是規模就大幅影響團隊績效。因為彼此的溝通、關係、協調的複雜度隨著人數增加而以倍數成長。通常高階經營團隊的規模，以低於十人的效果最好。我們協助過二十五人的團隊，大多因為執行長希望包含所有人，但是管理上卻無法展現效能。如果想要高績效，團隊部分成員就一定要做適度的汰除。

## 同質性過高

擔任高層主管的人比其他人更相似。成員們穿衣風格接近，用同樣的縮寫，並且是公司議程的主要倡議者。這導致團隊容易出現集體思維、資訊容易

與主流背道而馳，以及容易太早下結論。要確保團隊成員的教育與專業背景具有多元性，而不是敷衍了事簡單地確認成員是否具多元性，才是解決這個問題的最佳方法。

## 人生勝利組症候群

　　大多數高層主管都是人中龍鳳，對所有的事情幾乎都有意見。高階經營團隊成員對自己不熟悉的領域也會毫不猶豫地提出想法，最後卻花了大量的時間辯論相較之下非常小的問題。為了讓大家開心，執行長們只會在會議裡提出不痛不癢的議題，以免讓其他人自尊心受損。他們避免在團隊中深入談論有爭議性的議題、做出困難的決定。當執行長們抱怨其他人不願負責，自己不得不做出所有決定時，請放心，他們的團隊正因人生勝利組症候群而癱瘓。

## 團隊營運層面

　　大約二十年前，夏藍（Charan）、德羅特（Drotter）與諾埃爾（Noel）出版了《領導梯隊》（The Leadership Pipeline）一書，書中形容領導者從個人慢慢晉升至公司執行長這段過程該如何投入時間、該捨棄什麼，以及該有什麼不同的作法。同樣的概念也應該延伸至團隊。領導不同成員的第一線主管，應該討論戰術上的議題。高階經營團隊則應專注於外部的掃描和討論策略性的議題，但卻常常花時間處理內部的問題，這些其實只需要一、兩位團隊成員或更低階的成員處理即可。營運層面太低的高階經營團隊細微管理組織其他部分，反而影響員工的敬業度，也無法留下高階的人才。團隊裡如果沒有人在注意重要顧客、競爭對手、科技趨勢，則遇到可能干擾組織的問題時，會措手不及無法應變。

## 表面和諧

在大家往上爬的過程中，讓人討厭的、喜歡挑戰極限的人都會被淘汰；也因此，高階經營團隊成員與其他人和睦相處的需求，會多過想要超越他人的需求。在會議裡往往表現得彬彬有禮、和樂融融，彼此恭維，絕口不提有爭議的議題，但是離開會議之後，又互相抱怨。有禮貌的團隊，產出有禮貌的成果，所以如果熱烈的辯論和激烈的分歧很少在會議中出現，那就是表面和諧的問題。

## 短視

高階經營團隊的成員如果是透過部門或區域部門的角度來思考，而無法以整個企業的視野來看議題，就是短視。很多成員是在同一個部門或區域慢慢向上晉升，所以這個問題比想像中常見。損益的分攤可能是這個問題的原因之一，因為各有成本考量的地區與產品線所做出的決定，或許能讓他們得到最有利的紅利或獎金，卻不一定對整個組織是最好的作法。要找到願意團結一致、只為團隊著想的成員來一起建立團隊，並不是件容易的事。

## 優先的團隊忠誠度

高階經營團隊成員的立場有時候很尷尬，因為他們是高階團隊的成員，但也是部門或區域單位的主管，下面帶領數十位、甚至上千個員工。當緊要關頭時，他們究竟應該先以高階團隊為主，還是自己的部門為重？他們應該以公司的考量做決定，還是努力讓自己的部門達到最高績效？究竟應該優先對哪一個團隊忠誠，並沒有正確的答案，但是持有不同的看法時，會讓高階經營團隊的功能失調。執行長們從來不會提出這個問題，但是把灰色地帶說清楚，會讓事情更好解決。

# 團隊診斷

在與海倫和人資長（CHRO）會面、了解其觀點並討論這次計畫之後，我們進行了團隊評估調查，並安排了與GroBiz的高層領導團隊成員的電話訪談。從這個過程中，我們發現到的並不全是壞事，實際上，我們聽到的一些令人鼓舞的內容。由於高層領導團隊參與策略的制訂，因此在團隊的「環境」要素上，大家的理解相當一致，但對業務面臨的最大挑戰，以及該如何因應上卻有一些分歧。高層領導團隊認為公司的「使命」很清楚，每個人都了解目標並制定了實現目標的計畫。由於幾項重大削減成本的措施，「資源」比過去受限許多，但也不是什麼大問題。

「人才」方面的情況則是喜憂參半。在個人層面上，成員們擁有適當的技能和經驗，但是團隊規模（十三名成員）是一個絆腳石。光是請每位成員在三十分鐘內，提供目前的狀況就需要花費整整一天的時間，沒有時間可以進行「問與答」（Q&A）。

追隨力是這個高層領導團隊出現嚴重狀況的部分。技術長認為他是團隊裡最聰明的一個，也深信GroBiz如果要更成功，就必須增設新科技和更精緻的應用軟體。他認為行銷長跟區域業務總裁們都是笨蛋，常常在背後說他們的壞話。在高層領導團隊會議中他笑容滿面，但是離開會議室之後，從來不回應其他同仁的問題，只願意花時間跟海倫互動。行銷長認為技術長跟區域業務總裁能力不足，只是靠聘用的員工來彌補。區域業務總裁覺得技術長跟行銷長都住在象牙塔裡，完全不知道外面的實務操作。

GroBiz的高層團隊跟許多高階團隊一樣，無法將企業的利益擺在最優先。因為短視和優先的團隊忠誠度，讓行銷長、技術長、區域業務總裁只能從自己的立場思考如何讓自己的部門更好，而不是團隊該如何更能團結合作。所有的決策都是為了讓自己更好看、在董事會面前更搶眼，以便海倫被換掉時，可以立刻上位。沒有人把問題當成可以改善部門協調與運作的契機。

　　「規範」與「勇氣」也出現問題。團隊的會議通常都是在報告，如果有時間討論，大家通常在數據上爭論，而非討論可能解決的方案。成員們找到可以支撐他們論點的數據，並不留情面地否定其他人提供的資訊。真相永遠不止一個。因為表面和諧、人生勝利組症候群，企業面對的重要問題永遠不會被拿出來討論。關鍵的議題通常是在跟海倫一對一開會時解決，而她則是因為討論的對象不同，立場常常改變，所以決策常常在變。技術長、行銷長、業務之間的衝突，是大家不想面對的一個嚴重問題。大家自掃門前雪、瑕疵的決策過程對GroBiz帶來非常大的影響。

　　我們跟海倫會面時，她表示高層領導團隊成員在每個月的例行會議中，都是絕對有禮貌、配合度極高。我們私下與團隊成員們會面時，發現海倫心目中對於團隊的想法過於夢幻，她沒有注意到面前的高層領導團隊其實是表面上配合而已。技術長、行銷長和區域業務副總裁在她面前面面俱到，私底下卻是彼此杯葛不斷。他們不但沒有在開會時把話將清楚，反而用被動攻擊的態度來陰的。這在高層團隊相當常見，成員們政治手腕滿分、不碰敏感話題，以及透過各自的人馬放話或抗爭。

# 團隊評估調查結果

| 項目 | 分數 |
|---|---|
| **結果：團隊的績效紀錄**<br>團隊是否兌現承諾？是否達成重要目標、滿足利益相關者的期望，並且不斷改進績效？ | 20 |
| **勇氣：團隊管理衝突的方法**<br>團隊成員是否願意提出感到棘手的問題，衝突是否得以有效處理？ | 8 |
| **資源：團隊的資產**<br>團隊是否擁有必要的物質和資金資源、許可權和政治支持？ | 42 |
| **認同：團隊成員的動機水準**<br>團隊成員是否對於團隊獲勝的機會持樂觀的態度，且對達成團隊目標充滿動力？ | 10 |
| **規範：團隊的正式和非正式工作流程**<br>團隊是否運用有效、高效的流程來召開會議、做出決策並且完成工作。 | 30 |
| **人才：組成團隊的成員**<br>該團隊是否人數合理、職責明確，具備成功所必需的各項技能？ | 34 |
| **使命：團隊的目的和目標**<br>團隊為什麼存在？團隊對於獲勝的定義是什麼，為了達成目標制定了怎樣的策略？ | 80 |
| **環境：團隊運作的環境條件**<br>團隊成員對於團隊的政治和經濟現實、利益相關者和面臨的挑戰是否達成共識？ | 54 |

團隊訪談和團隊評估調查的結果顯示如果GroBiz希望有更好的效能，需要立即處理「團隊規模」、「追隨力」、「規範」、「認同」、「勇氣」的議題。

# 解決方案

我們與海倫會面報告團隊評估調查與團隊訪談成果時，先安慰她團隊面臨的狀況，是高階經營團隊相當常見的情況。但即使如此，評分的分布還是讓海倫頗為訝異。就如以下數據所顯示，海倫在四項「資源」的評分，是以深灰方格呈現，高層領導團隊的平均評分，則是以淺色方格表現（從左至右，五個方格分別代表強烈不同意、不同意、普通、同意、強烈同意）。海倫對於團隊運作的方式，顯然與高層領導團隊的其他成員有相當不同的看法。大部分的執行長和團隊領導者，對於團隊的運作與績效往往過度樂觀。無論這些落差是因為團隊成員報喜不報憂、領導者故意忽略問題，或是領導者花在團隊的心力不足，這些原因仍待釐清，但是這些因素也說明為什麼只有兩成的團隊屬於高績效團隊。如果領導者不覺得有問題，就不會有任何作為。

## 團隊評估調查：高層管理團隊與執行長評分比較

團隊擁有適切的政治支持度，可以成功。

團隊具有足夠的授權，可以做重要的決定。

團隊擁有足夠的資源，可以達成它的目標。

團隊面對資源短缺時，可以積極交涉，以便達成需要完成的事項。

高層領導團隊
高階管理團隊分數

CEO執行長分數

調整心情之後，海倫請我們協助改善高層領導團隊的績效。我們建議她在人才與結構上做些調整，並安排高層領導團隊進行幾次團隊建立的會議。

# 人才與結構的調整

- 海倫需要做的困難決定之一，就是將她親自聘用的技術長解聘。海倫認為雖然技術長在職能上能力絕對優秀，卻無法與其他同仁共事。一路走來，他斷了很多的後路，如果希望這個團隊能夠展現績效，他就必須離開（這項人事案發布時，其他同仁反應相當正面）。

- 海倫設置一個新的職位——商務長（CCO），由歐洲、中東、非洲的業務總裁擔任。各區業務總裁、行銷長和產品研發部副總裁都直接向商務長會報。商務長負責確定新的應用軟體可以滿足行銷部門提出的需求；產品研發部門新產品確切推出；行銷部改善產品世代的領先期，在當地執行高效能的行銷企劃；業務部門也不再藉口一堆，辯解營收毫無成長。行銷長與區域業務總裁們不喜歡這個新的結構，因為他們不再直接跟海倫會報，但是因為要解決高層領導團隊一些根深蒂固的問題，還是需要在組織上做些調整。

- 我們也跟海倫討論團隊規模的問題，建議縮編人數，但是在調整技術長與商務長的結構之後，她不願意讓團隊有太多的變化。我們在團隊運作節奏、決策機制、溝通的規範做了一些調整，來配合這個較大的團隊規模。

| 六個月的計畫 | | | |
|---|---|---|---|
| 會議一（第一天） | 會議一（第二天） | 會議二 | 會議三 |
| • 團隊領導者的願景與回饋<br>• 高階團隊的樣貌<br>• 火箭模式介紹<br>• 團隊回饋時段：團隊評估調查與團隊訪談<br>• 團隊目標與團隊計分卡的討論<br>• 團隊營運層面<br>• 團隊晚餐 | • 決策機制<br>• 竊聽練習<br>• 團隊規範<br>• 團隊問題解決<br>• 團隊需完成的事項 | • 團隊問題解決<br>• 團隊運作節奏<br>• 霍根發展調查表（HDS）<br>• 個人的承諾<br>• 團隊規範的檢討<br>• 團隊需完成的事項 | • 團隊回饋時段：團隊評估調查<br>• 同儕回饋<br>• 團隊問題解決<br>• 個人與團隊的學習<br>• 團隊需完成的事項 |

　　我們也跟海倫、人資長一起設計三場改善高層領導團隊運作與績效的異地會議。這些會議在技術長離開、新的組織結構執行之後開始進行。第一場為長達兩天的會議，第二、三場則各一天，配合高層領導團隊每季業務會報時舉行。

　　第一場會議的活動設計，即希望協助高階經營團隊了解目前的立足點、需要前進的方向、還有需要什麼才能朝這方向進行。會議的主要目的，就是在團隊目前的營運上做整合；找出應該聚焦的重點、哪些事項可以交辦給組織的其他同仁；釐清應該參與的人士以及最後在各種議題上做出最後決策的人士；針對一致性的真相、權限、當責、企業觀點、協同合作來設定規範；針對兩項團隊面對的重要挑戰，開始解決。團隊成員在這第一場會議結束時，已經歸納出需要行動的事項，並決定在團隊每個月的例行會議中，討論進度。

　　第二場會議一開始，就先請高層領導團隊再找出業務上的兩項重要議題，一起討論。大家在討論可能的方案時，態度積極也彼此尊重。因為無法針對任何議題達成共識，海倫整理並重述大家所提出的三個不同方案後，選出她認為對業務最好的方案。有些同事對她的決定有些失望，但是大家都很高興終於有

了決定。大家都同意要在各部門、區域確認執行這些決定的事項。大家也花時間調整高層領導團隊每月會議、每季會議、董事會會議的準備過程、策略規劃、預算、接班人計畫會議；討論性格的黑暗面如何因為公司每季末希望看到的成果，而讓團隊功能失衡。大家也針對團隊與業務做出個人的承諾，並評估大家是否遵守團隊的規範。

　　大家完成第二次的團隊評估調查，並於第三場會議討論評估的分數。人才與結構上的調整似乎帶來正向的成果，因為「人才」的分數高出了30分。「規範」、「認同」、「勇氣」也有了類似的進展。大家也花時間提供同儕回饋，再度找出另一個困難的議題來討論，分享過去六個月在個人與團隊的學習。到這個階段，高層領導團隊已經慢慢成為高績效的團隊。

## 當責機制

　　在第一、二、三場會議的尾聲，大家都會討論列出的需完成事項，高層領導團隊的每月、每季例行會議中，也會討論大家的進度。團隊也完成評估團隊的規範、提供同儕回饋，並針對第二次的團隊評估調查進行檢討。

## 成果

　　從第二次的團隊評估調查分數，就可以看出高層領導團隊的改善。雖然它仍非高績效團隊，卻已經逐漸朝這方向邁進。新推出的產品搭配顧客最想要的功能，推出後受到很正面的迴響，業務部門也得到需要的支援，讓他們的營收成長更多。GroBiz是一艘大船，需要時間來調整方向，但是所有的要素都已經到位，可以往對的方向航行。

# 結語

　　高階經營團隊成員通常都是公司最閃亮的明星領導者，因此我們都會預期這些團隊的績效絕對非常高。其實這預期很少發生，相較於其他高績效的團隊，高階經營團隊自評為績效不佳、績效拙劣的機率，遠遠高出五倍。但是組織裡高階經營團隊的作為，通常會幫組織的績效定調──高績效團隊通常帶領的員工，就是高度投入的員工，可以達成令人欣羨的成果。失能的高階經營團隊帶領的同仁，往往忽略顧客、無視競爭對手、容易彼此怪罪、內部鬥爭、推卸責任、隱藏在官僚規則的背後無所作為、表面和諧，以及注意力集中在內鬥，而不是觀察市場的動態。

　　很多團隊沒有足夠的預算可以請外部的諮詢顧問來協助，但是高階經營團隊不是如此。高階經營團隊需要客觀的教練，與組織內沒有利益關係的第三方，來協助他們轉變成高績效的團隊。諮詢顧問可以協助針對團隊規模、會報結構、人員安排、團隊運作節奏與層級、決策過程、團隊動態提供建議。引導者可以在團隊成員互信低的情況下，對權力人士說出真話，還有當大家彼此怪罪、對領導階層有所指責時，向執行長提出建言。引導者也可以在團隊違反規範時，拿出鏡子，讓他們可以自我檢視。

　　要找出與執行長和高階經營團隊契合的諮詢顧問，不一定很容易。許多業者提供促進團隊合作的服務，但是很少能夠提供真正有價值、夠專業的建議給高階經營主管，並與執行長和他的團隊產生良好的化學作用。

## 會議一（第一天）的引導者流程

| 時間 | 目標 | 重點問題 | 活動與所需資料 |
|---|---|---|---|
| 8:00-8:45<br>團隊領導者的願景與回饋 | • 說明公司業務的變化<br>• 說明公司業務的潛在優勢與負擔<br>• 說明公司的未來方向，以及如何做到<br>• 請大家提出感想，並回答有關願景的問題 | • 公司的願景是什麼？<br>• 對於高層領導團隊成員的期許是什麼？<br>• 高層領導團隊對願景有什麼回應？<br>• 高層領導團隊對願景有什麼問題？ | • 願景宣言（請參考第279頁） |
| 8:45-9:05<br>引導者分享高階經營團隊的樣貌 | • 請參與者針對有效能、無效能的團隊來討論<br>• 跟大家分享高階團隊常出現的問題 | • 高績效的高階經營團隊有多重要？<br>• 高階經營團隊最常犯的錯誤是什麼？ | • 《人才季刊》（Talent Quarterly）2018年七月號，〈Your top talent is destroying your teams〉一文，由高登‧柯菲與黛安‧尼爾森合著，第36-40頁 |
| 9:05-9:45<br>引導者介紹火箭模式 | • 讓參與者了解並熟悉高績效團隊的八大要素 | • 團隊該做什麼才能成為高績效團隊？ | • 火箭模式簡報（請參考第244頁） |
| 9:45-10:00 休息 | | | |

| 時間 | 目的 | 問題 | 工具 |
|---|---|---|---|
| 10:00-11:45 引導者帶領團隊回饋時段：團隊評估調查與團隊訪談 | • 針對團隊功能與績效，提供質化的資訊給團隊 | • 我們團隊的優勢、驚奇、需要改善的地方是什麼？ | • 團隊回饋時段（請參考第261頁）<br>• 團隊評估調查<br>• 團隊訪談 |
| 11:45-12:45 午餐 | | | |
| 12:45-14:00 引導者協助團隊討論團隊目標 | • 對於團隊為何存在建立共同的理解 | • 為什麼這個團隊存在？ | • 團隊目標（請參考第285頁） |
| 14:00-14:15 休息 | | | |
| 14:15-15:45 引導者帶領大家透過練習，調整「團隊計分表」 | • 將高層級的目標轉化為有意義、可評估的目標<br>• 建立評估團隊績效的基準 | • 高層領導團隊衡量的是對的指標嗎？<br>• 這個團隊如何定義「獲勝」？ | • 團隊計分卡（請參考第288頁） |
| 16:00-17:45 引導者帶領團隊討論「團隊營運層面」 | • 協助團隊針對不同類型的主題所需要投入的時間，達成共識<br>• 訂定計畫，協助高層領導團隊投入更多的時間在策略性的議題上 | • 哪些議題佔用高層領導團隊最多的時間？<br>• 哪些事項可以請較低層級的團隊成員來執行？<br>• 哪些事項是高層領導團隊應該執行的？ | • 團隊營運層面（請參考第338頁） |
| 17:45-18:00 團隊領導者做結語 | • 回顧團隊在這一天所完成的事項 | • 我們今天有了什麼樣的進展？<br>• 我們明天需要完成哪些事項？ | |
| 18:30-20:30 團隊晚餐 | • 提供彼此交流的非正式時間 | | |

## 會議一（第二天）的引導者流程

| 時間 | 目標 | 重點問題 | 活動與所需資料 |
|---|---|---|---|
| 8:00-8:15<br>團隊領導者進行開場白 | • 列出本次會議目標<br>• 制定參與的規則 | • 這次異地會議需要完成哪些項目？ | • 白板架 |
| 8:15-9:45<br>引導者帶領大家進行決策的練習 | • 釐清團隊做決策的權益 | • 誰應該參與團隊的決策過程？<br>• 應該使用哪種決策的風格？<br>• 誰是最後的決策者？ | • 決策機制（請參考第343頁） |
| 9:45-10:00 休息 | | | |
| 10:00-11:30<br>引導者進行練習，釐清對團隊成員的期許 | • 公開表達對團隊成員的期許 | • 人們對於其他團隊成員的期許是什麼？<br>• 他們願意投入什麼樣的協助，來幫忙團隊成功？ | • 竊聽練習（請參考第310頁） |
| 11:30-12:30 午餐 | | | |
| 12:30-14:00<br>引導者協助團隊制訂團隊規範 | • 針對公司觀點、溝通、單一真相、當責、解決衝突建立規則 | • 團隊成員應該如何思考業務的議題？<br>• 團隊成員彼此之間應如何相處？<br>• 如果有人違反規則，該如何處理？ | • 團隊規範（請參考第329頁） |
| 14:00-14:15 休息 | | | |
| 14:15-16:30<br>引導者協助團隊解決需要優先處理的議題 | • 針對公司面對的兩項問題，發展出解決的方案 | • 對公司業務來說，最需要優先處理的問題在哪裡？<br>• 我們該如何解決這些問題？<br>• 誰需要為這些方案負責？<br>• 這些方案結果會改變哪些指標？ | • 白板架 |

| 16:30-17:00 引導者協助團隊討論決定事項以及需完成的事項清單 | • 檢視會議的決定以及需完成的事項<br>• 檢視下次團隊會議的細節 | • 團隊決定了哪些事項？<br>• 在下次會議之前，團隊需要完成哪些事項？<br>• 誰需要為這些需完成的事項負責？<br>• 下一次團隊會議是什麼時候？ | |
| 17:00-17:30 團隊領導者做結語 | • 需要向團隊部門溝通的重點訊息<br>• 本次會議的優缺點<br>• 鼓勵團隊的參與者 | • 團隊將如何對組織其他同事說明這次的會議？<br>• 本次會議中哪些事項是進行順利的？<br>• 該如何讓下一次的會議更好？ | |

## 會議二的引導者流程

| 時間 | 目標 | 重點問題 | 活動與所需資料 |
| --- | --- | --- | --- |
| 8:00-8:15 團隊領導者進行開場白 | • 列出本次會議目標<br>• 檢視參與的規則 | • 這次異地會議需要完成哪些項目？ | • 白板架 |
| 8:15-10:15 引導者協助團隊解決需要優先處理的議題 | • 針對公司面對的兩項問題，發展出解決的方案 | • 對公司業務來說，最需要優先處理的問題在哪裡？<br>• 我們該如何解決這些問題？<br>• 誰需要為這些方案負責？<br>• 這些方案結果會改變哪些指標？ | • 白板架 |
| 10:15-10:30 休息 | | | |
| 10:30-11:45 引導者協助團隊訂定新的團隊運作節奏 | • 決定團隊會議的頻率、時間與規則 | • 團隊應該什麼時候開會？<br>• 會議中該討論什麼？<br>• 誰要主持會議？<br>• 會議中應遵守什麼規則？ | • 團隊運作節奏（請參考第333頁） |
| 11:45-12:45 午餐 | | | |

| 12:45-14:15 引導者解說霍根發展調查表（HDS） | • 了解團隊在壓力下可能會有的行為<br>• 發展出機制，協助團隊面對壓力 | • 黑暗面的性格特質是什麼？<br>• 黑暗面的特質如何影響領導力與團隊合作？<br>• 團隊的整體黑暗面傾向是什麼？<br>• 團隊該如何調整其黑暗面的傾向？ | • 霍根發展調查表（請參考第321頁） |
|---|---|---|---|
| 14:15-14:30 休息 | | | |
| 14:30-15:45 引導者請團隊成員立下承諾，支持團隊的成功 | • 做出公開承諾，願意協助團隊從更高的層次來運作 | • 大家應該持續做什麼，以幫助團隊成功？<br>• 大家要開始做什麼、停止做什麼或是要有什麼不同的作法，以幫助團隊更成功？<br>• 團隊成員該如何承擔責任，對自己承諾的事項負起責任？ | • 個人的承諾（請參考第373頁） |
| 15:45-16:15 引導者請團隊評估他們的規範 | • 讓團隊為自己訂定的規範負起責任 | • 團隊是否遵守其規範？ | • 團隊規範：練習後活動（請參考第329頁） |
| 16:15-16:45 引導者協助團隊討論決定事項以及需完成的事項清單 | • 檢視會議的決定以及需完成的事項<br>• 檢視下次團隊會議的細節 | • 團隊決定了哪些事項？<br>• 在下次會議之前，團隊需要完成哪些事項？<br>• 誰需要為這些需完成的事項負責？<br>• 下一次團隊會議是什麼時候？ | |
| 16:45-17:15 團隊領導者做結語 | • 需要向團隊部門溝通的重點訊息<br>• 本次會議的優缺點<br>• 鼓勵團隊的參與者 | • 團隊將如何對組織其他同事說明這次的會議？<br>• 本次會議中哪些事項是進行順利的？<br>• 該如何讓下一次的會議更好？ | |

## 會議三的引導者流程

| 時間 | 目標 | 重點問題 | 活動與所需資料 |
|---|---|---|---|
| 8:00-8:15<br>團隊領導者進行開場白 | • 列出本會議的目標<br>• 檢視參與的規則 | • 這次異地會議需要完成哪些項目？ | • 白板架 |
| 8:15-9:45<br>引導者進行團隊回饋時段：團隊評估調查 | • 針對團體運作與績效提供質化的資訊給團隊 | • 我們團隊的優勢、驚奇、需要改善的地方是什麼？<br>• 團隊如何隨著時間變化？ | • 團隊回饋時段（請參考第261頁）<br>• 團隊評估調查 |
| 9:45-10:00 休息 | | | |
| 10:00-11:45<br>引導者進行同儕回饋時段 | • 針對團隊是否遵守團隊規範、達成團隊的承諾進行回饋 | • 團隊成員是否遵守團隊的規範？<br>• 團隊成員是否達成他們個人的承諾？ | • 同儕回饋（請參考第261頁） |
| 11:45-12:45 午餐 | | | |
| 12:45-14:45<br>引導者協助團隊解決需要優先處理的議題 | • 針對公司面對的兩項問題，發展出解決的方案 | • 對公司業務來說，最需要優先處理的問題在哪裡？<br>• 我們該如何解決這些問題？<br>• 誰需要為這些方案負責？<br>• 這些方案結果會改變哪些指標？ | • 白板架 |
| 14:45-15:00 休息 | | | |
| 15:00-16:00<br>引導者協助團隊成員回顧重要的學習 | • 釐清個人與團隊的學習 | • 團隊成員個人在過去六個月有學到了什麼？<br>• 團隊在過去六個月以來有學到了什麼？ | • 個人與團隊的學習（請參考第397頁） |

| 16:00-16:30<br>引導者協助團隊<br>討論決定事項以<br>及需完成的事項<br>清單 | ● 檢視會議的決定<br>以及需完成的事<br>項<br>● 檢視下次團隊會<br>議的細節 | ● 團隊決定了哪些事項？<br>● 在下次會議之前，團隊需<br>要完成哪些事項？<br>● 誰需要為這些需完成的事<br>項負責？<br>● 下一次團隊會議是什麼時<br>候？ | |
|---|---|---|---|
| 16:30-17:00<br>團隊領導者做結<br>語 | ● 需要向團隊部門<br>溝通的重點訊息<br>● 本次會議的優缺<br>點<br>● 鼓勵團隊的參與<br>者 | ● 團隊將如何對組織其他同<br>事說明這次的會議？<br>● 本次會議中哪些事項是進<br>行順利的？<br>● 該如何讓下一次的會議更<br>好？ | |

第十一節

# 新的團隊領導者：快速上手

| 登場人物 |
| --- |
| 莎拉（綠樹公司東南區副總裁）<br>邁克（莎拉的主管） |

　　莎拉對她即將接手擔任綠樹公司東南區副總裁的新職位感到相當興奮。這是一家專長於工程、建築、環境方案的公司。任職之後，她將負責橫跨國內十州的十八個分公司。雖然她原本服務的公司規模較大，不過新的職位對她來說，仍算是高升。

　　莎拉的主管邁克從一開始就很坦誠，說明這是一個需要逆轉業務的職位。這個地區的業務最近停滯不前，流失了許多大型、長久合作的客戶。相較之下，公司的其他區域卻穩定成長，相當成功。加入綠樹公司之前，莎拉在綠樹最大的競爭對手公司裡服務，創下相當亮眼的成績。邁克相信她非常適合這個職位。莎拉對於上任後要做的整頓有很多的想法，但是她也發現，光是她準備好了，並不表示她的團隊準備好了。要得到他們的認同，可能需要一點時間。

　　莎拉任職的第一個星期，就開始了解她的團隊。她和許多重要的客戶約好見面，向他們自我介紹，聆聽客戶對於跟她區域的綠樹公司合作的感覺。她也從上司以及跟她的區域有共同客戶的三個區域副總裁那裡蒐集相關資訊。莎拉也約見她的直屬下屬，與他們個別會面，請他們分享對於該區域業務的想法，分享這個區域運作良好的地方、有點棘手的地方，以及他們認為可以讓綠樹改進的方法。她也詢問同事們最驕傲的成就、他們平常都在做什麼、他們的目標、她可以提供協助的地方。雖然她對同仁們的回應有些失望，但是還是小心聆聽而不是批評或爭論。

　　因為在之前的公司曾做過團隊評估調查，莎拉對這份調查印象很好，所以也想透過團隊評估調查，針對這個新團隊的績效提供想法與建議。她對團隊說明量化資料的重要性，請他們完成團隊評估調查，讓他們可以跟其他團隊的績效有所比較。

# 團隊診斷

## 結果

　　從團隊評估調查的報告結果，並與團隊成員進行一對一的訪談之後，莎拉了解到團隊成員都覺得團隊的績效相當好。對他們來說，團隊的現狀並不需要大幅度改變，他們甚至炫耀全公司最卓越、最有創意的方案都是來自於他們這區。被問到財務績效時，他們才承認的確有一些困難。沒錯，他們的確流失了幾個客戶，但是這是因為他們的主要聯絡窗口不是離職就是退休；經濟不景氣也是其中的因素，所以團隊覺得績效的問題並不是他們能控制的。

## 團隊評估調查結果

**結果：團隊的績效紀錄**
團隊是否兌現承諾？是否達成重要目標、滿足利益相關者的期望，並且不斷改進績效？ **70**

**勇氣：團隊管理衝突的方法**
團隊成員是否願意提出感到棘手的問題，衝突是否得以有效處理？ **10**

**資源：團隊的資產**
團隊是否擁有必要的物質和資金資源、許可權和政治支持？ **98**

**認同：團隊成員的動機水準**
團隊成員是否對於團隊獲勝的機會持樂觀的態度，且對達成團隊目標充滿動力？ **40**

**規範：團隊的正式和非正式工作流程**
團隊是否運用有效、高效的流程來召開會議、做出決策並且完成工作。 **28**

**人才：組成團隊的成員**
該團隊是否人數合理、職責明確，具備成功所必需的各項技能？ **82**

**使命：團隊的目的和目標**
團隊為什麼存在？團隊對於獲勝的定義是什麼，為了達成目標制定了怎樣的策略？ **78**

**環境：團隊運作的環境條件**
團隊成員對於團隊的政治和經濟現實、利益相關者和面臨的挑戰是否達成共識？ **60**

結果

資源　勇氣

規範　認同

使命　人才

環境

　　團隊認為自己的效率與莎拉的上司看法顯然非常不同，因此莎拉詢問邁克到底是怎麼一回事，邁克嘆氣回答：「很抱歉地說，會這樣我一點都不訝異。在你之前的那位副總裁可以說是團隊的啦啦隊長，總是不斷稱讚大家卻不太願意負責。大家都只聽到他如何讚美團隊。」

　　莎拉也從其他同仁與客戶端了解到，東南區的確有很多先進的創意但或許太過先進，因為她聽說她的團隊太過重視自己的想法，產品往往過度重視外觀，不夠實際，也不願意接受有建設性的回饋。

- 環境：莎拉與團隊的主管們進行一對一會面之後，也了佐證團隊的平均分數。大家對於利益關係人的期許、產業趨勢、科技對業務的影響，都有共識。

- 使命：莎拉的團隊在「使命」上的分數很高。從正面的觀點來思考，大家對於團隊的目的、目標很清楚，也定期討論財務績效。需要改善的地方包括不要單單參考績效數字上的落後指標，也要參考領先指標。他們還要在執行上多加油，因為他們雖然會檢討數字，卻很少有其他的作為。

- 人才：因為前任副總裁不斷灌迷湯，團隊可以說是自我感覺太過良好，他們的分數也反映這一點。另一方面，莎拉的上司和同事對於直接向她會報的七位經理中的兩位，有一點疑慮。她也從邁克那裡得知，其中一位曾爭取她這份職位但沒有成功，所以不是很開心。

  莎拉也從她問團隊的兩個問題的回答中觀察到：針對「你是如何運用你的時間？」和「你的目標是什麼？」兩題，兩位績效較低的主管的回答都顯示不出兩者的關聯性——他們花時間做的都是錯的事情。為了更謹慎一點，莎拉請所有八位經理都做有關領導力的評量，其中包括動機、價值觀及偏好調查問卷（MVPI）、霍根性格量表（HPI）、霍根發展調查表（HDS）、360度調查（360-degree surveys），並針對他們的團隊分別進行團隊評估調查。

- 規範：團隊評估調查的細項回饋以及莎拉和團隊的訪談，都釐清這些較低分數的原因，就是他們通常比較被動、會議相當沒有效率，也缺乏執行面的一些標準流程。團隊也缺乏當責的機制和負責任的態度，不願意

對該區低於水準的結果承擔責任。

- 認同：因為很喜愛的領導者離開團隊，成員們在工作的參與度不高。而且他們很擔心外來的新任領導者會強迫他們接受一些改變。
- 資源：98分的超高得分顯示出，團隊認為他們有足夠的資源，可以完成他們的工作任務。
- 勇氣：前任副總裁非常重視與大家的相處跟營造歡樂的氣氛。面對和解決分歧正浮出檯面。團隊評估調查報告也指出，其實團隊之間已經有一些緊張氛圍，隨時會引爆開來。

## 解決方案

莎拉在綠樹任職後的作法，就是為團隊的改變做好了準備。雖然她的責任就是要促成團隊的變革，但她耐心地放慢節奏，沒有第一時間就推動所有改革，而是用一個月的時間做準備——評估團隊的人才、學習綠樹的文化、拜訪各辦公室、與客戶見面，並找出一些容易達標的事項，帶來成就感。她也知道如果沒有一些基本的認識，她也無法為團隊帶來更多價值，也會讓團隊質疑和抗拒。她也知道只要持續問問題、聆聽，她可以慢慢贏得同仁們的信任。

上任五星期後，她召集團隊一起參加第一次異地會議。她並沒有貶損過去，開場時就用從觀察到的優點來肯定大家。接著，她分享她想要帶領大家的方向，並說明她希望領導的這個團隊可以如何達到目標。

接下來她分享了團隊評估調查的結果，以及從客戶端、她的上司、其他分區副總裁提供的重點。這些回饋讓大家忽然沉靜下來，整個房間都靜悄悄地，大家幾乎不敢有目光的接觸。莎拉發現這是第一次她的團隊如此直接地接受到這些回饋，所以她請大家分成兩組，繼續分析團隊評估調查報告的內容以及其他的回饋，並請這兩組找出團隊的優點和可以改善的地方。在接下來的討論

中，大家歸納出兩個主要的抱怨。首先，大家覺得團隊的會議效果不好。其次，他們希望能夠更自在地提出困難的問題，一起解決紛爭。

莎拉在早上會議結束之前，進行團隊環境分析練習，讓團隊可以充分討論他們面對的情況與挑戰，也讓團隊可以練習化解歧見。大家發現團隊成員們對於總部、其他地區、顧客、員工、競爭對手都有不同的期待。這項練習讓莎拉觀察到團隊的動態和團隊成員的參與度。

下午會議的一開始，莎拉跟團隊一起制訂如何讓會議更有效率的規範。她很小心不要主導討論，也請一位自願者透過白板記下大家的決定。大家一起找出三種會議的類型：每週會議主要是討論進度；每月會議檢討績效的指標（更重要的是要討論如何改善）；特定主題的會議，包括像是策略、預算、人才審核會議。大家接著制訂年度的會議時程、訂定會議的時長與地點，並設定流程的規則、前置準備、會議遵守行為、會議報告的標準。

休息之後，團隊回到會議室，準備好進行第二項優先的討論。莎拉告訴成員雖然這不是大家期待的答案，不過大家需要透過練習來進行困難的討論。她也告訴大家，如果大家更了解她，彼此更熟悉，這些討論也會更容易，而將透過人生旅程的練習來幫助大家做到。

團隊接下來進行事先預定的每月會議，是一場早晨的會議，先針對上一次月會討論出需要完成的事項做進度報告，接著討論團隊計分卡、公司最新進展，還有團隊成員的報告。會議的最後一個小時，莎拉請大家列出一、兩項需要熱烈討論的議題。大家很尷尬地笑著，莎拉安靜地等著，等到終於有人說話。破冰之後，大家就開始發言，列出了一張大家一直都閃躲的議題清單。莎拉告訴大家，當天晚一點就會討論其中的一項。

第二次的會議在下午展開，大家一開始就熱烈地討論團隊計分卡，也決定加上領先指標的目標、調整其他目標，並刪掉兩項很容易評估但無法對業務造成太大影響的目標。團隊接著從早上的清單中選出一項困難的問題，在接下來

的九十分鐘裡分享自己的觀點。莎拉鼓勵每個人都發言，也激勵大家總結。討論結束時，她問大家覺得討論進行得如何、順利的地方是什麼，還有在未來可以改善的地方是什麼。

第三、四次的會議都在例行的每月會議後舉行。莎拉和團隊一起討論團隊評估調查回饋中的項目，其中包括建立團隊在迫切感、責任感、當責等項目的規範，也讓團隊進行行動回饋與反思。為了要有更多的時間進行從後面推動領導，莎拉請兩位團隊成員帶領第三和第四次的會議。

| 三個月的計畫 | | | |
|---|---|---|---|
| **會議一** | **會議二** | **會議三** | **會議四** |
| • 團隊領導者的願景<br>• 火箭模式介紹<br>• 團隊回饋時段：團隊評估調查<br>• 環境分析練習<br>• 團隊運作節奏<br>• 人生旅程<br>• 結語<br>• 團隊晚餐 | • 團隊計分卡<br>• 困難主題的討論 | • 團隊規範<br>• 困難主題的討論 | • 行動回饋與反思 |

在這些團體會議之外，莎拉檢視八位直屬同仁的領導力評量結果，並與他們個別一對一討論評量結果，同時制訂個人發展計畫。這些會議其中也包括跟兩位績效較低的經理進行開誠布公的討論會議，其中一位留下繼續努力，另一位則決定離開。

## 當責機制

為了改善當責機制，可以制定一個團隊運作節奏，定期檢討會議需完成的事項、團隊計分卡結果、團隊行動計畫。除此之外，莎拉也在每個月的一對一會議中，與每一位團隊成員討論他們個人發展計畫的進度，並在每一次重要的提議做結論之後，都會進行行動回饋與反思。她也請團隊在九個月後進行第二次的團隊評估調查，以評估進展。

## 成果

當團隊的績效開始改善，莎拉贏得了認同，也開始推出更多可以強化該區域績效的改變。到年底時，團隊的年度營收與利潤都超越目標，在團隊評估調查的結果上，也有大幅度的提升。

## 結語

對於新上任的團隊領導者，特別是組織外空降的領導者，會面對三大關卡。首先，他們必須快速掌握組織的工作內容、誰是誰、事情是怎麼進行的。少了這份知識，就無法為組織帶來更多的價值。其次，如果無法先證明自己並與團隊同仁建立關係，就無法取信於他人。新上任領導者忙著建立制度的同時，績效也會受到影響，這會讓領導者更為辛苦。第三，他們必須決定他們需要做什麼（同樣重要的，也要決定什麼不要做）才能改善績效。因為大多數的團隊績效都不足，新的團隊領導者通常可以採取幾個行動，就能夠讓團隊表現得好一點。有些新的領導者運氣好，他們本來的團隊績效就不錯，在這樣的情況下，請團隊用完全不同的方式來做事，只是為了要配合新領導者的行事風格，就肯定會出事。

　　有些領導者的過渡期比較久，也比較痛苦，其實不應如此。用火箭模式可以協助新上任的領導者，更快速了解他們接手的團隊、建立關係、注入價值、建立信任、克服團隊的阻力，並改善他們團隊的績效。

## 會議一的團隊領導者流程

| 時間 | 目標 | 重點問題 | 活動與所需資料 |
|---|---|---|---|
| 8:00-8:30<br>團隊領導者進行開場白與願景宣言 | • 列出本次會議目標<br>• 制定參與的期許<br>• 檢視本日流程<br>• 制定會議規則 | • 這次異地會議需要完成哪些項目？<br>• 過去團隊的經歷中，進行得好的、不怎麼好的地方是什麼？它該朝什麼方向前進？ | • 願景宣言（請參考第279頁）<br>• 白板架 |
| 8:30-9:00<br>團隊領導者介紹火箭模式 | • 讓團隊了解並熟悉高績效團隊的八大要素 | • 團隊該做什麼才能成為高績效團隊？ | • 火箭模式簡報（請參考第244頁） |
| 9:00-9:15 休息 | | | |
| 9:15-10:45<br>團隊領導者進行團隊回饋時段：團隊評估調查 | • 針對團隊功能與績效，提供標竿比較資料給團隊<br>• 提供關於團隊績效的外部回饋 | • 與其他團隊相較，我們的團隊表現如何？<br>• 我們團隊的優勢、驚奇、需要改善的地方是什麼？ | • 團隊回饋時段（請參考第261頁）<br>• 團隊評估調查回饋報告 |
| 10:45-12:15<br>團隊領導者帶領大家進行環境分析練習 | • 協助團隊成員了解團隊中多元的觀點<br>• 讓大家對於利益關係者的期許以及團隊在環境上面臨的議題有一致的理解 | • 利益關係者對於團隊有什麼樣的期待？<br>• 哪些外在的要素對團隊有所影響？<br>• 團隊面臨的最大挑戰是什麼？ | • 環境分析練習（請參考第270頁） |
| 12:15-13:00 午餐 | | | |

| 時間 | 目標 | 重點問題 | 活動與所需資料 |
|---|---|---|---|
| 13:00-14:15<br>團隊領導者協助團隊制定新的團隊運作節奏 | • 決定團隊會議的頻率、時間與規則 | • 團隊應該什麼時候開會？<br>• 會議中該討論什麼？<br>• 誰要主持會議？<br>• 會議中應遵守什麼規則？ | • 團隊運作節奏（請參考第333頁） |
| 14:15-14:30 休息 | | | |
| 14:30-16:45<br>團隊領導者引領團隊進行「人生旅程」活動 | • 協助團隊成員彼此認識<br>• 開始建立互信與同事情誼 | • 什麼樣的生命經驗形塑了團隊成員？ | • 人生旅程（請參考第359頁） |
| 16:45-17:00<br>團隊領導者做結語 | • 回顧團隊在這一天所完成的事項<br>• 釐清會議中的重要訊息<br>• 提醒團隊下次每月會議之前需要完成的事項 | • 我們今天有了什麼樣的進展？<br>• 會議之後，要跟部屬們傳達哪些訊息？<br>• 下次會議之前，需要完成哪些事項？ | |
| 18:00-20:00<br>團隊晚餐 | • 提供彼此交流的非正式時間 | | |

## 會議二的團隊領導者流程

| 時間 | 目標 | 重點問題 | 活動與所需資料 |
|---|---|---|---|
| 13:00-13:10<br>團隊領導者進行開場白 | • 制定參與的期許<br>• 檢視下午的流程<br>• 檢視會議規則 | • 這次會議需要完成哪些項目？ | |
| 13:10-14:45<br>團隊領導者協助團隊調整「團隊計分卡」 | • 將高層級的目標轉化為需完成的事項<br>• 建立評估團隊績效的基準 | • 哪些是對這個團隊有意義、可衡量的目標？<br>• 團隊領先績效的指標是哪些？<br>• 這個團隊如何定義「獲勝」？ | • 團隊計分卡（請參考第288頁） |
| 14:45-15:00 休息 | | | |

175

| 15:00-16:30 團隊領導者引導大家進行困難議題的討論 | • 找出並解決團隊面臨的一些困難的議題 | • 團隊面臨最迫切的問題是什麼？<br>• 我們該如何解決其中的一、兩項？ | • 白板架 |
|---|---|---|---|
| 16:30-17:00 團隊領導者做結語 | • 回顧團隊在這一天所完成的事項<br>• 釐清會議中的重要訊息<br>• 提醒團隊下次每月會議之前需要完成的事項 | • 我們今天有了什麼樣的進展？<br>• 會議之後，要跟部屬們傳達哪些訊息？<br>• 下次會議之前，需要完成哪些事項？ | |

## 會議三的團隊成員流程

| 時間 | 目標 | 重點問題 | 活動與所需資料 |
|---|---|---|---|
| 13:00-13:10 團隊成員進行開場白 | • 制定參與的期許<br>• 檢視下午的流程<br>• 檢視會議規則 | • 這次會議需要完成哪些項目？ | |
| 13:10-14:30 團隊成員協助團隊訂定規範 | • 釐清在迫切感、責任感、當責機制、溝通與合作上的規則 | • 團隊的規則是什麼？<br>• 大家對於績效、如何對待其他團隊成員、溝通有什麼期許？ | • 團隊規範（請參考第329頁） |
| 14:30-14:45 休息 | | | |
| 14:45-16:15 團隊領導者引導大家進行困難議題的討論 | • 找出並解決團隊面臨的一些困難的議題 | • 團隊面臨最迫切的問題是什麼？<br>• 我們該如何解決其中的一、兩項？ | • 白板架 |
| 16:15-16:45 團隊領導者做結語 | • 回顧團隊在這一天所完成的事項<br>• 釐清會議中的重要訊息<br>• 提醒團隊下次每月會議之前需要完成的事項 | • 我們今天有了什麼樣的進展？<br>• 會議之後，要跟部屬們傳達哪些訊息？<br>• 下次會議之前，需要完成哪些事項？ | |

# 會議四的團隊領導者流程

| 時間 | 目標 | 重點問題 | 活動與所需資料 |
|---|---|---|---|
| 8:00-8:45<br>團隊領導者進行開場白與公布團隊成員最新進度 | • 公司與區域的最新進展<br>• 制定參與的期許<br>• 檢視本日流程<br>• 檢視會議規則 | • 公司和各區域正發生什麼事？<br>• 這次會議需要完成哪些項目？ | |
| 8:45-9:00 休息 | | | |
| 9:00-10:30<br>團隊領導者引導大家進行行動回饋與反思 | • 找出一項最近三個月內，進行相當順利的專案，看看從中主要學到什麼<br>• 練習有建設性的對話 | • 團隊成員表現得好的地方，或是需要持續如此表現，以便讓團隊成功的地方是什麼？<br>• 為了改善績效，團隊成員可以有什麼不同的作法？<br>• 團隊成員如何在未來的專案上運用這些重要的學習？ | • 行動回饋與反思（請參考第385頁） |
| 10:30-11:00<br>團隊領導者做結語 | • 回顧團隊在這一天所完成的事項<br>• 釐清會議中的重要訊息<br>• 提醒團隊下次每月會議之前需要完成的事項 | • 我們今天有了什麼樣的進展？<br>• 會議之後，要跟部屬們傳達哪些訊息？<br>• 下次會議之前，需要完成哪些事項？ | |

## 會議四的團隊成員流程

| 時間 | 目標 | 重點問題 | 活動與所需資料 |
|---|---|---|---|
| 13:00-13:10 團隊成員進行開場白 | • 制定參與的期許<br>• 檢視下午的流程<br>• 檢視會議規則 | • 這次會議需要完成哪些項目？ | |
| 13:10-15:00 團隊成員引導大家進行行動回饋與反思 | • 找出一項最近三個月內，進行相當順利的專案，看看從中主要學到什麼<br>• 練習有建設性的對話 | • 團隊成員表現得好的地方，或是需要持續如此表現，以便讓團隊成功的地方是什麼？<br>• 為了改善績效，團隊成員可以有什麼不同的作法？<br>• 團隊成員如何在未來的專案上運用這些重要的學習？ | • 行動回饋與反思（請參考第385頁） |
| 15:00-15:30 團隊領導者做結語 | • 回顧團隊在這一天所完成的事項<br>• 釐清會議中的重要訊息<br>• 提醒團隊下次每月會議之前需要完成的事項 | • 我們今天有了什麼樣的進展？<br>• 會議之後，要跟部屬們傳達哪些訊息？<br>• 下次會議之前，需要完成哪些事項？ | |

# 第十二節

# 新團隊成員的加入

| 登場人物 |
| --- |
| 費薩爾（任職於綠波食品）<br>吉兒（費薩爾的直屬上司） |

　　費薩爾很高興能夠加入綠波食品擔任要職。在這之前，他曾經在全球最大的食品與飲品包裝公司可樂可任職四年。綠波食品規模比較小，業務足跡也僅限北美洲，但是費薩爾將會負責更重要的業務。但是在綠波食品的工作，可能需要他做一些調適。在私人生活上，他從東岸遷移到奧瑞岡州，也注意到波特蘭的人生活比較放鬆。這對習慣在非常競爭的環境中工作的他，很高興能換個步調。在工作上，費薩爾過去服務的跨國公司是以精緻的行銷馳名，所以他期待有機會協助綠波食品的同仁提升這方面的績效。

　　費薩爾剛報到的第一個星期，直屬上司不在公司。吉兒安排她的執行助理帶領費薩爾到他的座位，交付了一份報到的完成事項清單給他，請他在那個星期結束之前完成。清單上包括領取識別證、筆記型電腦、行動電話；填寫保

險和退休金計畫資料；參加一場為期一整天的新人訓練課程，以學習公司的策略、價值與行為規範。

費薩爾相當期待報到後第三天參加第一次同事們的會議。他按照在之前公司上班的慣例，稍微晚了幾分鐘到會議室，發現大家沒有等他就開始討論，這讓他有點惱怒。他覺得大家有點無禮，但是什麼都沒說。會議中，大家開始討論顧客的喜好。之前在可樂可工作時，費薩爾深度投入顧客的調查，所以他分享了一份他最近完成的研究報告內容。他以為同事們會熱切地感謝他的分享，沒想到兩位同仁開始詢問他的研究方法，讓他有點震驚，「這些人以為他們是誰啊？」費薩爾暗自想著。會議結束之前，有一位同仁整理並說明團隊所做的決策，費薩爾並不認同這些決定，所以他提出警示：「這感覺有點太早決定，我們不應該先問問吉兒嗎？」同事們彼此看了一眼，然後其中一位說：「在綠波，我們被充分授權。」說完，團隊們繼續分配各個行動的項目，其中有些也分配給費薩爾。雖然他不是很高興被指派到這些任務，但他沒有說什麼。

星期六早上，費薩爾在家工作時，發現需要其他的資料才能完成工作清單上的事項。他傳了一封電子郵件給團隊的所有成員，詢問要到哪裡才能找到這份資料。直到當天晚上都沒有人回覆，所以他傳了第二封郵件。到了星期天，還是沒有人答覆，費薩爾覺得被忽略，相當生氣也開始覺得自己不應該來綠波工作。

## 協助新成員融入團隊的更佳方法

費薩爾的遭遇反映出傳統新進員工的報到流程中，通常只限於行政事務、學習公司歷史、產品和服務、組織架構、政策等事項。這中間缺乏的，是讓費薩爾有機會學習新團隊做決策的方式、準時開會的傳統、週末回覆電子郵件的規則，或是可以挑戰其他同事的規範。費薩爾認為同事們沒有禮貌，卻不知道

其實他們只是遵守公司的規範。

　　火箭模式與相關的工具可以加速新同仁融入團體的過程，減少彼此的誤解與潛在的摩擦，協助新成員更快開始為組織帶來貢獻。與其讓費薩爾慢慢自己摸索，吉兒可以讓他跟其他團隊成員一起完成新團隊成員報到工作清單。將清單上不同的項目分配給不同的團隊成員，也可以幫助費薩爾跟其他同事建立起互動的關係。

| 火箭模式要素 | 關鍵行動 | 誰 | 完成日期 |
|---|---|---|---|
| 環境 | • 團隊對於重要的顧客與競爭者有哪些了解？<br>• 誰是關鍵的內部與外部利益關係者？<br>• 團隊的政治與經濟現況是什麼？<br>• 團隊最重要的挑戰是什麼？ | 包伯 | 6月1日 |
| 使命 | • 團隊的目的與目標是什麼？團隊如何定義成功？<br>• 團隊的三十、六十、九十、一百二十天計畫是什麼？<br>• 目標與計畫的進度是什麼時候討論？ | 庫瑪 | 6月2日 |
| 人才 | • 團隊成員各自負責什麼？<br>• 新加入的成員，最需要與哪一位同仁密切共事？<br>• 團隊在績效上的獎勵是什麼？ | 茱莉 | 6月3日 |
| 規範 | • 團隊是用什麼流程或系統來完成工作？<br>• 這些流程或系統的培訓是什麼時候？<br>• 哪些是重要的交接工作？<br>• 團隊的團隊運作節奏和會議的規則是什麼？<br>• 團隊會議中討論／決定的事項是什麼？<br>• 團隊如何做決定？<br>• 團隊對於回覆電子郵件的規則是什麼？<br>• 團隊對於責任歸屬與當責機制是什麼？ | 爾尼斯多與狄湘 | 6月4-5日 |
| 認同 | • 團隊的新成員如何為團隊的成功帶來貢獻？ | 瑪莉 | 6月8日 |

| 資源 | • 有哪些資源可以運用？<br>• 新的成員需要哪些資源才能成功？<br>• 團隊擁有多少的權限與政治資產？ | 艾爾佛<br>列德 | 6月9日 |
|---|---|---|---|
| 勇氣 | • 團隊衝突的規則是什麼？<br>• 什麼時候適合挑戰其他人？<br>• 有沒有不能討論的題材？ | 墨瑪 | 6月10日 |
| 結果 | • 團隊在過去一年的績效如何？<br>• 團隊如何獲勝？<br>• 團隊從過去的成功與錯誤中，學到了什麼？ | 吉爾 | 6月11日 |

# 結語

　　組織聘任新員工時，投資很多的資金來聘用與培訓，但是有些組織在六個月內的員工離職率卻非常高。沒有任何的人才選拔機制是完美的，所以某種程度的員工流失率是必然的。有些員工離職率高，是因為工作性質、薪資、公司的價值所導致，但是高出預期的離職率卻相當浪費金錢與時間。有些則是因為團隊整合不佳，這種問題是領導者可以立即杜絕的。領導者可以在新進員工加入團隊時候，透過火箭模式的八大要素進行引導，就能避免六個月發生的新人犯錯、不必要的挫折，並改善員工留任率。

# 第十三節

# 培訓領導者建立高績效團隊

| 登場人物 |
|---|
| 蜜雪兒（藍虎公司人力資源長）<br>寶拉（人才管理副總裁） |

大約三十年前，藍虎公司開始向青少年和年輕人銷售利基商品。精緻的行銷與卓越的執行力讓公司達到雙位數的成長率，成為全球最知名的品牌之一。損益由各國分公司負責，各國的領導團隊則由總經理、行銷、銷售、供應鏈、財務、資訊、人力資源和法務服務總監組成。藍虎非常支持創業精神與責任感，因此各國的領導團隊都有很大的自由度，設法達成目標。

毫無意外地，該公司的驚人成功快速引發跟進的風潮。當地出現許多競爭者，也有一些口袋較深的跨國競爭對手也推出新品牌，透過自家經銷體系來分一杯羹。隨著越來越多的競爭對手進入市場，各國分公司開始在達成年度銷售額與利潤的目標上感到吃力。高階領導團隊起初覺得競爭加劇是問題的所在，只要新的產品搭配更好的行銷企劃，就能解決這個問題，但是進一步的分析發

現，面對幾乎相同的競爭壓力下，不同國家的領導團隊卻產生截然不同的結果。毫無疑問，競爭加劇的確帶來不利的影響，但是事情並不這麼簡單，深入了解之後，藍虎發現有一些領導者持續地獲得佳績，即使換到另一個地區，績效也仍然居高不下。藍虎人力資源長（CHRO）的蜜雪兒對此感到好奇，請人才分析團隊找出是什麼原因，讓這些領導者能持續達成堅實的業績成果。

## 團隊診斷

人才分析團隊投入數週的時間從二百位過去和現在的各國分公司總經理名單中分析資料。難道高績效的總經理特別聰明，讓他們能夠訂定出更好的策略？還是他們有特別的性格特質嗎？像是他們是特別有魅力，還是更專注於結果？他們是否有不同的經驗背景或教育背景？分析團隊發現，更聰明、更有經驗、更有企圖心、適度控制性格黑暗面的人，固然有所幫助，但是這些特質與各國績效之間的關係不大。分析團隊進一步訪問高績效與低績效的總經理，發現有效能的團隊合作，才是勝負之間的關鍵點。

## 解決方案

蜜雪兒將這些數據與執行長和高層領導團隊分享。許多人對結果表示遲疑，但蜜雪兒把完整的資料攤開來，成功說服了高階團隊，說明有效的團隊合作就是競爭優勢。藍虎的高層領導團隊開始思考可以採取哪些措施來改善團隊合作，而不要僅限於各國的領導團隊。如果有效的團隊合作真能對藍虎有如此大的影響，那麼建立團隊的能力在組織所有層面都一樣重要。公司旗下有超過一千個總部、區域、國家、部門的團隊，所以高層領導團隊了解到尋找培訓師來幫所有的團隊訓練並不可行。執行長請蜜雪兒規劃實際的方案，改善公司全

面的團隊合作能力。

蜜雪兒與人力資源領導團隊（HR leadship team, HRLT）開會討論各種方案。經過數小時的激烈辯論，決定規劃一項整個集團的領導力發展計畫，指導團隊領導者如何建立高績效團隊的最佳方法。由於大多數領導者都在各自的地區工作，因此課程內容必須相當實用，因為複雜的學術模式和理論是不會被參與者接受的。他們想要以研究數據為基礎、但是參與者可以易於參與與理解的課程。同時，針對團隊功能與績效提供回饋給領導者，也非常重要，如此才能洞察團隊的優勢、需要改進的地方、和其他團隊相較的分析，讓人力資源部門可以從跨部門和各國的層級觀察團隊建立的能力。但光是指導團隊的概念、針對團隊績效提供回饋還不足夠，課程計畫還需要提供容易使用的工具與技巧，讓領導者可以提升團隊的績效。

確定領導力發展計畫的一些整體考慮因素之後，蜜雪兒請人才管理副總裁寶拉同時思考影響課程設計、執行的幾個議題。這些議題包括選擇團隊框架、決定計畫的時間長度和行政細節，以及決定如何評估課程的效果。

## 團隊導向的領導力發展計畫的設計要素

- 選擇框架。
- 參與者需要學習的是什麼？
- 誰該出席？課程的規模？
- 內容與教學方法？
- 課程的時間長度？
- 課程的教材？
- 課程的行政流程？
- 誰要授課？
- 課程效果？

## 選擇框架

首先，也可能是最重要的一環，就是要決定選擇領導力發展計畫的團隊建立框架。寶拉和學習發展（learning and development, L&D）團隊開始研究不同的團隊方法，例如塔克曼（Tuckman）五階段團隊發展模式（Forming-Storming-Norming-Performing Model，包括形成期、風暴期、規範期、表現期、解散期）；蘭奇歐尼（Lencioni）的團隊領導的五大障礙（Five Dysfunctions of a Team）；威立（Wiley）的凝聚團隊的五項行為（Five Behaviors of a Cohesive）；哈克曼（Hackman）的團隊效能模式（Model of Team Effectiveness）；韋倫（Whelan）的團體發展整合模式（Integrated Model of Group Development）；萊克斯勒（Drexler）和西貝特（Sibbet）的團隊績效模式（Drexler-Sibbet Team Performance Model）。研究不同的團隊架構之後，藍虎的人力資源領導團隊決定採用火箭模式，因為火箭模式的方案實用、容易理解，而且以堅實的數據研究為本，提供完整且具有信效度的團隊評量，提供超過三十個團隊改善的活動，規劃的領導力發展計畫有超過五千位領導者參與。

## 參與者需要學習的是什麼？

就如史蒂芬・柯維（Stephen Covey）的名言所說：「以終為始」。寶拉和L&D團隊首先需要釐清參與者需要學習的內容，且在領導力開發課程結束之後，能夠增強什麼樣的能力。經過團隊內部深度的討論，並諮詢各國分公司總經理、總部同仁之後，構思出兩項主要的課程目標，就是讓參與者更了解身為領導者的角色，以及探索領導者如何帶領團隊。最後確定的領導力發展計畫目標為：

1. 反思過去的事件如何影響身為領導者的你。
2. 了解性格如何影響領導的風格。
3. 發展出個人對於領導者的定義。

4. 理解群體與團隊之間的差異。

5. 理解火箭模式的團隊績效八大要素。

6. 針對你的團隊進行團隊評估調查回饋報告。

7. 為你的團隊制定一份追隨力評估。

8. 練習執行團隊改善工具。

9. 建立「團隊行動計畫」，執行團隊改善工具。

## 誰該出席？課程的規模？

藍虎的執行長要求所有一千位領導者都必須出席領導力發展計畫。總部的高階領導者和各國分公司的總經理是第一批，讓他們的部屬可以在他們上課前就先看見部分的工具落實。五十場的課程各有十二到二十四位參與者，將所有一千位的領導者都安排在兩年內完成課程。

## 內容與教學方法？

因應設定的學習目標，來做課程內容的設計，包括運用這本書內的概念與團隊改善活動、團隊評估調查以及霍根性格量表。為了促使更完整的學習，參與者進行小組學習活動時，分坐在四人的學習區。課程內容互動性強，涵蓋各種的教學方式、個人與小組活動、大型的報告模式與討論、同儕教練、團隊改善活動的示範教學等。本章節的最後將提供完整的課程設計。

## 課程時間長度？

大家花了一些時間討論課程應該要多久，有些人認為應該縮減時間，省下成本以及離開工作的時間，其他人則認為時間要長一點，才能確認學習內化，並可以在之後充分運用。討論之後，大家將課程設定為兩天。

## 課程的教材？

每一位課程的參與者都會收到一份客製化的學習手冊、一份霍根性格量表回饋報告、團隊評估調查回饋報告、《火箭模式：點燃高績效團隊動力實戰全書》書籍一本，以及使用團隊改善活動的電子版補充資料。

## 課程的行政流程？

學習發展團隊為這五十場會議整理出兩年的課程行事曆。安排的細節不僅包括上課地點，還有會議室安排、視聽設備、餐飲需求。學習手冊都事前印好，參與者同時會收到一份簡介的電子郵件，內容包括執行長的一封信、學習目標的清單、流程、地點、住宿細節，並且在課程開始前的六個星期會收到霍根性格量表和團隊評估調查的操作指南。

## 誰要授課？

為了降低成本，六位學習發展團隊成員以及四位人資部企業夥伴參加第一場的課程，以及為期兩日的種子培訓師培訓課程。他們將搭配兩位引導者，接手進行接下來的五十場會議。

## 課程效果？

參與者被告知藍虎即將在大家完成領導力發展課程之後，進行第二次的團隊評估調查。第一次與第二次結果的比較，可以用來評估課程的效果。同時，各國分公司的營運、財務、顧客與員工指標也會用來評估課程的效果。

| 兩日課程內容 | |
|---|---|
| 第一天 | 第二天 |
| • 課程整體介紹<br>• 領導力是什麼？<br>• 從過去學習：人生旅程<br>• 領導與性格：霍根性格量表（HPI）<br>• 我想要成為什麼樣的領導者？<br>• 團隊小測驗<br>• 群體 vs. 團隊<br>• 火箭模式簡報與拼圖<br>• 團隊評估調查報告討論 | • 回顧與介紹<br>• 同儕教練<br>• 追隨力<br>• 團隊示範教學的準備<br>• 團隊示範教學的進行<br>• 團隊行動計畫與同儕教練<br>• 後續行動 |

# 當責機制

安排進行第二次的團隊評估調查（TAS），以便檢視團隊的進度。

# 成果

這項課程成功地讓一千位領導者參加。同時，多位各國分公司總經理也運用團隊評估調查的結果與團隊改善工具，改善了他們的團隊，帶來更強韌的財務與營運成效。這些總經理受邀在公司內分享他們的親身經歷。

# 結語

雖然不知道為什麼，但是團隊建立的這個概念，已經跟內部與外部企業顧問變得密不可分。需要重新建立團隊？找一位企管顧問。需要幫團隊安排有趣的活動？找一位企管顧問。需要組成一個新的團隊？請人資部門提供建議。我們已經相信，如果要建立團隊，就必須尋求外力的協助。

　　沒有錯，團隊教練投入活動的確是讓績效更上一層樓的強效作法，但問題是，這些介入的方式無法大規模進行。組織內至少有上百個、甚至上千個的團隊，在有限的時間裡，企管顧問也只能協助一部分的團隊。企管顧問公司也沒有足夠的顧問可以協助所有的團隊。諮詢顧問最能帶來貢獻的地方，就是協助高階經營團隊以及需要進行關鍵策略規劃的人，讓他們執行打造下個階段的績效成果。

　　多數的組織訓練領導者熟悉如何制訂策略、管理績效、有效溝通。為什麼他們不能指導領導者如何建立高績效的團隊？火箭模式、團隊評估調查的回饋報告、團隊改善活動都經過精心設計，可以透過易於理解的方式來實際操作。所有可以協助建立高效能團隊的資料，都在這本書裡可以找到。建立團隊是領導力的基礎能力，「訓練領導者」這件事，應該與設定目標、授權這些能力同樣重要。組織真的不應該花這麼少的精神來進行建立高績效團隊的正式訓練。

　　本章節所提供的課程內容，並不是唯一的答案，我們也曾經規劃各種一天及兩天的領導力發展課程，協助企業建立高績效團隊。授課內容、參與人員、課程時間長度都取決於組織想要解決的問題，還有預算、營運的限制。領導者常常高估自己建立團隊的技巧，也永遠只對自己感興趣，我們建議將團隊評估調查納入團隊導向的領導力發展計畫。最理想的課程設計應該包括火箭模式、團隊評估調查以及團隊績效改善活動。

　　想像一下，如果高績效團隊的比例從20%跳升至40%或50%，那麼組織的績效又會是如何呢？或是如果負責執行策略的團隊都是高績效的團隊，那又會是如何呢？訓練這些領導者，讓他們負責建立高效能的團隊，成本遠遠低於潛在的效益。所以該是進行的時候了。

| 培訓課程前置準備 |
| --- |

- 霍根性格量表（HPI）。
- 團隊評估調查（TAS）。
- 《團隊效能指數：成功團隊中難以捉摸的要素》（TQ: The Elusive Factor Behind Successful Teams）白皮書。

# 第一天的培訓師流程

| 時間 | 目標 | 重點問題 | 活動與所需資料 |
|------|------|----------|----------------|
| 8:00-8:30<br>培訓師進行開場白 | ● 檢視學習的目標<br>● 檢視課程流程<br>● 制定課程的規則<br>● 介紹參與者 | ● 這次課程的內容涵蓋哪些重點？<br>● 是誰參與這次的課程？ | ● PowerPoint<br>● 白板架 |
| 8:30-9:00<br>培訓師帶領大家討論領導力 | ● 討論領導力的定義<br>● 釐清領導力與管理之間的差異<br>● 釐清領導力與團隊之間的關聯 | ● 領導力是什麼？<br>● 領導力與管理之間的差別是什麼？<br>● 領導力與團隊之間的連結是什麼？ | ● PowerPoint<br>● 白板架 |
| 9:00-9:15 休息 | | | |
| 9:15-10:45<br>培訓師引導大家完成「人生旅程」活動 | ● 了解過去如何影響現在身為領導者的你 | ● 參與者過去曾經經歷過什麼重要的事件？<br>● 這些經驗如何形塑現在身為領導者的你？ | ● 人生旅程（請參考第359頁） |
| 10:45-12:00<br>培訓師協助參與者詮釋霍根性格量表（HPI） | ● 性格的定義<br>● 了解性格如何影響現在身為領導者的你 | ● 性格是什麼？<br>● 性格的特質如何影響領導力？ | ● 霍根性格量表（HPI）（請參考第317頁） |
| 12:00-12:45 午餐 | | | |
| 12:45-13:45<br>培訓師協助參與者創造領導者的信條 | ● 釐清個人對領導力的定義 | ● 你個人對於領導力有什麼樣的看法？<br>● 你想要成為哪一種領導者？ | |
| 13:45-14:10<br>培訓師進行團隊小測驗 | ● 釐清對於領導力與團隊合作的迷思與誤解 | ● 我們對於領導力與團隊合作有什麼理解？ | ● 團隊小測驗（請參考第233頁） |
| 14:10-14:30<br>培訓師釐清群體與團隊的差異 | ● 釐清群體與團隊的差異 | ● 群體是什麼？<br>● 團隊是什麼？<br>● 對於領導者的意義是什麼？ | ● 群體 vs. 團隊練習（請參考第241頁） |
| 14:30-14:45 休息 | | | |

| 14:45-15:30 培訓師介紹火箭模式 | • 讓參與者了解並熟悉高績效團隊的八大要素 | • 團隊該做什麼才能成為高績效團隊？ | • 火箭模式簡報（請參考第244頁） |
|---|---|---|---|
| 15:30-15:50 培訓師進行火箭模式拼圖活動 | • 協助參與者熟悉高績效團隊的八大要素 | • 團隊該做什麼才能成為高績效團隊？ | • 火箭模式拼圖（請參考第246頁） |
| 15:50-16:40 培訓師進行團隊評估調查回饋報告討論 | • 如何解讀團隊評估調查報告 | • 我們團隊的優勢、驚奇、需要改善的地方是什麼？<br>• 與其他團隊相較，我們的團隊表現如何？ | • 團隊評估調查回饋報告<br>• 團隊回饋時段（請參考第261頁） |
| 16:40-16:45 培訓師做結語 | | • 針對今天討論的內容有沒有問題？ | |

# 第二天的培訓師流程

| 時間 | 目標 | 重點問題 | 活動與所需資料 |
|---|---|---|---|
| 8:00-8:30 培訓師進行開場白 | • 檢視學習的目標<br>• 檢視課程流程<br>• 制定課程的規則<br>• 介紹參與者 | • 這次課程的內容涵蓋哪些重點？<br>• 第一天的重點學習是什麼？ | • PowerPoint<br>• 白板架 |
| 8:30-9:15 培訓師設置同儕教練時段 | • 與夥伴討論團隊評估調查報告結果<br>• 請夥伴給予指導與指引 | • 從我的團隊評估調查報告中，我看見什麼？<br>• 我的團隊優勢是什麼？<br>• 我計畫跟我的團隊一起加強什麼？ | • PowerPoint<br>• 團隊評估調查回饋報告 |
| 9:15-9:30 休息 | | | |
| 9:30-11:00 培訓師請參與者找出追隨力的類型 | • 了解四種追隨力類型<br>• 評估追隨力的類型<br>• 學習領導力如何影響追隨力 | • 追隨力是什麼？<br>• 我的團隊是哪幾種追隨力？<br>• 我該如何改善追隨力？ | • 追隨力評估（請參考第301頁） |

| 11:00-11:45<br>培訓師安排準備團隊改善活動的示範教學 | • 練習引導團隊回饋時段<br>• 練習引導環境分析練習<br>• 練習引導角色責任矩陣<br>• 練習引導團隊運作節奏練習活動<br>• 練習引導決策機制活動 | • 我們該如何教導課堂的其他成員，協助準備和引導團隊進行團隊改善活動？ | • 團隊回饋時段（請參考第261頁）<br>• 環境分析練習（請參考第270頁）<br>• 角色責任矩陣（請參考第295頁）<br>• 團隊運作節奏（請參考第333頁）<br>• 決策機制（請參考第343頁） |
| --- | --- | --- | --- |
| 12:00-12:45 午餐 | | | |
| 12:45-14:15<br>培訓師引導團隊進行示範教學 | • 了解什麼時候可以使用、如何使用不同的團隊改善活動 | • 什麼時候該使用不同的團隊改善活動？<br>• 我如何引導不同的團隊改善活動？ | • 團隊回饋時段（請參考第261頁）<br>• 環境分析練習（請參考第270頁）<br>• 角色責任矩陣（請參考第295頁）<br>• 團隊運作節奏（請參考第333頁）<br>• 決策機制（請參考第343頁） |
| 14:15-14:30 休息 | | | |

| 14:30-15:30 培訓師協助參與者建立團隊行動計畫 | • 制訂計畫，改善團隊的功能與績效 <br> • 請夥伴提供教練與指導 | • 團隊需要做什麼才能改善績效？ <br> • 我們會使用哪些團隊改善活動？ <br> • 團隊會在什麼時候進行這些活動？ | • 團隊行動計畫（請參考第291頁） |
|---|---|---|---|
| 15:30-16:00 培訓師做結語 | • 釐清課程的下一步行動 <br> • 鼓勵參與者分享團隊評估調查結果，並進行團隊改善行動 <br> • 鼓勵參與者 | • 回公司之後，準備如何協助你的團隊？ <br> • 這次課程中的重點學習是什麼？ | |

# 第十四節

# 高潛能人才與團隊

| 登場人物 |
| --- |
| 約翰・蘇利（TelPro人力資源長）<br>歐嘉・偉納（高潛能人才發展計畫學員）<br>納維爾・雪卻爾（高潛能人才發展計畫學員） |

　　當約翰・蘇利（John Sully）加入TelPro擔任人資長（CHRO）時，公司正陷入危機。之前的執行長才剛剛無預警地因健康因素而退休，眼前沒有適合的人可以接班。備受指責的董事會也明確表示，其他重要的職位也缺乏接班人選。約翰接手時，首要的任務就是幫助TelPro透過系統性制度來解決公司接班的問題，而這個制度也包含選拔、培養高潛能人才的過程。選拔過程包括基礎的績效與潛能九宮格矩陣，以及部門和區域選拔的標準討論。人才培養過程則是包括長達六個月的加速領導力發展計畫，由來自頂尖商學院的教授和公司的高層擔任引導者。這項計畫以結合個案討論與授課的模式進行，共分成三部分，內容涉及市場動態、商業模式、策略、財務、投資者關係、員工敬業度、競爭優勢、正念、真實性，以及多樣性和包容性。這項高潛能人才發展計畫備受高層

主管和參與者的喜愛，也因此贏得全國性卓越培訓的獎項。

得獎很棒，但是約翰也知道這種昂貴的課程需要展現效果。約翰詢問人才分析團隊，請他們追蹤十位參與的學員在結業後的績效，發現他們的成果不如預期。授課師資都一致認為歐嘉‧偉納和納維爾‧雪卻爾是班上最優秀的學員，但是在結業後的績效卻未達明星等級。因為高潛能人才發展計畫是約翰的指標成果，最優秀的兩位學員卻在工作表現上不夠亮眼，約翰很急著希望一切回到正軌。

## 團隊診斷

約翰一開始請我們來指導偉納跟雪卻爾。在開始蒐集資料的過程中，我們請他們的團隊完成團隊評估調查（TAS）。兩人團隊的團隊效能指數 （TQ）分別為29與15。難怪他們績效不足。

我們將這些數據跟約翰報告，也告訴他我們並不訝異。就如同許多高潛能人才，雪卻爾與偉納就讀優秀的學校，在部門接下重任，對組織忠誠，也在高階主管的眼中建立非常好的印象。高潛能人才都靠他們的才華和努力而成功，但是當他們的職務是需要建立團隊時，就會開始陷入困境。到最後對這些因個人成果而成功的人來說，巨大的團隊目標是絕對無法獨自完成的。

基於這些結果，約翰決定讓其他八位參與高潛能人才發展計畫的學員也一起進行團隊評估調查。他們的報告顯示，只有三分之一的結業主管在建立團隊的技能上，分數等於或超過平均值，其他的則是低於平均值，特別在建立高績效團隊上的分數過低。歐嘉跟雪卻爾兩位明星學員則是墊底。這些數據顯示TelPro高潛能人才發展計畫給予個人技能的貢獻比重過高。這些學員在向上管理方面相當卓越，但是在團隊的建立上，卻毫無概念。

## TelPro高潛能人才的團隊評估調查結果

| 姓名 | 環境 | 使命 | 人才 | 規範 | 認同 | 資源 | 勇氣 | 結果 | 團隊TQ |
|------|------|------|------|------|------|------|------|------|--------|
| 黃 | 84 | 28 | 88 | 58 | 78 | 70 | 78 | 40 | 66 |
| 馬克西 | 52 | 94 | 54 | 42 | 62 | 38 | 44 | 62 | 56 |
| 彼拉 | 46 | 22 | 60 | 57 | 42 | 62 | 56 | 56 | 50 |
| 彭 | 34 | 32 | 60 | 46 | 40 | 42 | 40 | 48 | 43 |
| 馬祖博 | 68 | 66 | 30 | 16 | 20 | 68 | 20 | 40 | 41 |
| 江 | 34 | 60 | 56 | 32 | 30 | 38 | 30 | 24 | 38 |
| 韋倫 | 32 | 32 | 20 | 22 | 38 | 50 | 38 | 46 | 35 |
| 偉納 | 16 | 50 | 34 | 22 | 18 | 34 | 30 | 30 | 29 |
| 塔卡基 | 4 | 4 | 38 | 16 | 38 | 20 | 26 | 40 | 23 |
| 雪卻爾 | 16 | 20 | 28 | 22 | 16 | 4 | 6 | 8 | 15 |
| 平均值 | 39 | 41 | 47 | 33 | 36 | 43 | 37 | 39 | |

# 解決方案

約翰接下來的三項決定，深深影響公司接下來的高潛能人才發展計畫。

## 高潛能人才發展計畫人選的資格條件

約翰與TelPro的高層領導團隊（ELT）決定，如果要成為高潛能人才發展計畫的人選，本身必須先有帶領團隊的經驗，才能成為候選人。結業後，單純因傑出的個人表現，而一下子晉升到總監或副總裁的職位，或許差距太大。候選人必須擁有聘用、培養、解僱人員的經驗，要能夠讓團隊成員一起針對某些目標努力，並且在經營團隊時創下佳績，才能成為重要職位的候選人。

## 高潛能人才的選拔

約翰讓高層領導團隊選用一個較為嚴謹、數據導向的高潛能人才選拔流程。這個新流程包括：

- 霍根性格量表（HPI）描述個人日常行為是否能夠引導或壓抑他們達成目標、與他人相處的能力。霍根性格量表「管理潛能」的分數介於 0 到 100 分之間，將會納入候選人的整體潛能得分。

- 霍根商業推理測評（Hogan Business Reasoning Inventory, HBRI）評估個人是否具備正確辨識、解決問題的能力。霍根商業推理測評「批判性推理」的分數結合辨識問題能力和解決問題能力，分數介於 0 到 100 分之間，也納入候選人的整體潛能得分。

- 團隊評估調查（TAS）由候選人及其直屬下屬填寫。團隊評估調查「團隊效能指數」（TQ）的分數介於 0 到 100 分之間，顯示候選人能不能建立高績效的團隊，這分數也會納入候選人的整體潛能得分。

- 霍根發展調查（HDS）則是評估十一項績效的風險行為或是脫序的傾向。霍根發展調查可以協助候選人理解並管理自己在壓力下的反應，分數也會納入候選人的整體潛能得分。

整體潛能得分的分數介於 0 到 100 分之間，分數取決於候選人的管理潛能、批判性推理和團隊效能指數。這三項指標的比重相同。以下是三位高潛能人才候選人整體潛能得分的評分範例：

### 整體潛能評分

| 霍根性格量表的管理潛能分數 | 霍根商業推理測評的批判性推理分數 | 團隊評估調查的團隊效能指數 | 整體潛能得分 |
|---|---|---|---|
| 68 | 38 | 22 | 43 |
| 39 | 88 | 35 | 54 |
| 66 | 77 | 70 | 71 |

　　約翰向高層領導團隊解釋，整體潛能計分可用來說明候選人是否具有足夠的資格適任。聰明、有韌性、企圖心、誠摯、創新、具有社交技巧的人，如果可以建立團隊，相較於在工作導向、創意、社交技巧、解決問題上較不足的人，在整體潛能得分的分數就會比較高。

　　約翰也跟高層領導團隊說明，「整體風險得分」則是指向候選人所具備的負面特質。他提供一個真實的負面性格的案例，當這些特質浮現時，會如何干擾領導者建立團隊、督促他人完成工作的能力。約翰也說明，研究指出在高風險區域的HDS特質越多，表示領導者在壓力狀態下，更容易出現負向的行為。

## 整體風險評分

| 高風險區的HDS特質<br>（>90） | 多重因素 | 整體風險<br>得分 |
|---|---|---|
| 0 | 9 | 0 |
| 2 | 9 | 18 |
| 5 | 9 | 45 |

　　整體風險得分的分數介於0到99分之間，計算的方式則是將位於高風險區（分數高過90）的HDS特質的數量乘以9（霍根發展調查上共有十一個負面的性格特質）。候選人霍根發展調查特質越多位於高風險區，整體風險得分就越高，性格特質較少位於高風險區的候選人，分數就比較低。約翰請之前參與高潛能人才發展計畫的候選人完成霍根性格量表（HPI）、霍根商業推理測評（HBRI）和霍根發展調查（HDS），並將這些分數與團隊評估調查結果做整合。約翰告訴高層領導團隊，偉納跟雪卻爾的整體潛能得分屬於中段，但是整體風險得分卻是那一組中較高的。這兩位雖然在高層領導團隊面前很成功地建立了良好的印象，但是在領導團隊時，性格的黑暗面就此浮現。

　　約翰也將整體潛能得分與整體風險得分的分數放到高潛能人才候選人的資料上。這份資料提供候選人的照片、學經歷、績效管理評分、主管評分。其他

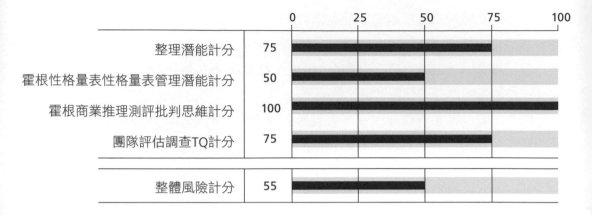

|  |  | 0 | 25 | 50 | 75 | 100 |
|---|---|---|---|---|---|---|
| 整理潛能計分 | 75 | | | | | |
| 霍根性格量表性格量表管理潛能計分 | 50 | | | | | |
| 霍根商業推理測評批判思維計分 | 100 | | | | | |
| 團隊評估調查TQ計分 | 75 | | | | | |
| 整體風險計分 | 55 | | | | | |

的資訊如下：

## 負面特質 > 90

- 激動。
- 多疑。
- 謹慎。
- 內斂。
- 苛求。

因為這些資料提供更完整的晉升潛能與風險數據，也更能將各個候選人一一比較，這份新的資料成為高層領導團隊接班人計畫與高潛能人才選拔討論的主要指標。獲選下一梯次的加速領導力發展計畫的十二位候選人，整體潛能得分的分數比其他候選人高，整體風險得分的分數也較他人低。

## 高潛能人才發展

除了將更多類型的候選人選為高潛能人才之外，約翰也將加速領導力發展計畫做大幅度的調整，將焦點放在團隊的建立。他用行動學習的框架來重新設

計接班人發展計畫，讓候選人可以接觸到過去可能不熟悉的業務領域，讓他們能夠從企業整體的角度來思考。這個作法也可以針對組織最棘手的問題，激發出更多可行的方案，發展參與者領導與建立團隊的技能，也讓高層管理團隊有機會觀察高潛能人才實際工作的樣貌。

| 四個月的計畫 | | | |
|---|---|---|---|
| **會議一（3天）** | **會議二（2天）** | **會議三（2天）** | **會議四（1.5天）** |
| • 執行長與人資長進行開場白<br>• 行動學習是什麼？<br>• 人生旅程<br>• 市場動態<br>• 企業策略<br>• 探詢文件<br>• 個人學習目標<br>• 團隊行動計畫<br>• 角色責任矩陣<br>• 團隊運作節奏<br>• 團隊溝通<br>• 團隊需完成的事項 | • 團隊行動計畫討論<br>• 實際造訪企業<br>• 霍根發展調查討論<br>• 團隊行動計畫<br>• 更新個人的學習<br>• 檢討團隊規範<br>• 團隊需完成的事項 | • 回顧團隊行動計畫<br>• 簡報的準備<br>• 向高層領導團隊報告與回饋<br>• 回饋分析<br>• 團隊行動計畫<br>• 更新個人的學習<br>• 檢討團隊規範<br>• 團隊需完成的事項 | • 簡報的準備<br>• 高層領導團隊報告與決定<br>• 同儕回饋時段<br>• 個人與團隊的學習<br>• 承接新的團隊<br>• 結語 |

　　約翰請他的人才管理副總裁羅西歐負責重新設計加速領導力發展計畫，並予以執行。羅西歐和高層領導團隊密切合作，釐清計畫的目標，找出兩項行動學習的團隊主題，選擇行動學習的贊助人，製作探詢文件，列出角色與責任，並設計出四次的會議內容。這也包括介紹贊助人與團隊教練，針對探詢文件與指定的問題進行探討、提問問題，設計初步的團隊行動計畫，定義團隊成員的角色與責任，建立團隊規範，釐清個人學習的目標。

　　第二次會議的重點就是拜訪一家企業，這家企業面對的問題，剛好是行動學習團隊需要解決的同一個問題。比方說，團隊的任務是建立更好的顧客服

務，那麼拜訪迪士尼（Disney）的主管們，實地學習他們如何與顧客互動。

羅西歐將第三次的會議設計成進度的討論。到這個階段，行動學習團隊已經完成需要進行的事項，開始針對指派的問題探索可行的方案。他們將初步的分析與潛在的解決方案整理成簡報，同儕也提供回饋，建議如何進行。團隊接下來將這些需調整的部分列入第四次會議需要完成的事項。

每一個行動學習團隊都將指定的問題背景、檢視過的資料、最後的建議、成本／效益分析、執行計畫整理成白皮書，在第四次會議前交給高層領導團隊和其他的行動學習團隊。他們也將指定的主題整理成一份正式的簡報，並由高層領導團隊決定會不會採用他們的建議。在第四次的會議中，也規劃時間來聆聽同儕的回饋，讓參與者分享在自己與團隊工作上的所學，並讓參與者做準備，在完成課程之後將要接手管理新的團隊。

## 當責機制

需完成事項的清單與團隊行動計畫的更新，是行動學習團隊在會議中的固定要素。第二、三次會議結束時候，都會評估團隊的規範，而第四次會議則進行團隊回饋時段。第三次的會議規劃初步的簡報計畫，第四次的會議則包含每一個行動學習團隊的白皮書和最終成果簡報。

## 成果

兩個行動學習團隊最後建議的事項，被高層領導團隊所接納。所採納的顧客服務提案讓淨推薦值從22提升至33，客戶流失率降低10%，使得年度營收提升 3%。在業務上的改善，讓高層領導團隊開始接納這個作法，並增加預算持續支持加速領導力發展計畫。

第二批的加速領導力發展計畫的結業學員，也具有更強的建立高績效團隊能力。十二位參與者當中，十位在結業後轉調至其他團隊，一年之後，他們整體的團隊效能指數平均值為68。

# 結語

領導力優勢標竿的匱乏，是過去超過二十年來，執行長們最困擾的議題之一。根據我們客戶們的回應，這仍然是組織目前面臨的一大重要挑戰。人才的管理已經成為組織的重要任務，我們也深信擁有卓越人才的組織才是致勝的關鍵。但是安隆（Enron）、奇異（GE）、摩托羅拉（Motorola）這些滿滿是頂尖人才的組織，不是破產就是早已邁入歷史，因此我們認為人才只是一半的答案。長遠下來，最成功的企業是那些擁有最傑出人才、最卓越團隊的公司。

組織一直缺乏領導力優勢標竿的部分原因，是因為他們的人才管理系統的評估指標是錯的。你不需要成為領導者，也可以聰明、創新、強韌、努力工作、外向、好相處，這些特質也可以用來描述好的行銷人員、業務人員、顧客服務代表、會計師、工程師，還有領導者。成功的個人和擁有正確特質的領導者，兩者的差異在於領導者具備建立高績效團隊的能力。組織評估什麼，就會得到什麼。組織的人才管理系統往往過度看重個人的特質，卻不夠重視建立團隊的能力，這說明了為什麼組織裡這麼少的團隊是高績效的團隊。

人才管理系統必須確認組織能夠招募和僱用適當的人才、發展員工、評估並獎勵績效、辨識出高潛能的人才、支持接班人管理。如果制度能夠結合客觀的績效數據、性格、心智能力，並搭配360度評量，就更為公正，也遠比倚賴個人意見和直覺的制度，更能夠做出正確的人才決策。但是光靠這些還是不夠，因為這些指標只能衡量個人的能力，並無法判定這些候選人能不能建立高績效團隊。所以很多組織到最後晉升的是一些中看不中用的領導者。這些人聰明、

有企圖心、努力工作、會完成工作、也會適時奉承一下長官，但是他們能不能擁有忠誠的追隨者、建立高績效的團隊、讓他人完成工作，那就另當別論了。

如果「團隊」這項要素能夠納入人才管理流程中，執行長們肯定會安心許多。將「團隊」這個議題納入面試，就能評估新員工能不能擔任領導的職位。領導者能被訓練出建立團隊的能力，再由團隊予以回饋，了解團隊的動態與績效。績效考核和晉升的決策，也應該納入「團隊」這項指標，員工的獎勵制度，不僅應該考慮個人的成果，也應該顧及團隊的成就。要採納這些建議並不會太困難，而且如果人才管理系統也將「團隊」這要素列入考量，人力資源就更能發揮價值。

最後，選拔和發展高潛能人才的方式有很多。我們所描述的是一個堅實、以資料為本的作法，可以結合性格、心智能力、團隊的資訊，協助做出高潛能人才的決策。火箭模式雖然是加速領導力發展計畫中不顯眼但卻是很重要的一環，因為計畫的設計涵蓋了環境、使命、人才、規範、認同、資源、勇氣和結果這些要素，並搭配團隊改善活動在。所有高潛能人才發展計畫只要能夠結合團隊建立的能力，並教導參與者如何建立高績效團隊的能力，效果絕對會比永遠讚頌個人光環的作法還要好。

# 會議一（第一天）的引導者流程

| 時間 | 目標 | 重點問題 | 活動與所需資料 |
|---|---|---|---|
| 8:00-9:15<br>執行長與人資長進行開場白 | • 說明業務的現況<br>• 列出本次課程目標<br>• 制定參與的規則<br>• 檢視課程流程<br>• 制定會議規則 | • 公司的業務現況如何？<br>• 公司的方向是什麼？<br>• 未來會如何進行？<br>• 行動學習團隊需要完成哪些事項？ | • PowerPoint<br>• 白板架 |
| 9:15-10:00<br>學習長帶領大家討論行動學習 | • 說明採用行動學習的原因<br>• 說明行動學習計畫的主要元素<br>• 釐清行動學習團隊中參與者的角色<br>• 釐清行動學習團隊需完成的事項 | • 行動學習是什麼？<br>• 參與者可以期待從這次課程中學到什麼？<br>• 參與這次課程，需要投入多少的時間？<br>• 行動學習團隊需要完成哪些事項？ | • PowerPoint |
| 10:00-10:15 休息 | | | |
| 10:15-11:45<br>引導者帶領每個行動學習團隊進行「人生旅程」活動 | • 協助團隊成員彼此認識<br>• 開始建立互信與同事情誼 | • 什麼樣的生命經驗形塑了團隊成員？ | • 人生旅程（請參考第359頁） |
| 11:45-12:45 午餐 | | | |
| 12:45-17:00<br>行銷長針對市場動態進行互動式簡報（含休息時間） | • 針對公司面對的現況得出共同的看法 | • 公司最大的顧客、競爭對手、潛在的干擾是什麼？<br>• 重要的市場力量是什麼？<br>• 公司最大的挑戰是什麼？<br>• 公司的商業模式是什麼？ | • PowerPoint |
| 17:00-17:15<br>學習長做結語 | • 回顧團隊在這一天所完成的事項<br>• 提醒團隊第二天即將進行的事項 | • 我們今天的學習是什麼？<br>• 我們明天需要完成哪些事項？ | |

| 18:00-20:00 與高層領導團隊共進晚餐 | • 提供彼此交流的非正式時間 | | |

## 會議一（第二天）的引導者流程

| 時間 | 目標 | 重點問題 | 活動與所需資料 |
|---|---|---|---|
| 8:00-8:30 學習長進行開場白 | • 列出本次課程目標<br>• 制定參與的期許<br>• 檢視課程流程<br>• 制定會議規則 | • 行動學習團隊需要完成哪些事項？ | • PowerPoint<br>• 白板架 |
| 8:30-11:45 教授帶領大家進行互動式策略討論（含休息時間） | • 針對策略發展出共同的定義<br>• 釐清公司的策略選項，以及整體的策略 | • 何謂策略？<br>• 公司的策略選項是什麼？<br>• 公司的策略是什麼？<br>• 公司的策略與其他競爭者有何不同？ | • PowerPoint |
| 11:45-12:45 午餐 | | | |
| 12:45-14:45 學習長向行動學習團隊介紹相關探詢文件 | • 釐清行動學習團隊需完成的事項，以及完成的日期 | • 每個行動學習團隊需要解決什麼問題？<br>• 內部和外部的範疇是什麼？<br>• 行動學習團隊需完成的事項是什麼？<br>• 行動學習團隊有多少預算？<br>• 有沒有其他組織也有相同的問題？<br>• 行動學習團隊有什麼問題想要詢問高層領導團隊？ | • PowerPoint<br>• 探詢文件 |
| 14:45-15:00 休息 | | | |

| 15:00-17:00 學習長引導行動學習團隊與高層領導團隊的討論 | • 釐清行動學習團隊需完成的事項，以及完成的日期 | • 每個行動學習團隊需要解決什麼問題？<br>• 內部和外部的範疇是什麼？<br>• 行動學習團隊需完成的事項是什麼？<br>• 行動學習團隊有多少預算？<br>• 有沒有其他組織也有相同的問題？ | • PowerPoint<br>• 探詢文件 |
| 17:00-17:15 學習長做結語 | • 回顧團隊在這一天所完成的事項<br>• 提醒團隊第三天即將進行的事項 | • 我們今天的學習是什麼？<br>• 我們明天需要完成哪些事項？ | |
| 18:00-20:00 團隊晚餐 | • 提供彼此交流的非正式時間 | | |

## 會議一（第三天）的引導者流程

| 時間 | 目標 | 重點問題 | 活動與所需資料 |
|---|---|---|---|
| 8:00-8:30 學習長進行開場白 | • 列出本次課程目標<br>• 制定參與的期許<br>• 檢視課程流程<br>• 制定會議規則 | • 行動學習團隊需要完成哪些事項？ | • PowerPoint<br>• 白板架 |
| 8:30-11:45 學習長引導進行團隊行動計畫（含休息時間） | • 發展出團隊行動計畫 | • 針對被指定的問題，團隊需要做什麼才能解決問題？<br>• 需要蒐集什麼樣的資訊？<br>• 需要拜訪的人士是誰？<br>• 需要誰的支持？ | • 團隊行動計畫（請參考第291頁）<br>• 白板架 |
| 11:45-12:45 午餐 | | | |

| | | | |
|---|---|---|---|
| 12:45-13:45<br>學習長協助團隊成員釐清個人的學習目標 | • 釐清個人學習目標 | • 在進行這項計畫期間，團隊成員想要學習和進行的事項是什麼？ | |
| 13:45-15:00<br>學習長協助行動學習團隊釐清角色 | • 釐清行動學習團隊成員的角色與責任 | • 團隊成員想要進行哪些事項？<br>• 他們想要擁有什麼經驗，或是想要發展什麼技能？<br>• 團隊行動計畫中，誰負責什麼事項？<br>• 團隊成員的工作負荷量是否平衡？ | • 團隊行動計畫（請參考第291頁）<br>• 角色責任矩陣（請參考第295頁） |
| 15:00-15:15 休息 | | | |
| 15:15-16:15<br>學習長協助行動學習團隊制訂團隊運作節奏 | • 決定團隊會議的頻率、時間與規則 | • 團隊應該什麼時候開會？<br>• 會議中該討論什麼？<br>• 誰要主持會議？<br>• 會議中應遵守什麼規則？ | • 團隊運作節奏（請參考第333頁） |
| 16:15-16:45<br>學習長協助行動學習團隊制訂溝通的規範 | • 釐清針對溝通模式、回應時間等溝通的規則 | • 團隊成員該如何彼此提供資訊？<br>• 團隊成員必須多快回覆其他成員？ | • 團隊溝通模式（請參考第346頁） |
| 16:45-17:05<br>學習長討論會議需完成的事項 | • 討論第二次會議需完成的事項 | • 在第二次會議之前，需要完成的事項是什麼？誰負責將事項完成？ | |
| 17:05-17:15<br>學習長做結語 | • 回顧團隊在第一次會議中完成的事項<br>• 提醒團隊第二次會議即將進行的事項 | • 我們今天的學習是什麼？<br>• 我們明天需要完成哪些事項？ | |

# 會議二（第一天）的引導者流程

| 時間 | 目標 | 重點問題 | 活動與所需資料 |
|---|---|---|---|
| 8:00-8:15<br>學習長進行開場白 | • 列出本次課程目標<br>• 制定參與的期許<br>• 檢視課程流程<br>• 制定會議規則 | • 行動學習團隊需要完成哪些事項？ | • PowerPoint<br>• 白板架 |
| 8:15-11:45<br>學習長引導進行團隊行動計畫（含休息時間） | • 更新團隊行動計畫 | • 需要蒐集什麼樣的資訊？<br>• 進行了哪些的分析？<br>• 意涵是什麼？<br>• 需要什麼其他的資訊？<br>• 需要誰的支持？ | • 團隊行動計畫（請參考第291頁）<br>• 白板架 |
| 11:45-12:45 午餐 | | | |
| 12:45-16:45<br>學習長協助團隊成員進行企業實際參訪 | • 理解其他組織如何處理類似於行動學習團隊成員被指定的問題 | • 其他的公司對我們的問題有什麼看法？<br>• 他們是如何處理這些議題？<br>• 哪些展現效果？哪些沒有效果？<br>• 我們從這些企業身上可以學習到什麼？ | • 企業實際參訪 |
| 18:00-20:00<br>團隊晚餐 | | | |

# 會議二（第二天）的引導者流程

| 時間 | 目標 | 重點問題 | 活動與所需資料 |
|---|---|---|---|
| 8:00-8:15<br>學習長進行開場白 | • 列出本次課程目標<br>• 制定參與的期許<br>• 檢視課程流程<br>• 制定會議規則 | • 行動學習團隊需要完成哪些事項？ | • PowerPoint<br>• 白板架 |
| 8:15-9:30<br>學習長協助行動學習團隊成員詮釋霍根發展調查表（HDS）結果 | • 協助團隊成員理解他們的負面特質，以及這些特質如何影響團隊的動態 | • 什麼是負面特質？<br>• 這些特質如何讓領導者闖禍？<br>• 領導者如何改善這些負面特質？<br>• 團隊的整體負面特質是什麼？ | • 霍根發展調查表（HDS）（請參考第321頁） |
| 9:30-9:45 休息 | | | |
| 9:45-15:45<br>學習長引導大家討論團隊行動計畫以及內容的更新（含午餐與休息時間） | • 更新團隊行動計畫 | • 還需要什麼資料？<br>• 需要進行哪些分析？<br>• 意涵是什麼？<br>• 需要誰的支持？ | • 團隊行動計畫（請參考第291頁）<br>• 白板架 |
| 15:45-16:15<br>學習長引導個人學習的討論 | • 請每位團隊成員分享重要的學習 | • 截至目前為止，我們學到了什麼？ | |
| 16:15-17:00<br>學習長引導大家評估團隊規範與需完成的事項 | • 確認大家遵守團隊規範<br>• 檢視會議需完成的事項 | • 我們是否遵守我們的規範？<br>• 第三次會議前，誰需要完成什麼？ | |

# 會議三（第一天）的引導者流程

| 時間 | 目標 | 重點問題 | 活動與所需資料 |
|---|---|---|---|
| 8:00-8:15<br>學習長進行開場白 | • 列出本次課程目標<br>• 制定參與的期許<br>• 檢視課程流程<br>• 制定會議規則 | • 行動學習團隊需要完成哪些事項？ | • PowerPoint<br>• 白板架 |
| 8:15-11:45<br>學習長引導大家討論團隊行動計畫（含休息時間） | • 更新團隊行動計畫<br>• 準備簡報的初稿 | • 已經蒐集了什麼樣的資訊？<br>• 進行了哪些的分析？<br>• 意涵是什麼？<br>• 要向高層領導團隊報告的事項是什麼？ | • 團隊行動計畫（請參考第291頁）<br>• 白板架 |
| 11:45-12:45 午餐 | | | |
| 12:45-16:45<br>學習長協助團隊將最初整理的訊息向高層領導團隊報告 | • 針對資料的分析與初步的建議，尋求高層領導團隊的回饋 | • 已經蒐集了什麼樣的資訊？<br>• 這些資訊告訴團隊什麼訊息？<br>• 團隊初步的建議是什麼？ | • PowerPoint |
| 18:00-20:00<br>團隊晚餐 | | | |

# 會議三（第二天）的引導者流程

| 時間 | 目標 | 重點問題 | 活動與所需資料 |
|---|---|---|---|
| 8:00-8:15<br>學習長進行開場白 | • 列出本次課程目標<br>• 制定參與的期許<br>• 檢視課程流程<br>• 制定會議規則 | • 行動學習團隊需要完成哪些事項？ | • PowerPoint<br>• 白板架 |
| 8:15-9:30<br>學習長協助行動學習團隊解讀簡報的回饋 | • 協助團隊成員理解高層領導團隊以及其他成員給予的回饋 | • 高層領導團隊和其他團隊成員對初步的簡報，喜歡的地方是什麼？<br>• 高階領導團隊和其他團隊成員不喜歡的地方是什麼？<br>• 需要做什麼調整？ | |
| 9:30-9:45 休息 | | | |
| 9:45-15:45<br>學習長引導大家討論團隊行動計畫以及內容的更新（含午餐與休息時間） | • 更新團隊行動計畫 | • 還需要什麼資料？<br>• 需要進行哪些分析？<br>• 意涵是什麼？<br>• 需要誰的支持？ | • 團隊行動計畫（請參考第291頁）<br>• 白板架 |
| 15:45-16:15<br>學習長引導個人學習的討論 | • 請每位團隊成員分享重要的學習 | • 截至目前為止，我們學到了什麼？ | |
| 16:15-17:00<br>學習長引導大家評估團隊規範與需完成的事項 | • 確認大家遵守團隊規範<br>• 檢視會議需完成的事項 | • 我們是否遵守我們的規範？<br>• 第四次會議前，誰需要完成什麼？ | |

## 會議四（第一天）的引導者流程

| 時間 | 目標 | 重點問題 | 活動與所需資料 |
|---|---|---|---|
| **8:00-8:15**<br>學習長進行開場白 | • 列出本次課程目標<br>• 制定參與的期許<br>• 檢視課程流程<br>• 制定會議規則 | • 行動學習團隊需要完成哪些事項？ | • PowerPoint<br>• 白板架 |
| **8:15-11:45**<br>學習長引導大家討論團隊行動計畫（含休息時間） | • 準備最終成果的簡報 | • 團隊最後的建議是什麼？<br>• 如此建議的論述是什麼？<br>• 執行的計畫是什麼？ | • PowerPoint |
| **11:45-12:45** 午餐 | | | |
| **12:45-16:45**<br>學習長協助團隊將最後版本的建議向高層領導團隊做報告 | • 讓高層領導團隊針對問題的建議與執行的計畫做出最後的決定 | • 團隊最後的建議是什麼？<br>• 執行的計畫是什麼？<br>• 成本與效益是什麼？ | • PowerPoint |
| **18:00-20:00**<br>團隊與高層領導團隊共進晚餐 | | | |

# 會議四（第二天）的引導者流程

| 時間 | 目標 | 重點問題 | 活動與所需資料 |
|---|---|---|---|
| 8:00-8:15<br>學習長進行開場白 | • 檢視會議流程 | • 行動學習團隊將會做些什麼？ | • PowerPoint<br>• 白板架 |
| 8:15-9:45<br>學習長引導團隊回饋時段 | • 協助團隊成員了解在這次的計畫中，其他人對他們的想法是什麼 | • 團隊在這項計畫中，哪些是表現好的地方？<br>• 計畫過程中，哪些是可以改善的地方？ | • 團隊回饋時段（請參考第261頁） |
| 9:45-10:00 休息 | | | |
| 10:00-11:30<br>學習長引導大家討論個人的學習 | • 請團隊成員分享個人的學習 | • 從這次計畫中，我們主要學到了什麼？ | • 個人與團隊的學習（請參考第397頁） |
| 11:30-12:00<br>學習長做結語 | • 釐清參與者的後續行動 | • 承接一個新的團隊時，有哪些事項需要考慮？ | • 請參考第十一節 |
| 12:00-13:00<br>結業午餐 | | | |

# 第十五節

# 協助組織培育高績效團隊

　　柯彭迪亞 （Compendia Consulting）是一家備受推崇的管理顧問公司，在全球擁有超過四十個分支辦公室。如同其他競爭對手一樣，柯彭迪亞分成不同區域、練習區、部門。團隊的凝聚力在各地的辦公室裡都相當高，顧問們喜歡這種歸屬感，也很高興能夠達到辦公室的損益目標。練習區的員工負責提供指標性的論述、設計新的產品與服務，也很支持自己區域的同事們。各個部門的員工大多數都在美國服務，也跟自己的同事有很強的團隊互動。

　　儘管員工分散在不同的辦公室，練習區和部門，柯彭迪亞最大的二十五個客戶都有專屬的客戶團隊。客戶團隊由客戶經理（client manager, CM）負責，都是公司最頂尖的業務人員。客戶經理負責與顧客建立緊密的關係、維持和發展他們的客戶、確定在需要時提供產品和服務、讓顧客滿意。客戶團隊由八至十五人組成，涵蓋辦公室、練習區、部門性員工，負責跨辦公室開發和執行客製化的方案。大部分的客戶團隊都不是全職工作，他們因應需求完成這些二十五家重要客戶的需求，其他的時間就用來為其他客戶提供服務。大部分的同仁覺得其他的工作更有成就感，因為當地客戶的活動通常讓諮詢顧問們更容

易達到個人的生產力與業績目標。

　　當公司簽下新客戶時，客戶經理會招募客戶團隊。客戶經理會將產品、服務、地點、工作範圍等資訊傳達給合適的辦公室、練習區和部門負責人，然後由他們挑選員工加入客戶團隊。由於大多數團隊成員分散在各地，因此客戶經理會透過一系列視訊會議來啟動客戶團隊，讓每個人都能快速了解客戶、設計客製化的方案、交付工作，並計算工時與差旅費用。一旦開始提供服務，客戶經理就會與客戶團隊舉行每個月的進度會議，但是由於大家手上都有不同的任務在進行，會議的出席率通常相當低。

　　十年前，柯彭迪亞的兩個重點策略是拓展公司在國際的足跡，並為跨國客戶提供服務。它已經成功實現了這些目標，並且成長的動力十足，在全球各地都開設了分支辦公室，大家都很忙，並且定期推出新產品和服務。儘管有如此多的活動，但是柯彭迪亞的成長率和盈利能力在過去三年卻大幅縮水。在仔細研究相關數據之後，財務部門點出柯彭迪亞的據點服務超過一千個客戶，但是營收的70%和利潤的85%是來自最大的二十五個客戶。只是發展和維繫這些大型跨國公司的客戶是一項艱鉅的任務，如何逆轉這個情況，便成為公司的首要策略重點。

　　在最近一輪拜訪前二十五大家客戶時，柯彭迪亞的高層主管聽到了滿滿的抱怨。「我們之所以選擇跟柯彭迪亞合作，是因為你們在全球各地都有據點，可以適時滿足我們的需求」一位顧客如此說明，「但這只是理論上的想法，而實際上卻不是如此。我們無法指望在不同的分公司能得到相同的服務。我們在上海得到的東西與在芝加哥得到的東西非常不同，這對我們沒有幫助」其他顧客則抱怨當地顧問不了解他們的業務、無法交付任務，或者指派資淺的員工來執行需要資深層級的工作。

　　商務長隨後召集了全球會議，請柯彭迪亞分散在在各個辦公室的二十五位客戶經理出席。在分享客戶反饋的重點後，她請他們分享他們的想法。經過幾

分鐘的客套討論之後，客戶經理大爆發：

- 「我得哀求以及從其他辦公室用借的、用搶的，他們才願意來支援我的客戶。也沒有人願意出席客戶團隊會議，沒辦法討論客戶的策略或交付的問題。」
- 「各個辦公室都只是聚焦在服務當地的客戶，對跨國的客戶完全沒有忠誠度。」
- 「沒有所謂的責任感，只有我一個人面對。」
- 「他們只會設計過於複雜的方案，又沒辦法在所有交付的據點都提供足夠的訓練，難怪我們沒辦法在全球提供服務。」
- 「我們在科技上的投資無法及時滿足客戶的需求。」
- 「我們缺乏系統和流程來運作我們的解決方案。」

簡單來說，缺乏團隊合作就是柯彭迪亞策略上的重大障礙。

商務長把這些問題提交給高層領導團隊。雖然大家承認客戶經理提出的一些問題，但是高層領導團隊的其他成員，也提出不同的觀點：

- 「我們的客戶經理沒問過應該負責的人，就隨便答應客戶，然後就拍拍屁股走掉，把爛攤子留給給組織裡的其他人，要我們來收拾。」
- 「我的員工投入的時數遠比客戶經理列入計費的還要多。當人們做對的事卻還要被懲罰，很難有工作的熱忱。」
- 「客戶經理賣給客戶的方案太過複雜，不容易交付。同時，給顧問的訓練時間又太少，每年也只交付這麼幾次，如何能夠期待他們可以熟練？」

聽到這麼多的抱怨之後，執行長覺得煩了，將大家的討論帶到下一個議程。

# 團隊診斷

　　柯彭迪亞跟很多組織一樣，常常把團隊合作和互動掛在嘴邊。團隊合作是公司的核心價值之一，但是他們的所作所為卻往往在最關鍵的地方，像是服務最大的客戶時，阻擾了團隊的效能。當團隊的效能不如預期，很容易怪罪於團隊的領導者，但是組織也要承擔這些問題。有時候問題不在播下的種子，而是土壤本身妨礙高效能團隊生根茁壯。以下這些問題的答案，可以協助團隊判斷，他們究竟是在幫忙團隊，還是在妨礙團隊的合作。

## 你的組織是否能夠培養高效能的團隊

- 是否能夠辨識出讓組織成功的團隊？
- 你的高階經營團隊是否以身作則，展現高效能的團隊合作？
- 你的組織對於團隊合作，是否有一致性的看法？
- 團隊是不是納入貴公司組織人才管理推動的一部分？
- 你的組織是否針對團隊的動態與績效提供回饋？
- 你的組織是否會訓練領導者如何建立團隊？
- 你的組織是否會肯定並獎勵團隊的合作？

## 是否能夠辨識出讓組織成功的團隊？

　　在促進團隊合作方面，柯彭迪亞都花注心力在錯誤的地方。公司每年舉辦兩次辦公室、練習區與部門內的團隊日活動，的確在各個部門創造了凝聚力，卻忽略了需要跨區合作的客戶團隊。因為維持和擴展最大的客戶是柯彭迪亞最重要的策略，公司卻沒有協助客戶團隊成為高績效的團隊。組織應該避免將所有團隊一視同仁，而是應該集中火力，投資在高績效可以幫組織帶來最多價值的團隊。以創新為導向的組織，就應該搭配高績效的產品發展團隊。負責營收、損益、執行策略等責任的團隊，也通常需要有極高的績效。所有的團隊或許是平等的，但是有些對組織的成功又更重要。

## 你的高階經營團隊是否以身作則，展現高效能的團隊合作？

柯彭迪亞的執行長只想要聽好消息。高層領導團隊很少會一起解決問題，也會很快質疑資料、相互指責，或是談到棘手的議題時指責對方。因為柯彭迪亞的高階經營團隊無法有效跨組織運作，下面的領導者也就相對不容易有不同的作法。區域分公司和執行部門的領導者只好自掃門前雪，針對自己的目標凝聚認同感，也消極抵抗企業的思維。就如第十節所提到的，有效的團隊要從上而下。

## 你的組織對於團隊合作，是否有一致性的看法？

諷刺的是，柯彭迪亞的確做到了這點。在管理顧問產業服務的柯彭迪亞相當熱衷於不同的理論模式，也發展出一個團隊模式，所以團隊並非公司的弱項。反之，大多數的組織對於如何建立團隊，較少持有特定的想法。請教二十位領導者如何建立高績效的團隊，得到的可能是二十種不同的答案。如果要推動團隊的合作，組織應該提供一個可以建立高績效的團隊的共同框架或模式。坊間已有許多不同的論述，包括塔克曼（Tuckman）、哈克曼（Hackman）、卡然巴哈與史密斯（Katzenbach, Smith）、萊克斯勒-西貝特（Drexler-Sibbet）、韋倫（Wheelan)、威立（Wiley）、蘭奇歐尼（Lencioni）。任何一個模式都比沒有模式來得好，有些模式又比其他模式來得好。我們相信最詳盡、最可行、研究最完整的框架就是火箭模式。

## 團隊是不是納入貴公司組織人才管理推動的一部分？

在第一節裡，我們定義團隊效能指數（TQ）為領導者建立高績效團隊的能力。組織可以將團隊效能指數納入人才管理制度，培育高績效的團隊合作。領導力職能模式是大多數人才管理制度的核心指標，卻幾乎都過度重視個人表現

的能力（誠信品格、處理模糊、驅動成果）或是在與直屬下屬一對一互動的能力（指導他人、建立關係、管理績效）。很少有採用領導力職能模式的領導者有建立高績效團隊的能力。雖然柯彭迪亞的確討論到團隊合作，卻沒有將這個概念置入公司的領導力職能模式或人才管理制度。組織如果能夠在選才、接班人決策中思考建立團隊的能力（TQ），透過領導力發展計畫提升團隊效能指數（TQ），將TQ作為年度績效管理的指標之一，或是獎勵能夠培養團隊的領導者，那就可以大幅度激勵高績效的團隊合作。

## 你的組織是否針對團隊的動態與績效提供回饋？

就如其他組織一樣，柯彭迪亞相當重視數據的運用，也定期進行360度回饋與員工參與度調查，並將這些數據與全球的標竿做比較，但是卻忽略了團隊的動態與績效。如果一開始就測評這兩項指標，就會發現很少的客戶團隊是高績效的團隊。

整體員工敬業度、360度回饋或是性格評量的結果，的確可以針對團隊特定行為提供很好的洞察，但是卻無法說明團隊到底在做什麼，還有團隊運作得如何。組織需要團隊層面的評估，才能了解團隊的「狀況」和「如何做到」。引用一句彼得・杜拉克（Peter Drucker）常說的話：「你無法管理你無法衡量的事物。」

## 各個部門的團隊效能指數（TQ）結果

| 姓名 | 環境 | 使命 | 人才 | 規範 | 認同 | 資源 | 勇氣 | 結果 | TQ |
|------|------|------|------|------|------|------|------|------|----|
| 基金會 | 96 | 92 | 90 | 98 | 98 | 98 | 98 | 98 | 96 |
| 第一業務單位 | 92 | 86 | 92 | 84 | 88 | 74 | 96 | 98 | 89 |
| 企業服務 | 78 | 50 | 82 | 92 | 94 | 60 | 92 | 92 | 80 |
| 法規 | 92 | 86 | 38 | 92 | 92 | 50 | 76 | 92 | 77 |
| 稽核 | 74 | 58 | 74 | 84 | 54 | 80 | 76 | 66 | 71 |
| 法務 | 32 | 50 | 74 | 78 | 20 | 96 | 34 | 64 | 56 |
| 資訊 | 60 | 84 | 52 | 62 | 34 | 64 | 18 | 62 | 55 |
| 企業溝通 | 30 | 8 | 12 | 24 | 30 | 36 | 46 | 70 | 32 |
| 財務 | 12 | 26 | 6 | 22 | 38 | 60 | 28 | 40 | 23 |
| 投資 | 6 | 10 | 32 | 36 | 32 | 38 | 34 | 56 | 30 |
| 人資 | 4 | 8 | 34 | 26 | 50 | 12 | 28 | 52 | 27 |
| 第二業務單位 | 10 | 6 | 16 | 22 | 24 | 58 | 22 | 6 | 20 |
| 平均值 | 49 | 47 | 50 | 60 | 55 | 61 | 54 | 67 | 55 |

系統性地追蹤團隊評估調查的結果，可以讓組織進行一些有趣的分析。從這些數據可以看出，對於執行策略相關的要素的績效是如何。這些分析也可以看出某些事業單位、部門或地區和其他團隊相較之下，表現如何。透過匯整團隊評估調查的結果，可以得到一份組織回饋範例的表格。柯彭迪亞客戶團隊的數字，可能是完全不同的樣貌。

當組織不提供團隊相關的回饋時，可能出現的另一個問題，就是領導者對於自己建立團隊的能力，出現信心的落差。他們打自內心同意，的確只有五分之一的團隊表現出色，而且大家都認定自己的團隊就是那最出色的一個。我們的研究顯示，團隊領導者的團隊評估調查評分平均比團隊成員高出1.0至1.5分。團隊成員很少對團隊評估調查的結果感到驚訝；團隊領導者卻不是如此。柯彭

迪亞的客戶經理都認為自己是出色的團隊領導者，但遺憾的是，團隊成員們卻不這麼覺得。要解決這個問題，就需要將團隊績效的標竿比較回饋提供給領導者。

## 你的組織是否會訓練領導者如何建立團隊？

有一些估計顯示，組織每年在領導力發展上面花費超過150億美元。這些培訓大部分聚焦於自我洞察、真誠性、領導風範、正念、指導他人等。毫無疑問地，這些都是重要的能力，但是大多數的發展計畫並沒有教導領導者，建立高績效團隊所需要的攻防技能。不管你的穿著有多體面，無論你的自我理解有多深，如果你無法建立團隊，你就不是真正的領導者。柯彭迪亞的確針對擔任領導職位的人士提供領導力培訓，但是客戶經理並不被視為正式的領導者，因此被排除在這些發展計畫之外，這可能不是很重要，因為反正這些計畫並未針對建立高績效團隊設計內容。組織可以執行第十三節所提供的領導力發展計畫，來因應這個問題。

## 你的組織是否會肯定並獎勵團隊的合作？

大部分的組織都說他們重視團隊，但是多數的獎勵系統都以個人的績效為主。這樣的制度會讓領導者投入全部心力在自己的任務上，而只剩在口頭上支持團隊，曾經在高盛集團（Goldman Sachs）和奇異擔任學習長的史蒂芬·可爾（Steven Kerr）形容這是「期望B行為，卻獎勵A行為的愚蠢行為」。柯彭迪亞對自己的菁英組織感到非常自豪，相當專注於個人的目標、績效、獎勵。顧問們因為可按時收費服務、銷售生意給客戶而受到獎勵，但是柯彭迪亞最大的二十五個客戶卻在這些地方無法提供太多的獎勵給顧問們。想要營造有效能的團隊合作的組織，就必須確認獎勵系統能夠肯定他們，而不是讓他們排斥團隊合作。

# 結語

提到推動協作和團隊合作時，組織說的往往比實際上真正做到的還要多。我們詢問過全球超過五百家公司的人力資源部門、人才管理部門、組織發展的專業人士，評估他們的組織對之前所提出的七個問題的回應。以5分為滿分的基準予以評分，這七項問題的平均分數介於1.8到2.6分之間，很明顯地，還有很大的改進空間。既然組織給予這些頂尖的團隊這麼少的支持，難怪只有五分之一的團隊是高績效的團隊。

本章節有三個重要的學習重點。首先，說到對組織的影響力，並不是所有的團隊都是平等的。組織必須找出對顧客、營收、獲利、股價、市場佔有率影響最大的團隊，並按照比例投資在這些團隊的發展上。許多組織會照比重投資在最高潛能的人才身上，他們也應該對最有價值的團隊提供相同的投資。如果組織能對那些對組織績效有重大影響的團隊，提供需要的支持，讓他們績效更高，他們的回收肯定會物超所值。

其次，建立高績效團隊的技能，是一個很重要但組織卻常常忽略的領導能力。很少組織將建立高績效團隊定義為領導力職能的要素，更少願意將團隊效能指數（TQ）納入人才管理的機制。因此，組織聘用、發展、晉升具有個人魅力、善於社交、人脈關係好的人，而忽略可以建立團隊、帶領好團隊的人才。改變人才管理系統、納入團隊效能指數，不僅可以省下成本，也符合人力資源的考量，除此之外，這樣做的投資報酬率又非常高。

第三，將團隊實際績效的數據回饋給領導者，即可大幅度改善組織內的團隊合作。當領導者理解高績效團隊的樣貌，了解自己的團隊與其他團隊相較之下的狀況，並進行團隊改善活動，著手強化團隊績效，組織就能創造一個滋養協作和團隊合作的文化。想像一下，如果大部分的員工都在高績效團隊裡工作，組織的績效、員工的敬業度、高階人才的留職率會發生什麼樣的變化。透過火箭模式、團隊評估調查（TAS），再搭配這本書，我們就具備技術方法讓它得以發生。

# Part 2

# 團隊教練引導實戰

在接下來的四十項不同的團隊績效改善活動中，有一些是針對團隊領導者設計，但大多數是與整個團隊一同操作的活動，希望能協助團隊進行適切的對話並解決問題。

# 第四章

# 團隊績效改善活動

# 導讀

　　本書的下一部分提供了逐步的指導，以說明如何準備和引導四十種不同的團隊績效改善活動，其中許多活動在第三到十五節中已經列出。這些活動中有一些是針對團隊領導者設計，但大多數是與整個團隊一同操作。這些活動的設計，是希望協助團隊進行適切的對話並解決問題。多年來，所有這些活動都已實境測試、調整，讓我們可以自信地說，這些是有效的。

　　完整的準備是進行高績效團隊改善活動的關鍵。引導者應準備三十至六十分鐘的時間詳讀說明，熟悉輔助材料，製作講義，並在實際活動前，先練習一、兩次。團隊不喜歡活動進行時仍處在摸索狀態的引導者，因此還是需要花時間做準備。

　　團隊績效改善活動可以由外部教練或引導者、人力資源部門人員、團隊領導者或團隊成員來準備和進行。我們鼓勵領導者將一些活動分配給團隊成員，讓領導者可以花更多的時間採從後面推動領導，觀察直屬下屬扮演領導角色的狀況，同時培訓下屬。在任何團隊活動之前，團隊領導者應與引導者會面，以確保引導者做好充分準備，可以開展活動，並針對在會議成果、流程、角色上

的期許取得一致的想法。

團隊績效改善活動涵蓋讓活動完整進行的所有細節，包括有：逐步說明、白板架上的範例、講義、表格和PowerPoint簡報內容。所有的活動如何安排組織說明如下：

| 目的 | 這項團隊活動試圖解決的團隊問題是什麼？ |
| --- | --- |
| 前置準備 | 活動之前，需要考慮或整理什麼？ |
| • 檢視資料 | 團隊評估調查（TAS）或團隊訪談的結果中的哪一個部分，顯示此活動會有幫助？ |
| • 考慮重點 | 進行這項活動時，引導者需要知道或思考的是什麼？這項活動是否僅針對團隊領導者進行規劃？使用這項活動時，有需要特別注意的事項嗎？ |
| • 所需時間 | 要進行這項活動，需要多久的時間？時間的預估是以六到九人的團隊計算。較大的團隊需要多一點時間。 |
| • 空間需求 | 空間要如何安排？ |
| • 輔助材料需求 | 需要什麼講義、表單、報告、文章或影音系統嗎？ |
| 引導流程 | 有什麼詳細的引導流程？什麼時候應該使用PowerPoint、白板架、書面資料？完成後的表單或白板架上的海報紙應該是什麼樣貌？ |
| 練習後活動 | 這項活動的當責機制是什麼？ |

基本上，團隊績效改善活動都遵循類似的模式來進行：

• 引導者說明活動目的，介紹活動將如何進行。

• 小組先針對被要求的議題或題目，做初步的探索。

• 接下來小組將發現的資訊或建議向整個團隊報告。

• 整個團隊進行討論，針對解決的方法做出決定。

小組的活動希望鼓勵大家坦誠對話（相較於在人數較多的團體中，團隊成員通常在較小的團體中，更容易誠實分享自己的觀點）、提升參與度與能量，

同時幫助團隊更有效率。引導者應該在各小組之間多走動，確認他們進行對的談話以及在準備向大家報告的內容。有些小組可能很快就完成活動，其他小組則可能需要一點助力。

因為小組推薦的事項可能不太相同，最重要的對話通常是在較大的討論時展開。要整合不同的意見，可能需要一點時間。相較於得到其他人的認同，通常參與者比較需要的是他們的想法被聽到，因此引導者與團隊領導者需要確認大家的觀點都被聽到。有時候團隊的決定可以達成共識，但如果大家似乎無法達成共識，領導者就必須出面。許多團隊成員寧願做決定，也不要大家搖擺不定，而且多數的團隊在表達意見之後，還是會執行他們也許不同意的決定。

最前面的九項活動，是針對層級設定或說明如何蒐集團隊資訊的練習，其他的三十一項活動，則是呼應火箭模式的不同要素。團隊改善活動的輔助教材包括這四十項活動所需的書面資料、表單、PowerPoint簡報、文章與白皮書，均可從我們的經銷夥伴網站下載（英文版：www.therocketmodel.com，中文版：www.infelligent.com）。

這些活動是從火箭模式的不同要素來歸類，但是不需要侷限於此架構。人生旅程活動也可以用來討論團隊的人才，團隊前饋練習也可以用於改善團隊的勇氣，有時候利益關係者分析也連結到團隊的環境。重點在於了解需要解決的問題，選擇可以幫助團隊對話的活動。

# 團隊績效改善活動：1-40

**診斷與指導輔助工具**
1. 團隊小測驗
2. 夢幻團隊 vs. 噩夢團隊
3. 群體 vs. 團隊練習
4. 火箭模式簡報
5. 火箭模式拼圖
6. 團隊評估調查（TAS）
7. 團隊訪談
8. 團隊回饋時段
9. 組織團隊分析

## 火箭模式

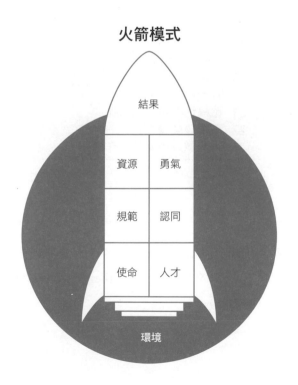

| 結果 | |
|---|---|
| 40. 個人與團隊的學習 | |

| 資源 | 勇氣 |
|---|---|
| 35. 資源分析<br>36. 利益關係者分析 | 37. 行動回饋與反思<br>38. 團隊旅程<br>39. 衝突管理的風格 |

| 規範 | 認同 |
|---|---|
| 24. 團隊規範<br>25. 團隊運作節奏<br>26. 團隊營運層面<br>27. 決策機制<br>28. 團隊溝通模式<br>29. 當責機制<br>30. 自我調適 | 31. 人生旅程<br>32. 動機、價值觀及偏好調查問卷 （MVPI）<br>33. 期望理論<br>34. 個人的承諾 |

| 使命 | 人才 |
|---|---|
| 12. 願景宣言<br>13. 團隊目標<br>14. 團隊計分卡<br>15. 團隊行動計畫 | 16. 角色責任矩陣 （P/S 與 RACI）<br>17. 追隨力評估<br>18. 團隊前饋練習<br>19. 竊聽練習<br>20. Wingfinder 測評<br>21. 霍根性格量表 （HPI）<br>22. 霍根發展調查表 （HDS）<br>23. 新團隊成員報到工作清單 |

| 環境 | |
|---|---|
| 10. 環境分析練習<br>11. SWOT 分析 | |

　　請參考火箭模式官方網站上的輔助工具與服務，下載需要進行這些活動的 PowerPoint、書面資料、表單、文章：www.therocketmodel.com（英文版）或 www.infelligent.com （中文版）。

## 第一節　診斷與指導輔助工具

## 活動 1

# 團隊小測驗

### 目的

**增進專業知識**
釐清關於領導力、群體、團隊常見的迷思與誤解。

**增進團隊能量**
分享領導力與團隊的知識與觀點,可以提升參與者的投入度。除此之外,小測驗也是一個團隊合作的縮影。小組們如何進行這項任務、分享資訊、做決定等,都是可以反映出團隊的特質。

### 前置準備

**考慮重點**
團隊小測驗通常是獨立進行的活動,用來介紹高效能的團隊。這項活動通常會針對團隊與群體激發出許多的討論,也是一個很好的鋪陳,便於接下來介紹火箭模式。

**所需時間**
這項活動需要二十五到三十分鐘，但依參與人數多寡而會有所調整。

**空間需求**
請準備適合小組討論的空間。

**輔助材料需求**
發放一份團隊小測驗給所有團隊成員，並準備可以播放簡報的投影機。

## 引導流程

| | | 輔助教材 |
|---|---|---|
| **步驟一**<br>2分鐘 | 教授團隊小測驗。這項測驗評估參與者對領導力、群體與團隊的認知程度。 | 團隊小測驗 PPT 1 |
| **步驟二**<br>12分鐘 | 發下團隊小測驗給參與者。<br>讓參與者分成四到六人一組。<br>說明大家有十分鐘的時間可以針對每一題的測驗來達成共識。請將最後的答案寫在測驗上。<br>請小組傳閱小測驗，一起回答測驗的題目。 | 團隊小測驗 PPT 2<br>團隊小測驗講義 |
| **步驟三**<br>10-15分鐘 | 小組完成之後，針對題目逐一討論答案，在較大的團隊一起討論團隊小測驗的內容。請小組整理分數，肯定分數最高的人。將大家的答案連結到之後討論的內容。 | 團隊小測驗 PPT 3 |

## 練習後活動

無

# 團隊小測驗答案

正確答案以藍色字標注。錯誤答案為黑色。

**1.** 研究顯示，當大家聚在一起完成一項任務，這份工作可能會：

　　a. 更快完成。

　　b. 需要更久的時間才能完成 。

　　c. 不會完成 。

**2.** 請填充： ___ 的員工認為合作很重要，但是只有 ___ 認為自己隸屬高績效的團隊

　　a. 90%， 25% 。

　　b. 75%，10% 。

　　c. 100%，50% 。

　　d. 90%，5% 。

**3.** 研究顯示 ___ 的高階主管在讓員工參與、建立團隊、透過激勵他人而把事情完成的方面有困難。

　　a.20% 。

　　b.40% 。

　　c.60% 。

　　d.80% 。

**4.** 研究顯示，被視為最佳資訊提供者的同仁，都是：

　　a. 最投入。

　　b. 最投入，且對自己工作生涯最滿意的。

c. 最不投入。

d. 最不投入，且對自己職涯發展最不滿意的。

5. 對或錯：在所有條件都平等的狀況下，群體表現比個人好，團隊表現比群體好。

6. 研究顯示，成功地將一群人轉化成高績效團隊的機率是：

a. 低於 20%。

b. 40%。

c. 50%。

d. 60%。

e. 高於75%。

7. 對或錯：團隊建立的活動（繩索課程、烤肉等）都是可以改善團隊績效的好方法。

8. 高階領導團隊最常見的特質是什麼？（可複選）

a. 高績效。

b. 同質性過高。

c. 人生勝利組症候群。

d. 表面和諧。

## 團隊小測驗答案說明

1. 這個問題取自美國俄亥俄州四年級學力鑑定測驗試題。根據教育專家，a是正

確答案，但是根據Richard Hackman 的研究，同時也在《哈佛商業評論》的文章中引用的數據顯示，b與c都比較可能發生。

2. 此題取自Scott Tannenbaum為美國太空中心進行的研究。

3. 共有十一項不同的研究指出，三位領導者之中，僅有一位被視為高績效領導者。這方面的研究也在 Bob Hogan和Rob Kaiser，以及Gordy Curphy、Bob Hogan和Rob Kaiser的研究中探討過。

4. 此研究的發現取自《哈佛商業評論》文章〈過度合作〉（Collaboration Overload），作者為Cross、Rebele和Grant。

5. 正確的答案要看需要進行的工作內容而定。有時候個人、群體更適合完成該項任務內容。

6. 這項研究取自 Richard Hackman 和Ruth Wageman的研究。同時，如果請參與者評估自己組織內高績效團隊的比例，平均值約在10%到20%之間。

7. 這份資料取自高登・柯菲和羅伯特・霍根、高登・柯菲和黛安・尼爾森的研究，這是團隊建立這名詞浮濫的原因之一，因為這些活動通常與建立高績效團隊無關。建立團隊的最好方法，是讓團隊做真正的努力。

8. 這份內容源自《人才季刊》（Talent Quarterly）中本書作者高登・柯菲與黛安・尼爾森發表的文章。

**團隊小測驗分數，最高可能值 = 11**
**平均團隊分數 = 6**

# 活動 2

# 夢幻團隊 vs. 噩夢團隊

## 目的

**增進專業知識**
針對高績效、低績效團隊的特質，取得共同的理解。

**增進認知**
估計組織團隊的數量，還有其中是高績效團隊的比例。

## 前置準備

**考慮重點**
通常這不是獨立進行的活動，但可作為介紹高效能團隊的一部分。這項活動通常會針對團隊與群體激發出許多的討論，也是一個很好的鋪陳，便於接下來介紹火箭模式。

**所需時間**
這項活動需要十五到二十分鐘。

**空間需求**

請準備適合大團體討論的空間。

**輔助材料需求**

請準備可以播放簡報的投影機、白板架和一組麥克筆。

## 引導流程

| | | **輔助教材** |
|---|---|---|
| **步驟一**<br>2分鐘 | 活動介紹，說明這項活動是要找出高績效團隊以及高、低績效團隊所具備的特質。 | 夢幻團隊 PPT 1 |
| **步驟二**<br>10分鐘 | 參考白板架海報紙上的夢幻團隊 vs. 噩夢團隊表格。<br>讓參與者回顧自己曾經參與過最棒的團隊經驗，請他們向大團體分享團隊的特質，並將大家的答案記錄在白板架海報紙1上的夢幻團隊的欄位。<br>請參與者回顧自己所參與最不好的團隊，請他們向大團體分享這個團隊的特質，並將大家的答案記錄在白板架海報紙1上的噩夢團隊的欄位。 | 夢幻團隊 PPT 2<br>海報紙1 |
| **步驟三**<br>5-7分鐘 | 請參與者分享他們估計自己的組織裡有多少個團隊，並與大家分享。接著跟大家分享，研究發現組織裡的團隊整體數量 = 組織員工人數的30%到40%。這表示說，如果組織裡有一萬位員工，大概會有三千到四千個團隊。<br>再請參與者分享在他們心目中，他們自己組織裡，真正屬於夢幻團隊的比例（也就是高績效團隊）。這個數值大約介於10%到20%之間，這數字與團隊績效研究的數字相當吻合。 | 夢幻團隊 PPT 2 |

最後，請參與者分享為什麼好的團隊如此難尋、該如何讓夢幻團隊成真。好的團隊合作需要可以建立團隊的共有架構、針對團隊表現提供回饋，以及可以改善績效的工具。這就是為什麼要設計火箭模式、團隊評估調查（TAS）和團隊績效改善活動。

## 練習後活動

無

## 夢幻團隊 vs. 噩夢團隊
### 海報紙1

| 夢幻團隊 | 噩夢團隊 |
|---|---|
|  |  |
|  |  |
|  |  |
|  |  |
|  |  |
|  |  |
|  |  |
|  |  |
|  |  |

# 活動 3

# 群體 vs. 團隊練習

**目的**

**增進專業知識**
理解群體與團隊之間的差異。

**增進認知**
找出團隊在群體 vs. 團隊光譜圖上的位置。

**前置準備**

**考慮重點**
通常這不是獨立進行的活動，但是可作為介紹高效能團隊的一部分。這項活動通常會針對團隊與群體激發出許多的討論，也是一個很好的鋪陳，便於接下來介紹火箭模式。
團隊領導者和引導者應該在活動之前，先詳讀第二節中針對群體與團隊所做的說明。

**所需時間**

這項活動需要二十到二十五分鐘。

**空間需求**

請準備適合大團體討論的空間。

**輔助材料需求**

請發放一份群體 vs. 團隊練習表單給所有團隊成員或參與者，並準備可以播放簡報的投影機、白板架和一組麥克筆。

## 引導流程

| | | 輔助教材 |
|---|---|---|
| **步驟一**<br>2分鐘 | 活動介紹，說明這項活動是釐清群體與團隊之間的差異。 | 群體 vs. 團隊 PPT 1 |
| **步驟二**<br>5分鐘 | 請發放群體 vs. 團隊練習講義給大家。<br>讓參與者思考自己上司的團隊（他們自己擔任團隊成員，與其他同事在一起的團隊）。請他們評估這一個團隊，針對團隊目標的本質、彼此倚賴的程度、團隊的回報以1到5來評分。說明的時候，可以提供1分、3分、5分的範例。請大家把分數寫在講義上。<br>並把這三個項目的計分加總（分數將會介於3到15分之間）。請大家用X標示在講義最底端的評分分布表上。 | 群體 vs. 團隊 PPT 2<br>群體 vs. 團隊講義 |
| **步驟三**<br>10-15分鐘 | 請參與者將分數分享給大團體。並記錄在白板架海報紙上。針對分數的分布，讓大團體一起討論，釐清群體與團隊的差異、對於領導者在選擇下屬、開會時要思考的項目進行討論。說明如果領導者把群體當作團隊、將團隊視為群體時會發生什麼事。 | 群體 vs. 團隊白板架海報紙1<br>PPT 3-5 |

就高層領導團隊跟矩陣式團隊來說，需要解決的一個重要議題，就是決定什麼時候要以群體的方式運作，或以團隊的方式運作比較好。哪些主題需要整合與取得共識，哪些主題則是個人或小組處理比較好？

同時，請說明這些層面也提供一些洞察，告訴領導者，如果想要加強團隊或群體的效能時，需要在結構上做出哪一些調整。

註：團隊可以用這份講義進行自我評估，引發出一些有趣的討論。不過，團隊評估調查（TAS）回饋報告也會提供群體 vs. 團隊的分析。

## 練習後活動

無

## 群體 vs. 團隊練習範例
## 海報紙1

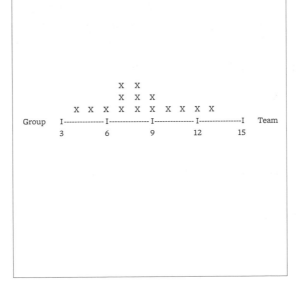

活動 **4**

# 火箭模式簡報

## 目的

**增進專業知識**

提供詳盡的說明，介紹火箭模式與模式中的八大要素。

## 前置準備

**考慮重點**

這項活動通常是導入團隊回饋時段之前所進行的活動。

團隊領導者和引導者應該在活動之前，先詳讀第一節的說明。也建議詳讀團隊評估調查回饋報告的第5-12頁，它們介紹火箭模式的每一個要素、說明高分數與低分數的樣貌，以及對應各要素的調查項目。

**所需時間**

這項活動需要大約二十到四十分鐘，但會依解說各要素的時間而異。

**空間需求**

請準備適合大團體討論的空間。

**輔助材料需求**

請準備可以播放簡報的投影機。

## 引導流程

| | | **輔助教材** |
|---|---|---|
| **步驟一**<br>2分鐘 | 活動介紹，說明這項活動的目的，是要說明如何建立高績效團隊的路線圖。 | 火箭模式 PPT 1 |
| **步驟二**<br>5分鐘 | 討論火箭模式的圖表。這個模式描繪的八個要素，是大家想要成為高績效團隊時，必須注意的項目。<br>這是一個處方型的模式：組成新的團隊時，最好從模式的底部開始，朝上慢慢漸進。<br>這也是一個診斷型的模式：在討論現有的團隊時，這個模式可以說明哪一些要素比較強，哪一些需要改善。 | 火箭模式 PPT 2 |
| **步驟三**<br>15-30分鐘 | 討論火箭模式的八大要素，從環境開始，各項說明。請針對每一個要素提供自己經歷中的例子。 | 火箭模式 PPT 3-10 |
| **步驟四**<br>2分鐘 | 結束這個簡報時，詢問參與者是否有任何有關火箭模式八大要素的疑問、這些要素如何拼接起來、從哪裡開始等。 | 火箭模式 PPT 11 |

## 練習後活動

無

活動 5

# 火箭模式拼圖

| 目的 |
| --- |

**增進專業知識**

增進對火箭模式與模式中八大要素的理解。

| 前置準備 |
| --- |

**考慮重點**

這是進行火箭模式簡報之後、開始進行團隊回饋時段之前的一個很好的練習。

**所需時間**

這項活動需要十五到二十分鐘。

**空間需求**

應準備可以足夠容納二到四組小組在地上進行拼圖以及大團體可以討論的空間。

**輔助材料需求**

- 每二到七人一組的小組分配一份火箭模式拼圖，並請準備可以播放簡報的投影機。拼圖的訂購單列在本活動的最後面。
- 引導者可以拍攝一段如何組裝拼圖的短片。

## 引導流程

**輔助教材**

| | | |
|---|---|---|
| **步驟一**<br>2分鐘 | 活動介紹，說明這項活動的目的，是要提升對火箭模式的理解，並了解如果要建立高績效團隊需要什麼。 | 火箭模式拼圖 PPT 1 |
| **步驟二**<br>10分鐘 | 將參與者分成二到七人的小組。讓各小組隔開，以便可以由每個小組獨立拼組拼圖。<br>發放一份火箭模式拼圖給每一個小組。<br>請告訴大家，各位正在競賽。第一個完成拼圖的小組獲得勝利，並告知每一個拼圖都有十六片，每一個要素都有兩片。 | 火箭模式拼圖 PPT 2<br>火箭模式拼圖<br>拍攝團隊影片的智慧型手機 |
| **步驟三**<br>7分鐘 | 引導大團體討論火箭模式拼圖。哪幾片項目比較不容易拼？大家對於火箭模式有什麼問題？<br>選項：如果團隊事先並未進行團隊評估調查（TAS），另一種觀察團隊動態的方式，就是請團隊成員在完成拼圖之後，讓大家針對團隊的每一個要素來評分，分數為1=低、3=還好、5=高。將火箭模式的圖畫在海報紙上，請團隊成員在每一個要素上寫下分數。計算平均分數，然後討論結果（四十分鐘）。 | 火箭模式拼圖 PPT 3 |

## 練習後活動

無

## 完成後的火箭模式拼圖

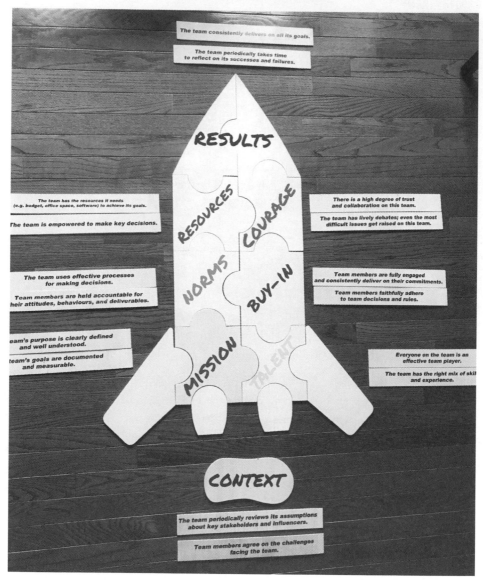

## 火箭模式拼圖訂購單

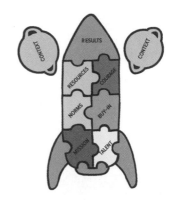

| 名字： | |
|---|---|
| 姓氏： | |
| 公司名稱： | |
| 地址： | |
| 都市： | |
| 國家： | |
| 電話號碼： | |
| 電子郵件： | |
| 備註： | |

| 拼圖數量 | 類型與單價 | 總金額 |
|---|---|---|
| | 塑膠拼圖@250歐元／一組 | |
| | 木質拼圖@450歐元／一組 | |
| | 營業稅 （如適用，稅率為20%） | |
| | 運送與手續費 | |

　　請將完成的火箭模式拼圖訂購單寄至 Rastislav Duris（Rastislav.Duris@spoluhrame.sk）。他將會確認訂單，說明到貨日期、營業稅、運費與手續費之後，然後安排付款事宜。請等候三到四週的處理與運送時間。

活動 6

# 團隊評估調查（TAS）

## 目的

**增進認知**
針對團隊的運作與績效提供質化、量化及標竿比較的資訊。

**建立互信**
啟動坦誠的對話，討論團隊的優勢、驚奇、需要改善的地方。

## 前置準備

**考慮重點**
團隊評估調查通常是團隊回饋時段或是團隊導向的領導力發展課程進行之前，需要先行完成的部分。請安排二到四週的時間來準備和進行調查、蒐集資料、產出團隊評估調查的回饋報告。

**所需時間**
- 團隊領導者需要花四十五到六十分鐘的時間來完成團隊評估調查評分員清單、調整並寄出介紹團隊評估調查的電子郵件給評分者，並完成領導者版本的團隊評估調查。
- 團隊成員需要花十五到二十分鐘的時間來完成團隊評估調查。

**輔助材料需求**
- 完成團隊評估調查的評分者清單並傳給團隊評估調查執行人員。
- 寄送介紹團隊評估調查的電子郵件給參與者。

## 引導流程

| | | 輔助教材 |
|---|---|---|
| **步驟一**<br>10分鐘 | 團隊成員與引導者應該先詳讀進行團隊評估調查的執行說明。 | 團隊評估調查執行說明 |
| **步驟二**<br>15分鐘 | 團隊領導者或引導者應該填寫一份團隊評估調查評分者清單，並存為 .csv檔案。<br>團隊領導者應該將完成的團隊評估調查評分者清單、公司名稱、團隊名稱、截止日期、設定的報告收取電子郵件，寄給睿信管理顧問有限公司團隊評估調查執行人員或 support@infelligent.com | 團隊評估調查評分者清單 |
| **步驟三**<br>10-15分鐘 | 當團隊評估調查評分者清單寄交給團隊評估調查執行人員時，團隊領導者或引導者應調整介紹團隊評估調查的電子郵件並寄送給所有團隊評估調查評分者。這樣可以讓評分者知道即將進行調查，有助於提升回覆率。 | 介紹團隊評估調查的電子郵件 |
| **步驟四**<br>15-20分鐘 | 團隊領導者應該完成其團隊評估調查。 | 團隊評估調查 |

## 練習後活動

- 請留意團隊評估調查的完成率。
- 請檢視團隊評估調查回饋報告中「所有團隊成員」與「團隊成員 vs. 團隊領導者」二種版本。
- 準備團隊回饋時段。

活動 7

# 團隊訪談

## 目的

**增進專業知識**
針對團隊的動態與績效提供質化的回饋。

**增進認知**
協助引導者對團隊歷史、環境、挑戰、目標、成員、規範等層面，掌握更多的洞察。

## 前置準備

**考慮重點**
- 團隊訪談是在進行團隊回饋時段之前的前置作業，最適合由團隊以外的人來進行。
- 團隊領導者必須先預告團隊成員們訪談的相關事宜。
- 團隊引導者需要與團隊領導者、成員安排訪談的時段。

**所需時間**
每一場訪談約三十到六十分鐘。

**空間需求**

無特殊需求。大多數的訪談都是用電話進行。

**輔助材料需求**

- 準備一份團隊訪談注意事項給每位受訪者。
- 一份團隊訪談報告表單。

## 引導流程

| | | 輔助教材 |
|---|---|---|
| **步驟一**<br>5分鐘 | 實際進行訪談時，先詳讀團隊訪談注意事項。團隊引導者不需要問裡面的每一個問題，但是在面談結束時，要確認受訪者回答所有提出的問題。 | 團隊訪談注意事項 |
| **步驟二**<br>20-30分鐘 | 與團隊領導者、團隊成員安排訪談時間。 | |
| **步驟三**<br>30-60分鐘 | 根據團隊訪談注意事項來進行訪談，並記下筆記。 | |
| **步驟四**<br>30-60分鐘 | 整合訪談筆記，針對每一項火箭模式要素整理出關鍵重點。 | 團隊訪談報告表單 |
| **步驟五**<br>60-90分鐘 | 撰寫團隊訪談報告 | 參考第255頁完整的團隊訪談報告範例 |

## 練習後活動

- 在進行團隊回饋時段之前，先與團隊領導者討論團隊訪談報告。
- 準備團隊回饋時段（團隊改善活動 8）。

完整的團隊訪談報告（TIS）範例

# Team Interview Summary

## US Leadership Team

### Aug 2019

Prepared by: Gordon Curphy, Ph.D.
gcurphy@curphyleadershipsolutions.com
Office: 651.493.3734
St. Paul, Minnesota

# 總體結果

　　這份報告能提供有關團隊運作的情況，它分別從能區分出高績效與低績效團隊的八個要素來進行觀察。本報告是與美國領導團隊（United States Leadship Team, U航站領導團隊）的十四位成員進行訪談所得到的資訊與觀察。這份報告並非正式的團隊績效評估，而是一個起始點，希望激發出更深度的討論。團隊應檢視並驗證（或反駁）報告中的觀察，找出希望更深度探索的領域。

> **環境**。團隊並不是在與其他人事物隔絕的狀態下運作，利益關係者的期待、產、業與社會趨勢、政府法規、經濟現狀，還有其他的外在因素，對於團隊都有影響。當團隊成員對於環境有不同的見解時，團隊的績效會受到負面的影響。

| 高績效的團隊會這樣說 | 對這個團隊的觀察如下 |
| --- | --- |
| • 我們對於團隊面臨的政治與經濟現實，都有同樣的理解。<br>• 我們對於利益關係者（如其他部門主管、勞工工會、市政府委員會、員工、人事部門）關切的議題，以及他們所重視的項目都有同樣的理解。<br>• 我們對於影響我們工作的外在因素（如人口分布趨勢、法規變遷、科技）都有所掌握。<br>• 對於團隊所面對的挑戰，都有共識。 | • 這個產業有季節性，因此第四季（Q4）的業務對於整個區域的整體結果有很大的影響。<br>• 因為Q4的壓力變大，U航站領導團隊可能會花更多的時間在小事情上，對於營運的團隊管太細。<br>• 有些部門主管在地理位置上較偏遠，因此在解決問題、整合協調、建立互信上更困難。<br>• 過去十年來U航站領導團隊的成員歷經一些改變，事業部門也在過去十八個月來有所變化。<br>• 事業部門從營業額導向的成長轉變成利潤的成長，因此比過去更聚焦在流程、標準化、營運的方向。<br>• 因為比爾即將退休，U航站領導團隊需要構思出管理事業部門的策略。<br>• 這是團隊還是群體？ |

**使命**。當團隊對於成功的樣貌有同樣的想法時，團隊的績效最好：該做什麼、什麼時候該完成。清晰的目標是成功執行的第一個步驟，也是讓日常的活動對應重點事項的基礎。

| 高績效的團隊會這樣說 | 對這個團隊的觀察如下 |
| --- | --- |
| • 我們對成功的樣貌有同樣的想法。<br>• 我們清楚理解團隊的目標，也依據目標規劃日常工作的優先順序。<br>• 我們定期檢視進度，了解是否對應到團隊的目標與計畫；團隊計分卡已經準備好。<br>• 團隊擬定有效的策略，可以克服障礙、達成目標。<br>• 我們完整記錄未來三十到一百二十天之內的行動與負責的人員。 | • U航站領導團隊有制定清楚的計畫，可以達成其數字上的目標。<br>• 對於2018年需要完成的事項，已經做好整合。<br>• 成員對於整體業務的方向都有共識。<br>• 雖然大家對於要做什麼已經達成共識，但對於如何把事情完成，大家的意見仍未一致。<br>• U航站領導團隊想要做太多事，太多的倡議，但是卻沒有針對2018年剩下的時間形成優先策略的共識。 |

**人才**。成功的團隊除了擁有適當的專業能力之外，團隊成員也應該扮演好高績效成員的角色。高績效的團隊應該規模大小剛好、組織完善好讓團隊的績效可以達到最理想狀態、對於自己的角色與職責也都非常清楚。

| 高績效的團隊會這樣說 | 對這個團隊的觀察如下 |
| --- | --- |
| • 我們的人數剛剛好。<br>• 團隊擁有剛好的組織／呈報結構。<br>• 我們對於大家的角色、職責、當責的機制都非常清楚。<br>• 團隊能力與經驗的組合非常剛好。<br>• 團隊的每一位成員都是高績效的成員。 | • U航站領導團隊非常聰明，對業務很熟練，在各自部門都有很高的專業能力。<br>• U航站領導團隊成員有許多爆發性的思考者，會構想出創新的方式來把工作完成。<br>• 團隊成員具有高度「把事情做好」的態度。<br>• 由於比爾即將退休，U航站領導團隊和員工會不會面臨人才流失的風險？忠誠度會不會從「我們」變成「我」？<br>• 公司到底關不關心員工，還是把員工視為理所當然？為什麼這麼多員工服務兩年後就離職？<br>• HR需要在美國扮演更重要的角色。<br>• 有些成員並非高績效的團隊成員。<br>• 傑瑞需要改變他的觀點，調整部分的行為模式，才能在銜接期展現更好的績效。 |

**規範**。規範包括正式的流程與步驟，以及讓工作完成的一些非正式的規則。高效能的團隊會確保這些規範能夠幫助（而不是妨礙）團隊的績效。重要的規範包括團隊開會的模式、決策過程、團隊溝通的方式，以及當責的機制。

| 高績效的團隊會這樣說 | 對這個團隊的觀察如下 |
|---|---|
| • 團隊的會議在時間的掌握上非常有成效、有效率。<br>• 我們投入足夠的時間進行積極、有效能的議題，而不是被動的問題。<br>• 我們運用有效能的決策過程，做出穩健、即時的決策。<br>• 我們彼此都能開放、直接地溝通，很少八卦。<br>• 團隊成員為自己的態度、行為、執行的事項負責。<br>• 我們定期檢討，希望找到更有效共事的方式。 | • 團隊成員相處的好，容易親近，合作度高，並且共事氛圍良好。<br>• 大家對於重要的活動都掌握相關訊息。<br>• 有時候U航站領導團隊會針對特定議題進行熱烈討論。<br>• 面對挑戰時，這群人都能團結在一起。<br>• 缺乏流程時，狀況則是喜憂參半。<br>• 團隊的會議需要改善。會議常常變動，也通常沒有足夠的時間可以討論和解決問題。大家開會時會有共識，但是還會再開會，或是遊說比爾做決定，或是改變決策。<br>• 常常需要調整決定。<br>• 比爾退休之後要怎麼做決定？<br>• 廚房裡面是不是太多大廚了？大家需要參加每一次的會議，參與每一項決定嗎？大家沒有全部達成共識時，成員們似乎不敢冒險與做決定。<br>• U航站領導團隊營運的層面是對的嗎？花很多時間審視細節，做出的決定其實是下面一到兩階層的同仁可以決定的事項。<br>• U航站領導團隊必須更能覺察到團隊傳遞給大家的印象。上述的一些行動反映出員工之間缺乏整合、感到無權力。<br>• U航站領導團隊需要更努力確認責任的歸屬，遵守計畫的執行。大家都很嚴格地注意業務部門，但是在其他部門身上卻沒有如此嚴格。 |

**認同**。如果團隊要能更有績效，成員就必須承諾要協助團隊成功。認同所指的是團隊成員對於團隊的目標、角色、規則所呈現的參與度與動力。

| 高績效的團隊會這樣說 | 對這個團隊的觀察如下 |
|---|---|
| • 團隊成員非常投入，非常一致地達成他們所承諾的項目。<br>• 團隊成員很忠誠地遵守團隊的決定與規則。<br>• 團隊相信成功是做得到的，而且以高度的樂觀態度努力工作。<br>• 團隊成員們了解他們的行為如何為部門整體成功有所貢獻。<br>• 團隊成員們積極參與團隊目標、優先事項的設定，以及行動計畫、決策等。<br>• 團隊瀰漫著團隊優先於個人的氛圍。 | • 比爾在U航站領導團隊建立了強烈歸屬感，但是他退休之後，這種氛圍會不會消散？<br>• 團隊成員對於美國市場可以做到的部分感到充滿信心，也很驕傲能夠成為團隊的一分子。<br>• 對於團隊的忠誠度議題有點不明確，大家最忠誠的是這個事業部門、U航站領導團隊，還是功能性的組織？<br>• U航站領導團隊有沒有辦法在區域的員工身上培養出忠誠度？ |

**資源**。如果團隊要成功，就需要適當的資源，這可能包括預算、軟體、資料、權責、政治支持。

| 高績效的團隊會這樣說 | 對這個團隊的觀察如下 |
|---|---|
| • 我們有足夠的政治支持可以成功。<br>• 團隊得到充分的授權，可以做出關鍵的決定。<br>• 我們擁有需要的資源（如預算、工具）可以達成我們的目標。<br>• 我們在資源不足時，會積極交涉需要完成的事項。 | • 團隊成員在取得事業部門資源時，常常需要申請核可，因此讓決策時間拉長，感到無力。<br>• 團隊成員必須對結果負責，但是缺乏可以達成目標的權限。<br>• 這個區域缺乏同樣業務規模需要的基礎功能，因此很難有效管理。<br>• 與其在需要的地方提供支援，事業部門卻常花時間介入本身不熟悉的當地事務。 |

**建設性的勇氣**。成功的團隊勇於提出困難的問題，並以有效能的方式解決。績效低的團隊有些是表面的和諧（例如避免爭議的議題和困難的問題）或是參與毀滅性的紛爭，把爭議拉到個人的層面上。

| 高績效的團隊會這樣說 | 對這個團隊的觀察如下 |
| --- | --- |
| • 團隊具有高度的信任與合作的氛圍。<br>• 我們覺得夠安全，可以彼此挑戰。<br>• 我們進行熱烈的辯論，即使是最困難的議題也能搬上檯面來討論。<br>• 我們不會累積問題，會將問題呈現出來，並予以化解。 | • U航站領導團隊中並沒有足夠的互相尊重。<br>• 行銷、業務與財務部門之間，有良性、自然的張力。<br>• 沒有什麼議題不能討論，團隊成員之間很坦誠，會把有爭議的議題拿出來討論。<br>• 可以投入更多的時間來彼此挑戰，討論出更好的方案。大家在會議後的討論太多，這樣延誤了最後的決策。<br>• 大家有壓力必須要出席這麼多的會議和確定都能掌握到所有的決策，光是這件事就說明團隊成員之間究竟有沒有互信。 |

**結果**。有效能的團隊會把事情做好！他們達成目標、滿足利益關係者的期待、用重視持續改善的態度來做事。

| 高績效的團隊會這樣說 | 對這個團隊的觀察如下 |
| --- | --- |
| • 團隊成員非常投入，非常一致地達成所有的目標。<br>• 團隊成員總是超越利益關係者的期許。<br>• 團隊定期花時間檢視自己的成功與失敗。<br>• 團隊展現績效的能力都不斷在改進。 | • 美國在2017年達到數字的要求，這是好事。<br>• 團隊在2018年至今尚未達成目標。<br>• 2018年是會成功的，但是仍然有大量的工作必須完成。 |

活動 8

# 團隊回饋時段

| 目的 |
| --- |

**增進專業知識**
了解如何解讀團隊評估調查回饋報告以及團隊訪談。

**驅動團隊整合**
針對團隊的優勢以及需要改善的地方達成共識。

**建立互信**
鼓勵大家針對團隊進行正確的對話。

| 前置準備 |
| --- |

**考慮重點**
- 團隊回饋時段是在團隊完成團隊評估調查和／或完成團隊訪談之後進行。
- 要蒐集哪些資訊？什麼／誰是團隊的關鍵影響因子、利益關係者、歷史、挑戰、目標、目的、規範等？團隊裡有多少成員？

- 團隊領導者與引導者，應該在回饋時段之前，先檢視團隊評估調查回饋報告和／或團隊訪談，應該熟悉團隊的優、缺點，確認團隊在回饋時段可以辨識出這些議題。如果提供協助的是團隊引導者，團隊領導者與引導者就必須再回饋時段之前，討論一下團隊的結果。
- 團隊評估調查回饋報告和團隊訪談會事先提供作為前置作業嗎？這個問題沒有正確和錯誤的答案，但是一般來說，這些報告不會事先提供作為前置作業，而是在回饋時段一開始討論。
- 團隊回饋時段通常是在介紹火箭模式之後立即進行（請見團隊改善活動4：火箭模式簡報）。

## 所需時間
通常約九十到一百二十分鐘。

## 空間需求
空間應該可以容納小組的分組以及大團體的報告，也需要準備可以播放簡報的投影機、白板架和供小組使用的麥克筆。

## 輔助材料需求
- 一份《團隊效能指數：成功團隊中難以捉摸的要素》（TQ: The Elusive Factor behind Successful Teams）白皮書。（高登・柯菲與黛安・尼爾森, 2018），請事先提供給所有團隊成員閱讀。
- 每位團隊成員提供一份團隊訪談。
- 每位團隊成員提供一份全團隊的團隊評估調查回饋報告。

## 引導流程　　。

| | | 輔助教材 |
|---|---|---|
| **步驟一**<br>2分鐘 | 介紹活動，此活動的設計是希望針對團隊的優勢與需要改善的地方達成共識。 | 團隊回饋 PPT 1 |
| **步驟二**<br>15分鐘 | 發下全團隊的團隊評估調查回饋報告和／或團隊訪談給團隊成員。<br>討論如何解讀團隊評估調查回饋報告和／或團隊訪談。告訴大家，簡報之後大家會有時間檢視其內容，因此建議大家跟著活動的流程，才能完全理解如何解讀報告。 | 團隊評估調查回饋報告<br>團隊訪談<br>團隊回饋 PPT 2-8 |

| 步驟三<br>35-50分鐘 | 把大家分成三到五人為一組的小組，請小組詳讀文件，然後製作出三張海報，分別列出團隊的優勢、需要改善的地方、驚奇（例如請詳讀團隊評估調查回饋報告的第17頁）。小組應該用同樣的流程來討論這些資料（例如小組的所有成員一起檢視團隊評估調查回饋報告的第3頁，接著到第4頁將討論的結果記錄下來） | 團隊回饋PPT 9<br>白板架 |
| --- | --- | --- |
| 步驟四<br>20-40分鐘 | 請小組向所有的人進行報告。首先請一個小組分享團隊的優勢，再詢問下一組有沒有其他補充的優勢，依序下去。請全體提供想法、提問問題，分享對小組內容的反應。<br>用同樣的流程來進行團隊的驚奇，再請全體的人提供想法、提問問題，分享對小組內容的反應。<br>最後用同樣的過程來討論團隊需要改善的地方，也請全體成員提供想法、提問問題，分享對小組內容的反應。<br>團隊領導者與引導者應該在白板架的海報紙上，歸納列出團隊需要改善的地方，再與團隊確認所有的項目都列在海報上。 | 白板架 |
| 步驟五<br>10-15分鐘 | 介紹火箭模式，並提醒團隊在選擇優先的改善事項時，最好從下往上進行。提供建議之後，與團隊一起規劃要優先改善的事項。<br>告訴團隊，接下來的會議將會針對這些事項，進行團隊功能的改善。 | 火箭模式的圖表 |

## 練習後活動

- 將優先處理的團隊改善清單製成電子檔，並轉交給所有團隊成員，讓大家有更多的回饋。
- 選擇能夠協助團隊在績效上達到更上一層樓的團隊改善活動。
- 規劃團隊會議，討論團隊需要改善的地方。團隊領導者可以選擇讓團隊成員引導其中一些或所有的時段。

# 活動 9

# 組織團隊分析

## 目的

**增進專業知識**
了解組織如何驅動高績效團隊。

**激發行動**
找出可以改善團隊運作的行動組織。

## 前置準備

**考慮重點**
- 團隊合作與協作對於組織有多重要？這些是組織的價值觀，還是領導力職能的一部分？組織是否會評估、獎勵優質的團隊合作？
- 這項活動提供洞察，探索組織能做什麼來增進高績效的團隊合作。這個活動通常會在團隊績效改善工作坊、針對團隊合作進行的演講，或協助組織加強團隊協作時進行。
- 有多少人會參與這項活動？他們是來自同樣的組織，還是不同的組織？

- 使用此活動的引導者和演講者，請參考《人力資源的人與策略 (HR People + Strategy)》雜誌2018年5月刊的文章〈有效發揮團隊效能的組織(Organizations That Get Teamwork Right)〉內容。

### 所需時間
這項活動需要五十到九十分鐘，依討論內容的深度而異。

### 空間需求
請準備適合大團體討論的空間。

### 輔助材料需求

- 一份《人力資源的人與策略（HR People + Strategy）》雜誌2018年5月刊的文章〈能夠有效發揮團隊效能的組織（Organizations That Get Teamwork Right）〉內容，讓所有團隊成員可以參考。
- 一份給每位參與者的組織團隊分析講義，並準備可以播放簡報的投影機、白板架，以及幫每一組或每一桌準備一組麥克筆。

## 引導流程

|  |  | 輔助教材 |
|---|---|---|
| **步驟一**<br>2分鐘 | 請發給大家一份〈能夠有效發揮團隊效能的組織〉文章，並介紹這項活動，說明活動目的是要了解哪一些組織真正重視團隊合作。大多數的組織都號稱自己重視團隊合作，但是他們究竟有沒有任何支持團隊的作為，就另當別論。 | 組織團隊分析 PPT 1<br>〈能夠有效發揮團隊效能的組織〉文章 |
| **步驟二**<br>10-30分鐘 | 請發給大家一份組織團隊分析講義，說明將採用〈能夠有效發揮團隊效能的組織〉文章內容的框架來分析他們的組織。每次討論一個類別，舉例深入說明這個類別，並請參與者針對該類別給予1到5分的評分。剩下的五個類別也都如此進行。 | 組織團隊分析講義<br>組織團隊分析 PPT 2 |

| | | |
|---|---|---|
| **步驟三**<br>20分鐘 | 幫六個類別都評分完畢之後，請小組分享並討論他們的分數。他們應該從分數的落點找到重要主題，並製作一張大白板架海報，列出六個類別、個人評分，還有每個類別的平均分數。 | 組織團隊分析 PPT 3-5<br>白板架海報紙 1<br>請參考第268頁的海報紙1的範例 |
| **步驟四**<br>20-40分鐘 | 請小組向所有的人進行報告。請參與者針對各桌小組報告和白板架海報紙上的主題，分享想法。<br>分享組織團隊分析的全球平均分數。<br>組織的結果與全球常模相較之下，有何不同？<br>這些數據顯示出組織是否支持高績效團隊？<br>這些數據對照組織裡只有20%的團隊是高績效團隊，這兩者之間有什麼關係？團隊功能失衡時，組織扮演的是什麼角色？<br>如果組織想要更支持團隊合作，該從什麼地方開始下手？ | |

## 練習後活動

- 如果協助的對象是單一的組織，可以將全體的組織團隊分析結果製成電子檔案（將所有白板架海報紙上的分數彙整起來）。
- 安排會議，進一步討論需要改善的地方。

# 組織團隊分析範例
## 海報紙 1

| 要素 | 評分 |
|---|---|
| **高階團隊**<br>1 = 失能的高階團隊。<br>3 = 大家相處得不錯，但是不是高績效團隊。<br>5 = 高績效的高階團隊。 | 1, 2, 1, 3, 3, 4<br>平均 = 2.3 |
| **團隊路線圖**<br>1 = 沒有建立團隊的共同架構。<br>3 = 有共同的架構，但是很少人知道或使用。<br>5 = 組織各處都有普遍採用的團隊框架。 | 1, 2, 1, 1, 2, 2<br>平均 = 1.5 |
| **TQ與人才管理**<br>1 = 在聘用、發展、績效管理、晉升、高潛能人才選拔時，並未考慮到建立團隊的能力。<br>3 = 在聘用、發展、績效管理、晉升、高潛能人才選拔時，會稍微考慮到建立團隊的能力。<br>5 = 在聘用、發展、績效管理、晉升、高潛能人才選拔時，建立團隊的能力是很重要的考量。 | 2, 3, 3, 4, 3, 2<br>平均 = 2.8 |
| **團隊回饋**<br>1 = 團隊領導者並未收到任何團隊相關的回饋。<br>3 = 團隊領導者會收到員工敬業度調查的回饋。<br>5 = 團隊領導者針對團隊動態與績效，會收到標竿比較的回饋。 | 3, 2, 3, 2, 4, 3<br>平均 = 3.0 |
| **團隊培訓與改善工具**<br>1 = 團隊領導者並未接受建立團隊的培訓或工具。<br>3 = 團隊領導者接受部分建立團隊的工具，但是大多數的培訓都是針對跟員工一對一領導工作為主。<br>5 = 團隊領導者接受特別針對改善團隊動態與績效而設計的訓練。 | 1, 2, 1, 1, 2, 3<br>平均 = 1.8 |
| **團隊的獎勵**<br>1 = 獎勵是以個人的成就為主，也很少針對建立高績效團隊提供任何獎勵。<br>3 = 領導者因為個人與團隊的成就而得到獎勵。<br>5 = 領導者因為建立高績效團隊而受到獎勵。 | 3, 4, 2, 3, 3, 4<br>平均 = 3.2 |

## 組織團隊分析結果
## 全球平均值（根據250份組織的數據）

| 要素 | 評分 |
|---|---|
| **高階團隊**<br>1 = 失能的高階團隊。<br>3 = 大家相處得不錯，但是不是高績效團隊。<br>5 = 高績效的高階團隊。 | 2.1 |
| **團隊路線圖**<br>1 = 沒有建立團隊的共同架構。<br>3 = 有共同的架構，但是很少人知道或使用。<br>5 = 組織各處都有普遍採用的團隊框架。 | 1.8 |
| **TQ與人才管理**<br>1 =在聘用、發展、績效管理、晉升、高潛能人才選拔時，並未考慮到建立團隊的能力。<br>3 =在聘用、發展、績效管理、晉升、高潛能人才選拔時，會稍微考慮到建立團隊的能力。<br>5 =在聘用、發展、績效管理、晉升、高潛能人才選拔時，建立團隊的能力是很重要的考量。 | 2.4 |
| **團隊回饋**<br>1 = 團隊領導者並未收到任何團隊相關的回饋。<br>3 = 團隊領導者會收到員工敬業度調查的回饋。<br>5 = 團隊領導者針對團隊動態與績效，會收到標竿比較的回饋。 | 2.2 |
| **團隊培訓與改善工具**<br>1 = 團隊領導者並未接受建立團隊的培訓或工具。<br>3 = 團隊領導者接受部分建立團隊的工具，但是大多數的培訓都是針對跟員工一對一領導工作為主。<br>5 =團隊領導者接受特別針對改善團隊動態與績效而設計的訓練。 | 2.3 |
| **團隊的獎勵**<br>1 = 獎勵是以個人的成就為主，也很少針對建立高績效團隊提供任何獎勵。<br>3 = 領導者因為個人與團隊的成就而得到獎勵。<br>5 = 領導者因為建立高績效團隊而受到獎勵。 | 2.6 |

## 第二節　環境

## 活動 10

# 環境分析練習

### 目的

**促進團隊整合**

針對團隊的主要利益關係者、影響因子、挑戰建立共同的想法。

**建立互信**

從團隊的外部來討論議題，本身就不會那麼有威脅性，也更能讓大家積極參與對話。除此之外，這項活動也帶來不同的洞察，看見其他團隊成員如何思考問題，也增進對其他人觀點的理解。

### 前置準備

**檢視資料**

檢視「環境」的分數，以及團隊評估調查或團隊訪談中的相關評語。

**所需時間**

這項活動需要六十到九十分鐘，依團隊規模大小而異。

**空間需求**

請準備可以讓小組對話的空間，並準備可以播放簡報的投影機、白板架和供小組使用的麥克筆。

**輔助材料需求**

一份給每位團隊成員的環境分析練習講義、白板架、麥克筆和投影機。

## 引導流程

**輔助教材**

| | | |
|---|---|---|
| **步驟一**<br>5分鐘 | 介紹這項活動以及它的目標，就是希望大家對於目前團隊面臨的現狀有共同的理解。 | 環境 PPT 1 |
| **步驟二**<br>10分鐘 | 製作環境分析白板架海報紙 1。<br>將團隊的名字寫在白板架海報紙的中央。<br>請團隊成員說出團隊的關鍵利益關係者，例如可能包括顧客、其他內部團隊、總部、董事會、員工等。在海報紙上，以團隊為中心，將利益關係者列在團隊名字的周圍。<br>請團隊成員說出團隊的關鍵影響因子，是誰、會如何影響團隊？例如可能包括競爭者、贊助者、法規、市場現況、人口分布趨勢、地理政治、廠商、供應商或經銷夥伴。在海報紙上，將影響因子寫在團隊名字的周圍。 | 白板架海報紙1<br>請參考第273頁團隊環境分析練習範例的海報紙1 |
| **步驟三**<br>10分鐘 | 絕大多數的時候，團隊會在白板架海報紙1上列出超過六個利益關係者與影響因子。這時候，我們建議請團隊找出在接下來的六個月對團隊影響最大者。<br>最好的方法是由個人投票決定。請大家在想要選出的利益關係者和影響因子旁邊勾選。<br>每個人可以投六票，可隨自己喜好分配票，例如全部投給同一個人，或分配一票給其他人。<br>團隊領導者應該最後投票。 | |

投票結束計算完票數後，請所有人一起討論結果，選出六到八個利益關係者與影響因子。團隊領導者應該考慮大家的想法，但是擁有最後決定權可以決定哪六到八個是最有影響的利益關係者與影響因子。

| | | |
|---|---|---|
| **步驟四**<br>10-20分鐘 | 將團隊分成二到四人一組的小組。指派利益關係者、影響因子給對他們最不熟悉的小組。<br>檢視白板架海報紙2的說明與範例。請說明對於利益關係者或影響因子而言，十二個月的假設與預測是什麼，然後請小組針對被指定的利益關係者與影響因子製作一份白板架海報紙2。討論PowerPoint10.2的說明、PowerPoint10.3上面的白板架海報紙2的範例。 | 環境 PPT 2-3<br>白板架海報紙2<br>請參考第274頁團隊環境分析練習白板架海報紙2的範例 |
| **步驟五**<br>30-60分鐘 | 請用PowerPoint10.4的說明來引導小組向大家報告。 請所有人提問問題、分享資訊、表達意見，最後針對每一個利益關係者與影響因子，提出預測與假設的最終看法。在用相同的步驟完成所有利益關係者與影響因子之前，先將預測與假設的修改註記在白板架海報紙2上。 | 環境 PPT 4<br>白板架海報紙2 |
| **步驟六**<br>20分鐘 | 請發下團隊環境分析練習的講義，說明已更新的海報紙上面，已經有講義的前面兩列，接下來要請大家吸收這些資訊，找出團隊在接下來十二個月所面對的最大挑戰。這些挑戰可能來自於特定的利益關係者，或是和許多利益關係者與影響因子有關聯。<br>對照這個環境，請大團體指出團隊的挑戰，並整理在白板架上。再請大家透過投票或在白板架上勾選的方式，依照輕重緩急的順序排列好。統計票數後，請大團體一起討論這個結果。團隊領導者應該最後投票，並有最後決定權可以決定團隊的最大挑戰。 | 團隊環境分析練習講義<br>請參考第275頁已完成的團隊環境分析練習範例<br>白板架<br>環境 PPT 5 |

練習後活動

- 將完成的表單製作成電子檔案傳給團隊成員們，請他們提供更多的想法。
- 新成員加入團隊時，可以分享此資訊。
- 至少每年重新檢視一次這份資料，並予以更新。

## 團隊環境分析練習範例
## 海報紙 1
誰和什麼影響這個團隊，還有誰和什麼受到這個團隊所影響？

總部

人口分布　　　　　　　　　　市場狀況

中規模顧客　　　　　　　　　當地競爭對手

行銷與業務　　　　　　　　　品管確認

發包工人　　　　　　　　　　法規

財務　　　　　　　　　　　　資訊科技團隊

員工　　　　　　　　　　　　硬體廠商

地理政治　　　　　　　　　　貿易戰爭

軟體廠商　　　　　　　　　　大型競爭對手

大型顧客

# 團隊環境分析練習範例
# 海報紙 2

**利益關係者／影響因子：**市場狀況

**未來十二個月的最重要假設或預測：**

1. 美國GDP將成長 2.5%，歐洲成長1%，中國與印度成長 6%

2. 因高度需求，持續缺乏中階程式設計師

3. 明年度的IT預算普遍減少

4.

# 已完成環境分析練習範例

| 利益關係人／影響者 | 市場狀況 | 競爭者 | 顧客 | 品管確認 | 行銷與業務 |
|---|---|---|---|---|---|
| 2. 假設 | 1.美國GDP將成長2.5%，歐洲成長1%，中國與印度成長 6%<br>2.因高度需求，持續缺乏中階程式設計師<br>3.明年度的IT預算普遍減少 | 1.VGWare與CDC可能會合併，有壓力要降價<br>2.小型門市會增長，影響中小市場的價格<br>3.XFer新加入市場，兩年內可能成為更大的威脅 | 1.應用程式的決定改為CMO、CFO、COO<br>2.想要尋找了解這個產業的服務業者，而不是只懂科技的廠商<br>3.更強調端對端的方案以及使用者的體驗 | 1.人手不足，其他計畫的時間也壓縮，會花多一點時間來做品質管控<br>2.過去推出的產品品質不佳；要在推出產品之前減少錯誤，會面臨更大的壓力 | 1.會繼續爭取更多的功能、更低價位<br>2.繼續強調新產品的品質與時效性<br>3.從活動導向轉換至顧問式銷售 |
| 3. 挑戰 | 1.在「提供更多的功能、更好的品質、準時」上持續面臨壓力<br>2.軟體人才的不足，可能更不容易達成顧客的要求<br>3.如果不處理，品質保證（QA）會成為一個很大的問題 | | | | |

活動 11

# SWOT 分析

## 目的

**促進團隊整合**
針對團隊的主要優勢、弱點、機會與威脅建立共同的想法。

**建立互信**
討論影響團隊績效的議題，可以讓大家積極參與對話。除此之外，這項活動也帶來不同的洞察，看見其他團隊成員如何思考問題，也增進對其他人觀點的理解。

## 前置準備

**檢視資料**
檢視「環境」的分數，以及團隊評估調查或團隊訪談中的相關評語。團隊面臨的現狀是什麼？這是否隨時間過去而有改變？

**所需時間**
這項活動需要六十到九十分鐘，依團隊規模大小而異。

**空間需求**

請準備可以讓小組對話的空間，並準備可以播放簡報的投影機、白板架和供給小組使用的麥克筆。

**輔助材料需求**

請準備一份SWOT分析練習講義給每位團隊成員。

## 引導流程

| | | 輔助教材 |
|---|---|---|
| **步驟一**<br>5分鐘 | 介紹這項活動以及它的目標，就是希望大家對於目前團隊面臨的現狀有共同的理解。 | SWOT PPT 1 |
| **步驟二**<br>10分鐘 | 將SWOT分析的講義發給大家，一起討論SWOT的四個象限。請在討論時避免幫團隊填寫這些象限，但是舉例分享哪些是一般人可能填寫於象限內的性質。 | SWOT講義<br>SWOT PPT 2 |
| **步驟三**<br>15-20分鐘 | 將大家分成四個小組，每一個小組分配一個象限。請小組找出該象限的一些特徵或屬性，將初步的想法填在白板架海報紙上。 | SWOT PPT 3-4<br>白板架海報紙 1<br>請參考第278頁的已完成的SWOT白板架海報紙範例 |
| **步驟四**<br>30-60分鐘 | 請小組向大團體報告。團隊成員應該分享資訊、提供意見，並修改每一個象限的特徵。最後將所有的特徵都整理好，再進行下一個象限。完成SWOT之後，團隊就可以討論這些狀況會如何影響團隊的目的、目標、行動計畫、角色、規範等。 | SWOT PPT 5 |

## 練習後活動

- 將完成的SWOT分析製作成電子檔案傳給團隊成員們，請他們提供更多的想法。
- 新成員加入團隊時，可以分享此資訊。
- 至少每年重新檢視一次這份資料，並予以更新。

# 已完成的SWOT分析範例
## 海報紙 1

| 團隊優勢 |
| --- |
| 有經驗的團隊成員 |
| 低離職率 |
| 清楚的團隊目標 |
| 足夠的預算 |

## 第三節　使命

# 活動 12

# 願景宣言

## 目的

**促進團隊整合**
針對團隊過去的歷程、目前的運作、需要前進的方向建立共同的想法。

**啟發大家**
激勵團隊成員投入需要的努力，讓團隊可以成功。

## 前置準備

**檢視資料**
檢視「使命」與「認同」的分數，以及團隊評估調查或團隊訪談中的相關評語。團隊成員知道團隊的「為什麼」嗎？大家對於團隊的目標是否充滿熱情？他們知道，如果想要幫助團隊成功，需要做什麼嗎

**所需時間**
這項活動需要六十到九十分鐘的準備時間，以及二十到五十分鐘來報告和説明願景宣言。

## 空間需求
請準備可以進行隱密對話的空間，並準備播放投影片的投影機、白板架和供給小組使用的麥克筆。

## 輔助材料需求
無

## 準備簡報
請用願景宣言表來整理大家對於團隊的「為什麼」的想法，並以資料與明確的範例來肯定過去、釐清實際現狀，並為未來帶來希望。可以用故事跟類比來強調報告的重點。

製作五到十張投影片來報告願景宣言。投影片應該依照以下的模式來進行：
- 開場投影片
- 肯定過去：團隊過去重要的里程碑、成功之處
- 釐清實際現狀：團隊的優勢
- 釐清實際現狀：團隊需要改善的地方
- 為未來帶來希望：團隊需要往哪個方向前進？
- 為未來帶來希望：團隊要如何抵達那裡？
- 為未來帶來希望：對團隊成員的期望
- 結語投影片

請見第282頁的範例，參考如何完成願景宣言表以及簡報。

領導者對於團隊目前的優勢以及需要改善的地方，提供非常坦誠的想法，如果不這樣做，將會損及自己的可信度。他們也需要表達情感，才能啟發大家。如果對於團隊的未來不感到振奮，團隊成員將很難對未來持有熱忱。簡報越短越好，投影片也是越少越好。團隊領導者應該盡量搭配圖表與照片，更能清晰表達出想法。

## 引導流程

**輔助教材**

| | | |
|---|---|---|
| **步驟一**<br>10-20分鐘 | 將願景宣言分給團隊。 | 領導者的願景PPT |
| **步驟二**<br>10分鐘 | 將大家分成三個小組，請小組在白板架海報紙上標示出對於願景宣言的兩個反應、兩個問題。 | 願景 PPT 1-3<br>白板架海報紙 1<br>請參考第284頁已完成的反應與問題白板架海報紙1的範例 |
| **步驟三**<br>20分鐘 | 請小組向大團體報告。團隊領導者應該接受團隊成員的反應，並盡量回答所有的問題。 | |

註：CEO和其他高層領導團隊的領導者，可以幫他們的組織創造願景宣言，或者可以將這作為團隊的活動。整個團隊可以在肯定過去、釐清實際現狀、為未來帶來希望等面向上提供想法。接下來就可以由高階領導者向整個組織說明這份報告。

## 練習後活動

- 將完成的團隊願景宣言簡報，傳給團隊成員們，請他們提供更多的想法。
- 新成員加入團隊時，可以分享團隊願景宣言。
- 至少每年重新檢視一次團隊願景宣言，並予以更新。

# 已完成願景宣言範例
# 廚具公司零售部門總裁

| 肯定過去 | |
|---|---|
| 團隊過去做得好的地方是什麼？ | **投影片1**：第一家店的照片<br>• 員工人數、營收、庫存單位（SKU）等資料<br><br>**投影片2**：過去五十年營收、店面、重要事件的圖表<br>• 介紹店面地點的擴充、型錄以及電子商務業務的推出、擴充SKU數量、營收的成長，以及新的營收組合、員工數量、自有品牌、重要的交易、讓這些事發生的關鍵人物等。 |
| **釐清實際現狀** | |
| 團隊目前做得好的地方？請明確列出 | **投影片3**：有點老舊但是仍然優質的廚房的照片<br>• 說明這個廚房好的地方、品牌的優勢。這些包括業務的三個面向（店面、型錄、電子商務）；SKU數量、專業的銷售團隊、顧客導向、品牌聲譽。 |
| 團隊在哪裡需要改善？請明確列出 | **投影片4**：相同廚房的照片，但是髒且凌亂<br>• 形容這個廚房，用來類推到品牌目前哪裡出錯。整合錯誤的行銷企劃、無行動裝置行銷與業務策略、科技落差、老化的顧客群、傳統與非傳統競爭品牌的威脅等。 |

| 為未來帶來希望 | |
|---|---|
| 團隊需要往哪裡走？ | **投影片5**：先進廚房的照片<br>• 説明品牌在接下來五年應該往哪一個方向發展。 |
| 團隊需要達成的目標是什麼？ | **投影片6**：形容五年內需要達成的明確的營收、獲利、市場佔有率，還有店面、型錄、電子商務銷售會帶來什麼。 |
| 團隊需要做什麼才能達成目標？團隊該如何獲勝或是帶來影響？ | **投影片7**：説明團隊應該有什麼不同的作法，包括整合的行銷企劃、更多的授權和當責機制、行動裝置策略、跨領域銷售的加強。 |
| 對於團隊成員行為有什麼期待？ | **投影片8**：領導團隊的成員為整個組織定調。因此他們必須成為一個包容、果斷的團隊，且願意為決策負責，並為團隊合作與當責機制定調 |
| 標語 | **投影片9**：為投影片5中的照片，加上標語「我們深得一個家庭的心！」 |

# 已完成願景宣言範例
# 海報紙 1

| 對願景的反應 |
|---|
| 感到振奮 |
| 感到焦慮 |

| 對願景的問題 |
|---|
| 我們可以相信這個嗎？ |
| 我們要去哪裡取得需要的資源，才能達成這些目標？ |

# 活動 13

# 團隊目標

## 目的

**促進團隊整合**
針對團隊為什麼會存在建立共同的想法。

**啟發大家**
激勵團隊成員投入需要的努力，讓團隊可以成功。

**建立互信**
協助團隊進行建設性的對話，討論團隊為什麼存在、需要完成什麼事項。

## 前置準備

**檢視資料**
檢視「使命」與「認同」的分數，以及團隊評估調查或團隊訪談中的相關評語。
團隊成員知道團隊「為什麼存在」嗎？大家對於團隊的目標是否充滿熱情？他們
知道，如果想要幫助團隊成功，需要做什麼嗎？

**所需時間**
這項活動需要四十五到九十分鐘，時間依團隊規模而異。

**空間需求**
請準備可以進行隱密對話的空間，並準備可以播放簡報的投影機、白板架和可以張貼便利貼的牆面。

**輔助材料需求**
請準備一疊便利貼給每位團隊成員。

## 引導流程

輔助教材

| | | |
|---|---|---|
| **步驟一**<br>1分鐘 | 介紹這項活動，說明活動的目的是讓大家對於團隊目標建立同樣的想法。這個團隊為什麼存在？它如何成功？ | 目標 PPT 1 |
| **步驟二**<br>15分鐘 | 將便利貼發給團隊的所有成員，請每個人將「這個團隊為什麼存在？」這個問題的答案寫下。如果答案超過一個，請寫在另一張便利貼上。<br>團隊成員也應該寫下他們對團隊成功的定義，如果有多於一個，請寫在另一張便利貼上。 | 便利貼<br>目標PPT 2 |
| **步驟三**<br>30分鐘 | 請參與者各自向大團體報告團隊的目標，大家都完成之後，將便利貼貼在牆面。請團隊成員站在便利貼旁邊，討論內容，整理出共同的主題。團隊應該在會議結束前對於團隊目標達成共識，並註記在白板架海報紙上。 | 白板架 |

**步驟四**
30分鐘

請參與者各自向大團體報告自己對團隊成功的　白板架
定義，大家都完成之後，將便利貼貼在牆面。
請團隊成員站在便利貼旁邊，討論內容，整理
出共同的主題。團隊應該在會議結束前對於團
隊成功的衡量指標達成共識，並註記在白板架
海報紙上。

## 練習後活動

- 將完成的團隊目標初稿以及成功的定義製作成電子檔，傳給團隊成員，請他們
  提供更多的想法。
- 新成員加入團隊時，可以分享這份團隊目標。
- 至少每年重新檢視一次團隊目標以及成功的定義，並予以更新。

活動 **14**

# 團隊計分卡

| 目的 |
| --- |

**提供方向**
了解團隊需要完成什麼才能成功。

**驅動團隊整合**
共有的目標可以讓大家團結一致，有所作為。

| 前置準備 |
| --- |

**檢視資料**
團隊評估調查中，團隊「使命」的分數是什麼？在團隊評估調查或團隊訪談的相關評語中，有沒有發現大家對團隊的目標仍感到困惑？

**考慮重點**
團隊目前是否已經訂定目標？這些目標是有意義、可衡量、有基準的嗎？

**所需時間**

這項活動需要的時間介於六十到三百分鐘，時間的長短取決於團隊是否已經有明確訂定的目標、需要創造新的目標，或需要先蒐集資料，才能訂定目標與基準。有時候訂定團隊目標的時間，會需要切割成兩場異地會議，第一場異地會議先初始設定目標，並在兩次會議之間蒐集資料，然後第二場異地會議將目標做最後確定。

**空間需求**

請準備可以進行隱密對話的空間，並準備可以播放簡報的投影機、白板架和供給小組使用的麥克筆。

**輔助材料需求**

請準備一份團隊計分卡講義給每位團隊成員。

## 引導流程

| | | **輔助教材** |
|---|---|---|
| **步驟一**<br>1分鐘 | 介紹這項活動，說明活動的目的是製作出有意義、可衡量、有基準的團隊目標。 | 計分卡 PPT 1 |
| **步驟二**<br>15分鐘 | 將團隊計分卡講義發給團隊的所有成員，請大家討論SMART-B的要素、團隊計分卡範例、四組基準值。 | 團隊計分卡講義<br>計分卡PPT 2-4 |
| **步驟三**<br>15-20分鐘 | 提供團隊的重要利益關係者、影響因子、挑戰與目標後，請團隊成員構思出需要設定目標的大方向，用來判斷團隊是否成功、具影響力或能勝利。這些要素可能包括顧客、品質、生產力、財務、員工採用率、測驗分數、安全、社群媒體等。請將這些寫在白板架海報紙上。<br>如果不同要素可以合理合併，請合併，並與團隊討論最後的目標領域。 | 白板架 |

| | | |
|---|---|---|
| **步驟四**<br>45分鐘 | 將不同的目標領域指派給小組，針對所有目標設定共同的衡量指標（如每週、每月、每季）。請每個小組用白板架海報紙來記錄SMART-B的一到五項目標。比方說，財務的目標可能包括每月營收、獲利、現金流、應收帳款（A/R）日期等。 | 計分卡 PPT 5<br>白板架 |
| **步驟五**<br>60-120分鐘 | 請小組向大團體報告SMART-B目標。團隊成員應該針對每一項目標分享資訊、想法，並予以調整。請確定各項SMART-B目標已經可以列於計分卡內，或是需要更多討論，才能進行下一個目標。 | 白板架 |
| **步驟六**<br>（如果有需要）<br>60-120分鐘 | 針對部分的SMART-B目標，團隊可能需要蒐集更多的資料，才能設定衡量指標與基準值。這些需要更多調整的目標，應該指派給需要蒐集資料的成員，負責撰寫更新版的目標草稿。第二版草稿完成後，團隊應該在之後的團隊會議或異地會議時重複步驟五的活動，完成最後版本的團隊計分卡。 | 白板架 |

## 練習後活動

- 將完成的團隊計分卡初稿製作成電子檔傳給團隊成員，請他們提供更多的想法。
- 新成員加入團隊時，可以分享這份團隊計分卡。
- 每年固定重新檢視一次團隊計分卡，並予以更新。

活動 15

# 團隊行動計畫

| 目的 |
| --- |

**付諸行動**
將團隊目標轉化成行動步驟，並規劃負責人員與完成日期。

**驅動當責機制**
對於團隊成員需要完成的事項，設定明確的期望。

**改善認同**
協助團隊成員理解他們的行為與團隊目標之間的關聯。

| 前置準備 |
| --- |

**檢視資料**
檢視中「使命」的分數，以及團隊評估調查或團隊訪談中的相關評語。大家對於團隊如何達成目標，有沒有任何不清楚的地方？

**所需時間**

這項活動需要的時間介於六十到二百四十分鐘，依團隊目標的多寡與團隊的規模而異。

**空間需求**

請準備可以進行隱密對話的空間，並準備可以播放簡報的投影機、白板架和供給小組使用的麥克筆。

**輔助材料需求**

請準備一份團隊行動計畫講義給每位團隊成員。

## 引導流程

| | | 輔助教材 |
|---|---|---|
| **步驟一**<br>5分鐘 | 介紹這項活動，說明活動的目的是為團隊的目標訂定行動計畫。 | 行動計畫 PPT 1 |
| **步驟二**<br>10分鐘 | 將團隊計分卡與團隊行動計畫講義發給團隊的所有成員，請大家討論團隊行動計畫的要素，並說明無論在團隊正進行某項計畫或是採取行動來化解困難的挑戰時，都應該針對目標制定行動計畫。也請大家檢視團隊行動計畫清單，以便確認團隊計畫是否夠完整。 | 團隊計分卡講義<br>團隊行動計畫講義<br>行動計畫 PPT 2-3 |
| **步驟三**<br>30-60分鐘 | 將團隊的不同目標分配給小組，請他們針對指派的目標制定行動計畫，並列在白板架海報紙上。每一項目標都應該有一張行動計畫海報紙。行動計畫應該涵蓋所有的行動步驟與子步驟、負責人員、應完成日期。請讓小組知道何時會檢討行動計畫完成狀態，像是在每月或每季團隊會議的時間。這些檢視機制也應納入團隊行動計畫。 | 行動計畫 PPT 4-5<br>白板架海報紙 1<br>請參考第294頁的已完成的團隊行動計畫白板架海報紙 1範例 |

| | | |
|---|---|---|
| **步驟四**<br>60-90分鐘 | 請小組向大團體報告團隊行動計畫的草案。團隊成員應該可以用團隊行動計畫清單來檢視計畫、分享資訊、表達意見、視需求調整團隊行動計畫。團隊領導者保留團隊行動計畫的最後決定權。 | 白板架 |
| **步驟五**<br>10-30分鐘 | 因為這些計畫彼此息息相關，大團體應該討論將全部計畫整合起來時，是否會有障礙、容量限制、瓶頸可能發生。必要時調整行動步驟、負責人員、完成日期，排除這些可能的限制。 | |

## 練習後活動

- 將團隊行動計畫製作成電子檔傳給團隊成員，請他們提供更多的想法。
- 新成員加入團隊時，可以分享這份團隊行動計畫。
- 固定在團隊會議中檢視團隊行動計畫進度，並予以更新。

# 已完成團隊行動計畫範例
## 海報紙 1

**問題／挑戰／SMART-B目標：**希望在2022年12月前將服務站營運利潤率從8%提升至12%。

| 主要行動／<br>子步驟 | 完成<br>日期 | 負責<br>人員 | 完成<br>狀態 |
|---|---|---|---|
| **1. 和所有員工溝通營運利潤率策略** | 2/1 | 史提夫 | 完成 |
| • 將利潤率目標與說明透過電子郵件傳給所有員工 | 1/7 | 史提夫、馬丁 | 完成 |
| • 區域經理報告內容先準備好、發放給大家 | 1/7 | 馬丁 | 完成 |
| • 區域經理與所有店經理開會 | 1/14 | 珍 | 完成 |
| • 店經理與員工開會 | 1/21 | 珍 | 完成 |
| • 全體員工大會 | 1/28 | 史提夫 | 完成 |
| **2. 升級六家最老舊的服務站** | 1/1 | 米基 | 進行中 |
| • 新店面設計做最後確認 | 1/21 | 米基、史提夫 | 完成 |
| • 選擇裝修廠商 | 2/15 | 米基、史提夫 | 完成 |
| • 裝修時程做最後確認 | 3/15 | 米基、史提夫 | 進行中 |
| • 裝修完成 | 5/15 | 米基、史提夫 | 進行中 |
| • 服務站重新開張、正常營運 | 6/1 | 史提夫、珍 | 進行中 |

## 第四節　人才

### 活動 16

# 角色責任矩陣

## 目的

**促進團隊整合**
針對團隊中誰應該負責什麼內容，產出共同的理解。

**驅動當責機制**
對團隊成員設定清楚的期望。

**改善認同**
協助團隊成員理解他們的責任與團隊目標之間的關聯。

## 前置準備

**檢視資料**
檢視「人才」的分數，以及團隊評估調查或團隊訪談中的相關評語。大家對於自己負責的事項是否都知道？有沒有人負責執行，還是這中間出現了漏洞？有沒有彼此責任重複的狀況？會不會有太多的事要等領導者做決定？

**考慮重點**
團隊是否採用RACI模式來分派責任？如果有的話，就應該用於此活動。

**所需時間**

這項活動需要的時間介於六十到一百二十分鐘，依團隊目標的多寡與團隊的規模而異。

**空間需求**

請準備可以進行隱密對話的空間，並準備可以播放簡報的投影機、白板架和一組麥克筆。

**輔助材料需求**

- 請準備一份團隊計分卡給每位團隊成員。
- 請準備一份團隊行動計畫給每位團隊成員。
- 請準備四份角色責任矩陣給每位團隊成員。

## 引導流程

| | | 輔助教材 |
|---|---|---|
| **步驟一**<br>1分鐘 | 介紹這項活動，說明活動的目的是釐清團隊的角色與責任。 | 角色責任矩陣PPT 1 |
| **步驟二**<br>15分鐘 | 請將空白的團隊計分卡與團隊行動計畫（如果可以提供）以及角色責任矩陣（P/S或RACI版本）發放給大家。<br>請在白板架海報紙上製作一份角色與責任（R&R）表格，列出所有團隊成員的名字。也請團隊成員們在自己的講義上也同樣製作一份表格。<br>請每一次針對一項團隊目標，列出達成此目標所需進行的所有活動，將這些列在左邊欄空格內。請大家在自己的講義上，也依此順序抄寫所有事項，列在角色責任矩陣講義上。重複這個動作，完成所有的團隊目標，也將所有其他不是很清楚的團隊任務或責任列在一個團隊目標底下。 | 團隊計分卡<br>團隊行動計畫<br>角色責任矩陣講義<br>白板架 |

| | | |
|---|---|---|
| **步驟三**<br>5-10分鐘 | 請說明P/S或RACI的評估機制：<br>• P = 主要負責人。每一項任務只有一位P。<br>• S = 支援人員。他們努力為這項任務提供想法與支援，但是他們不是主要負責完成這項任務的人。每一項任務可以有超過一位的S。<br>• R = 負責人員。這些是一起完成這項任務的人員。每一項任務可以有超過一位R。<br>• A = 當責人員。最後必須負責完成這項任務的人員。每一項任務只有一位A。<br>• C = 諮詢服務人員。他們不會被指派任何的任務，但是可以向其詢問意見。<br>• I = 告知資訊人員。這些成員掌握任務進度但是不提供想法，也不會有任何與任務相關的工作。 | 角色責任矩陣 PPT 2或3 |
| **步驟四**<br>10-20分鐘 | 如果團隊使用的角色責任矩陣版本，是P/S版本（主要負責／支援的分配），請團隊成員在自己的講義上，寫下每一項任務的P與S。 | 角色責任矩陣 PPT 4 |
| **步驟五**<br>20-60分鐘 | 先針對一項任務／一行的事項，由每位成員在大團體中分享自己的P與S。大家針對每一項任務的主要負責、支援人員一起討論出最後的確定者，才能進行下一項任務。請將最後確定的P與S列在白板架海報紙上，依序討論每一項任務。團隊領導者擁有每一項任務的P與S最後決定權。 | 白板架 |
| **步驟六**<br>10-20分鐘 | 請全體從每一行檢視每一位成員的P與S。團隊的工作量均衡嗎？團隊有沒有負荷量的侷限？請視需求調整P與S，平衡團隊成員工作量的負荷。 | |

| | | |
|---|---|---|
| **RACI選項**<br>45-90分鐘 | 如果採用RACI版本的角色責任矩陣，請先進行上述的步驟一至三。接著，一次進行一項任務，請大家訂定出每一個任務的R、A、C、I。請將這些RACI列在白板架海報紙上，團隊領導者擁有每一項任務的R、A、C、I最後決定權。 | 角色責任矩陣 PPT<br>5<br>白板架 |

## 練習後活動

• 將角色責任矩陣製作成電子檔傳給團隊成員，請他們提供更多的想法。
• 新成員加入團隊時，可以分享這份角色責任矩陣。
• 設定新的目標、承接新的計畫、新團隊成員加入、團隊組織重整、團隊合併等狀況時，調整角色責任矩陣。

# 已完成角色責任矩陣範例
## P/S版本

| 關鍵任務／職責 | 團隊成員 | | | | | | | |
|---|---|---|---|---|---|---|---|---|
| | 鮑伯 | 湯姆 | 吉爾 | 佛瑞德 | 西 | 瑞吉 | 薩艾德 | 路易士 |
| 每週進行最新會報 | | | | | | P | | |
| 每月進行檢討會議 | | S | | S | | | | P |
| 每年進行策略規劃會議 | S | S | | | P | | | S |
| 針對重要競爭對手進行市場調查 | | | P | | | | S | |
| 針對潛在APP功能進行顧客調研 | P | | S | | S | | S | S |
| 制定APP需求 | S | | S | | | | P | |
| 與團隊檢視APP需求 | S | | S | | | | P | |
| 建立APP專案計畫 | | S | | P | | S | | |
| 初步功能檢討 | | | S | P | S | | S | S |

P = 主要負責人；S = 支援人員

# 已完成角色責任矩陣範例
## RACI版本

| 關鍵任務／職責 | 團隊成員 | | | | | | | |
|---|---|---|---|---|---|---|---|---|
| | 鮑伯 | 湯姆 | 吉爾 | 佛瑞德 | 西 | 瑞吉 | 薩艾德 | 路易士 |
| 每週進行最新會報 | | C | C | | | R | | A |
| 每月進行檢討會議 | C | C | C | C | C | C | R | A |
| 每年進行策略規劃會議 | C | C | C | C | R | C | C | A |
| 針對重要競爭對手進行市場調查 | C | C | A | R | R | I | I | I |
| 針對潛在APP功能進行顧客調研 | A | R | R | R | C | C | I | I |
| 制定APP需求 | R | | R | | | | A | |
| 與團隊檢視APP需求 | R | C | A | C | C | C | C | C |
| 建立APP專案計畫 | | A | | R | | R | | |
| 初步功能檢討 | | | A | R | R | | C | I |

R = 負責人員；A = 當責人員；C =被諮詢；I = 告知資訊

# 活動 17

# 追隨力評估

## 目的

**評估團隊人才**
評估團隊成員的參與度與批判性思考的程度。

**發展員工**
制定改善團隊追隨力的發展計畫。

**檢視資料**
團隊評估調查中「人才」的分數是多少？在團隊評估調查或團隊訪談的相關評語中，是否發現團隊成員與其他成員互動時感到挫折？

**考慮重點**
這項活動不應該以團隊方式進行。追隨力評估通常是團隊領導者在領導力發展課程中進行，聚焦在建立團隊的能力，或是與團隊引導者進行一對一會議時進行。如果是後者，引導者應該依照步驟一、二、三、四、五、六、七、八、九的順序進行。
採用此活動的領導者、引導者、培訓師，請先詳讀「追隨力」（Followship）白皮書（Curphy & Roellig, 2011）。

### 所需時間
這項活動需要的時間介於四十五到一百二十分鐘，因 相較於個人完成的情況，追隨力評估在領導力發展課程中進行時，需要更多的時間來完成。

### 空間需求
如果這項活動用在領導力發展課程的議程內，請安排可以進行小組討論、大團體報告的空間，並準備可以播放簡報的投影機、白板架和供給小組使用的麥克筆。

### 輔助材料需求
- 請準備一份「追隨力」白皮書（Curphy & Roellig, 2011）給每位團隊領導者。
- 請準備一份追隨力評估給每位團隊領導者。

## 引導流程

**輔助教材**

| | | |
|---|---|---|
| **步驟一**<br>1分鐘 | 介紹這項活動，説明活動的目的是找出領導者面對的團隊裡，有哪些不同的追隨者類型。 | 追隨力 PPT 1 |
| **步驟二**<br>5分鐘 | 討論追隨力的批判性思考、參與度／熱忱的構面，説明每個構面的高分與低分的相關特質。 | 追隨力 PPT 2 |
| **步驟三**<br>10分鐘 | 簡單介紹各種追隨力的類型。比方説，形容自發性追隨者時，可以説明他們在批判性思考、參與度構面所在的地方，再用一兩句話來形容此類型的模樣，依此方式完成所有類型的説明。 | 追隨力 PPT 3 |
| **步驟四**<br>15分鐘 | 將大家分成四個小組，每一個小組分配討論一個追隨力的類型。請各小組製作一張海報紙，在頂端標示追隨者的類型並列出此類型常見的行為或特質，同時列出如何維持自發性追隨者、將懶散型轉換成自發性追隨者、批評型轉換成自發性追隨者、諂媚型轉換成自發性追隨者的動機策略。 | 追隨力 PPT 4<br>白板架海報紙1<br>請參考第305頁的已完成的追隨力類型白板架海報紙1範例 |

| | | |
|---|---|---|
| **步驟五**<br>20-30分鐘 | 請小組向大團體報告他們討論的追隨力類型。報告的順序應該先説明這個類型的常見行為或特質，再請大家分享想法。接著，小組應該報告此類型的動機策略，再整合其他人的想法。引導者在此時應説明、討論領導者面對這種類型的追隨者時，要面對的深層心理因素。説明如下：<br><br>• 自發性追隨者：沒耐心。自發性追隨者對於搖擺不定、無法勾勒明確方向、不能確認所需資源或是無法排除障礙的領導者無法容忍。<br><br>• 諂媚型／都説好型追隨者：自信心。這些團隊成員通常掌握專業能力、技能、經驗，足以解決問題，但是不想要為決策承擔責任。<br><br>• 懶散型追隨者：工作動機。大部分懶散型追隨者都會把時間跟心力放在工作以外的事項。他們有很多動力，只是沒有動力放在被指派的任務上。<br><br>• 批評型追隨者：肯定。大部分批評型追隨者在過去都是自發性追隨者，在工作上的成績也都受到肯定。但是可能在晉升機會受阻或組織重組時感到不滿，因此現在用抱怨和批評來博取肯定。 | 白板架 |
| **步驟六**<br>15分鐘 | 示範追隨力評估如何進行。請團隊領導者找一位團隊成員，用評估表左側的説明來評估對方的批判性思考，再以評估表底部的説明評估對方的參與度。在他們的批判性思考與參與度分數交錯的地方，註記這位團隊成員的名字。請重複這個步驟，為所有的團隊成員進行分析。 | 追隨力 PPT 5-6<br>追隨力評估講義 |

| | | |
|---|---|---|
| **步驟七**<br>20分鐘 | 請領導者與夥伴分享自己的追隨力評估。他們應該說明團隊的環境、他們針對不同的追隨者有什麼不同的發展方式，還有他們該做什麼來產生更多自發性追隨者等。夥伴們應該視情況給予指導、建議。 | 追隨力評估 |
| **步驟八**<br>20分鐘 | 同儕的指導結束後，請團隊領導者把自己的追隨力旅程也放在評估表上。大家應該註記自己最初開始工作時的追隨力類型，並劃上線，顯示他們的追隨力在職涯上的轉變。他們也需要與夥伴們分享自己的追隨力旅程。 | 追隨力 PPT 7<br>追隨力評估 |
| **步驟九**<br>10分鐘 | 全體進行追隨力評估的總結報告。請問參與者追隨力是否會隨時間而改變，那麼這對於目前的追隨力有什麼意義？人們追隨的方向會移動，但是為什麼會調整？最大的原因就是當時是如何領導他們的，那麼這跟追隨力有什麼關係？ | |

## 練習後活動

- 領導者應該發展出計畫，將一到三位團隊成員轉化成自發性追隨者，或讓他們維持如此。
- 團隊領導者應該每隔六個月就進行一次追隨力評估，以了解團隊進展。

# 已完成追隨力類型範例
## 海報紙 1

---

### 懶散型追隨者

**主要行為：**

- 找不到人。

- 總會有藉口。

- 任務不是不能做好，就是不能按時完成。

- 只做到剛剛好的程度，不惹禍就行。

- 不會自願做事。

- 常常看時間。

- 不主動，也無急迫感。


**動機策略：**

- 設定清楚的期望。

- 密集監督。

- 提供回饋。

- 說明後果並予以執行。

- 轉調其他團隊。

- 安排至團隊的其他角色。

---

活動 18

# 團隊前饋練習

## 目的

**改善團隊人才**
提供回饋給團隊成員，讓他們可以改善團隊的功能與績效。

**建立互信**
分享優勢與可以改善的地方。

## 前置準備

**檢視資料**
檢視「人才」的分數，以及團隊評估調查或團隊訪談中的相關評語。是否有團隊成員感到挫折，或是技能的落差？

**所需時間**
這項活動需要的時間介於九十到一百二十分鐘，進行時間會依團隊規模而異。

**空間需求**

請準備可以進行隱密對話的空間，並準備可以播放簡報的投影機、白板架和供給每位成員使用的麥克筆。

**輔助材料需求**

- 請準備一包便利貼給每位團隊成員。
- 請準備一份團隊規範（如果已經制定）給每位團隊成員。

## 引導流程

| | | 輔助教材 |
|---|---|---|
| **步驟一**<br>1分鐘 | 介紹這項活動，說明活動的目的是提供回饋給團隊成員，協助改善團隊功能與績效。 | 前饋練習 PPT 1 |
| **步驟二**<br>30-40分鐘 | 把便利貼、白板架海報紙、麥克筆、團隊規範（如果已經制定）發給團隊成員。請團隊成員寫下每位成員應該繼續維持的兩項行為，以及應該開始、停止或有不同作法的兩項行為，以便改善團隊績效。每一項行為寫在一張便利貼上，讓每位成員替其他的每位同仁寫下四張便利貼。<br>如果團隊規範已經制定，可以用來指引這些便利貼的內容。 | 便利貼<br>團隊規範<br>前饋練習 PPT 2 |
| **步驟三**<br>20分鐘 | 請參與者製作一份團隊前饋練習表單白板架海報紙，列出自己的名字，貼在房間牆面。接著請他們將收到的四張便利貼貼在正確的位置上。 | 前饋練習 PPT 3<br>白板架海報紙1 |
| **步驟四**<br>20分鐘 | 所有便利貼都貼上之後，請團隊成員先各自檢視所有的意見，並調整便利貼，從中找出共同點，接著從中找出要改善團隊績效時，兩項應該繼續維持的行為、兩項可以有不同作法的行為，將這些寫在白板架海報紙的底部。 | 白板架海報紙1 |

**步驟五**
20-30分鐘

在每位成員向大家報告之前，說明每個人都會收到很多的回饋，與其回應所有的回饋，不妨專注在少數的項目上即可。同時，如果自己先過濾出自己有意願進行的事項，效果會更好。也因此，請每個人報告自己準備繼續維持、準備有不同作法的行為各兩項。每一次報告完之後，邀請團隊成員給予想法和肯定，並將大家的想法寫在白版架海報紙上。
請團隊成員們分享他們的學習，並找出這些內容中的共同元素。

## 練習後活動

- 製作一份「繼續維持」、一份「有不同作法」承諾表單的電子檔，並轉發給所有團隊成員，請大家提供建議。
- 每半年針對這些承諾進行同儕回饋。其中一種作法，就是請團隊成員幫其他成員針對這些項目評分，分數為1到5分，評分標準如下：
  - ・1 = 沒有改變
  - ・2 = 很少改變
  - ・3 = 有些改變
  - ・4 = 明顯改變
  - ・5 = 很大的改變
- 可以製作一張表格，列出四項行為、1到5的評分量尺、其他團隊成員的想法。將這些表格傳給其他團隊成員，完成之後交給引導者或是專案經理，讓他們整理所有的結果，最後將所有原始與整合後的資料分享給每一位團隊成員，再請他們告訴大家他們的學到了什麼。

# 前饋練習表單範例
# 海報紙 1
〈團隊成員姓名〉

| 繼續維持 | 有不同作法 |
|---|---|
| 請將繼續維持的便利貼貼這裡 | 請將建議有不同作法的便利貼貼這裡 |

我承諾要進行這些行為來協助團隊：

1. 繼續維持：

2. 繼續維持：

3. 不同作法：

4. 不同作法：

# 活動 19

# 竊聽練習

## 目的

### 促進團隊整合
理解團隊成員對其他成員的期許。

### 建立互信
分享個人在團隊工作時的優勢與需要改善的地方。

## 前置準備

### 檢視資料
檢視「人才」與「勇氣」的分數，以及團隊評估調查或團隊訪談中的相關評語。是否有團隊成員對於其他成員的行為感到挫折？

### 所需時間
這項活動需要的時間介於六十到九十分鐘，進行時間會依團隊規模而異。

**空間需求**

請準備可以進行隱密對話的空間，並準備可以播放簡報的投影機、白板架和供給每位成員使用的麥克筆。

**輔助材料需求**

無

## 引導流程

| | | 輔助教材 |
|---|---|---|
| **步驟一**<br>1分鐘 | 介紹這項活動，說明活動的目的是讓團隊成員分享彼此對其他成員的期望。 | 竊聽練習 PPT 1 |
| **步驟二**<br>15分鐘 | 把白板架海報紙、麥克筆發給團隊成員。說明竊聽練習就是告訴大家，要把以下問題的答案寫在白板架海報紙上： | 竊聽練習 PPT 2<br>白板架海報紙 1<br>請參考第312頁的已完成的竊聽練習白板架海報紙1範例 |
| **步驟三**<br>15-20分鐘 | 如果大家要在一起共事，作為一個團隊，請問你對其他成員有所期待的三件事是什麼？團隊成員們應該如何出現、展現怎樣的行為？<br>從現在開始的六個月之後，你希望其他團隊成員形容你的三件事是什麼？其中兩項應有關你的優勢或對團隊的貢獻，另一項則是你在工作上不想要聽到的事項。 | |
| **步驟四**<br>20-60分鐘 | 團隊成員們完成他們的白板架海報紙之後，請每位參與者都向大團體報告。每次報告時間約五分鐘，包括其他人的想法補充與提問回答。 | 白板架 |

| 步驟五 | 請大家從這些白板架海報紙上找出共同的主 | 白板架 |
| --- | --- | --- |
| 20分鐘 | 題，並將這些共同的主題記錄在另一張白板架海報紙上。詢問團隊該如何運用這些所學。 | |

## 練習後活動

- 將完成的竊聽練習白板架海報紙製作成電子檔，傳給所有團隊成員，請大家提供建議。
- 新成員加入團隊時，可以分享這份資訊。
- 至少每年都檢討並調整團隊的環境一次。

## 已完成竊聽練習範例
### 海報紙 1
羅伯特·史密斯

| 我對於這個團隊其他成員的期許 | 我希望六個月之後，大家會這樣形容我 |
| --- | --- |
| 1. 做好你的工作 | 1. 優勢：發揮她在其他計畫中對介面設計的經驗，協助團隊創造出顧客覺得好用的產品 |
| 2. 不要有驚奇 | 2. 優勢：她所進行的任務品質卓越，且都如期完成 |
| 3. 沒有私下的意圖 | 3. 希望不要聽到：擔心別人為團隊進行的工作多於自己的工作內容 |

活動 20

# Wingfinder 測評

## 目的

**增進自我察覺**
提供團隊成員人際技巧、思考能力、創意、驅動力的洞察。

**強化團隊人才**
將團隊成員安排到能夠發揮優勢的職位上或領導專案中。

**建立互信**
分享性格的特質，用來改善團隊互信。

## 前置準備

**檢視資料**
檢視「人才」的分數，以及團隊評估調查或團隊訪談中的相關評語。是否有團隊成員對於其他成員的行為感到挫折？性格上的衝突？團隊成員在不適任的職位上工作？

**考慮重點**

- 這項活動的第一部分，是由團隊成員完成Wingfinder測評，作為團隊會議、異地會議、領導力發展計畫的前置準備工作。活動的第二部分則是檢視整體的Wingfinder結果，討論這些數據對團隊的意涵。
- 團隊成員完成評量之後，會收到兩份Wingfinder回饋報告。第一份是二十頁的完整報告，其中針對性格特質和心智能力提供相當詳細的資訊。第二份則是單頁的Wingfinder人才護照，僅列出個人的四大優勢，並無任何詳細內容。團隊改善活動只會使用Wingfinder人才護照。
- 團隊成員需要在異地會議之前，先將自己的Wingfinder人才護照寄給引導者。引導者將會採用這些護照的資料，製作一份報告，列出團隊的整體結果，然後在異地會議中予以分享。
- 引導者應該事先完成Wingfinder測評，並熟悉成功的四大領域、二十五項心理優勢、Wingfinder完整報告、Wingfinder人才護照。
- Wingfinder測評不收取費用。團隊成員在完成評量後，就會立即收到完整報告與人才護照。

**前置工作**

- 請提供Wingfinder資訊圖表、《團隊心理學》（The Psychology of Teams）的文章給團隊成員，協助他們了解Wingfinder模式。
- 團隊成員可以前往這個連結www.wingfinder.com，上網完成這項評量。團隊成員需要大約四十五分鐘的時間來完成這項評量。
- 引導者應使用Wingfinder團體報告版面來幫團隊製作團體報告。報告上的數據是每一位團隊成員的Wingfinder人才護照四大優勢的排序。

**所需時間**

- 這項活動需要介於三十到六十分鐘的時間，讓引導者製作Wingfinder團體報告。
- 需要六十到九十分鐘的時間來引導團隊進行Wingfinder回饋練習。

**空間需求**

請準備可以進行隱密對話的空間，並準備可以播放簡報的投影機。

**輔助材料需求**

- 請準備一份完成的Wingfinder團體報告給每位團隊成員。
- 團隊成員應攜帶自己的Wingfinder人才護照出席活動。

## 引導流程

| | | 輔助教材 |
|---|---|---|
| **步驟一**<br>1分鐘 | 確認所有參與者在活動開始之前，都已經有自己的Wingfinder人才護照。 | Wingfinder人才護照 |
| **步驟二**<br>1分鐘 | 介紹這次的活動，活動的目標是找出團隊成員的四大優勢、這些優勢如何影響團隊的動態與績效，並從活動中讓彼此更加了解。 | Wingfinder PPT 1 |
| **步驟三**<br>15-20分鐘 | 說明可聘用性（employability）的概念與模式、Wingfinder測評的信效度、媒體報導、四大維度以及二十五個子維度，以及人才護照。 | Wingfinder PPT 2-8 |
| **步驟四**<br>30-40分鐘 | 請將Wingfinder團體報告發給團隊成員，一起檢視。<br>討論團隊最主要的優勢，以及沒有優勢的領域對團隊的意涵。<br>討論團隊成員彼此之間相似、不同的優勢，討論這些結果如何在團隊克服挑戰、達成目標、完成工作任務、溝通、做決策上有所幫助或干擾，或是產生衝突。<br>詢問團隊成員他們的職位是否能夠讓他們發揮自己的優勢，而且如果在他們面臨壓力時，這些優勢會不會在團隊中過度顯現出來。<br>討論團隊如何運用Wingfinder團體報告結果來改善團隊的動態與績效。 | Wingfinder團體報告<br>Wingfinder PPT 9-11 |

## 練習後活動

- 請新進團隊成員完成Wingfinder測評。
- 新成員加入團隊時，可以分享團體的Wingfinder團體結果。

# 已完成Wingfinder團體報告範例

| Person 7 | Person 6 | Person 5 | Person 4 | Person 3 | Person 2 | Person 1 | | |
|---|---|---|---|---|---|---|---|---|
| | | 3 | 1 | | | 2 | Adaptable | **CREATIVITY** Creativity measures how original and innovative people's thinking is, or how logical and analytical it is. |
| | | | | | | | Focused | |
| | 4 | | | | | | Innovative | |
| | | | | | | | Pragmatic | |
| | 1 | | | 1 | | | Open to Experience | |
| 1 | | | | | | 1 | Classical | |
| | | 2 | 2 | | | | Diplomatic | **CONNECTIONS** Connections measure how well people manage relationships and work independently. |
| | | | | | | | Direct | |
| | | 4 | 1 | | | | Supportive | |
| | | | | | | | Autonomous | |
| | | | | | | | Sociable | |
| | 2 | | | | | | Independent | |
| | | | | | | | Balanced | |
| | | | 3 | | | | Emotive | |
| 4 | | | | | 3 | | Disciplined | **DRIVE** Drive measures the level of abilities people draw upon ambition |
| | 4 | | | | | | Relaxed | |
| | | | 4 | | | | Achiever | |
| 2 | | | | | | | Patient | |
| | 3 | | | | 3 | | Confident | |
| | | | | | 4 | | Modest | |
| | | 1 | | | | | Agile | **THINKING** Thinking measures the abilities people draw upon when solving problems. |
| | 2 | | | | 2 | | Analytical | |
| 3 | | | | | | 4 | Balanced Learner | |
| | | | 3 | | | | Hands-On Learner | |
| | | | | | | | Intuitive | |

活動 **21**

# 霍根性格量表（HPI）

**增進自我察覺**
提供團隊成員洞察他們的性格特質、別人對於自己的看法，以及團隊為何如此運作的情況。

**強化團隊人才**
將團隊成員安排到能夠發揮優勢的職位上或領導專案中。

**建立互信**
分享性格特質，用以改善團隊互信。

**檢視資料**
檢視「人才」的分數，以及團隊評估調查或團隊訪談中的相關評語。是否有團隊成員對於其他成員的行為感到挫折？性格上的衝突？團隊成員在不適任的職位上工作？

**考慮重點**

- 霍根性格量表（HPI）僅能由合格認證的人員進行與解讀。這位解讀人員可能是外部的諮詢顧問或是組織內受過認證的人員。
- 團隊領導者必須先決定究竟需要HPI洞察報告或潛力回饋報告。這兩份報告都提供極具洞察的資訊，潛力回饋報告還針對高階主管提供詳細且聚焦的資訊。霍根評量的合格認證人員可以協調設定需要的報告類型。
- 選項：HPI團體報告可以透過霍根合格認證人員訂購。
- 選項：團隊領導者可以在團隊會議、異地會議、領導力發展計畫之前或之後，安排團隊成員由霍根認證教練針對HPI結果進行一對一的回饋指導。如果由外部諮詢顧問進行這項服務，需支付額外的費用。

**前置工作**

這是團隊會議、異地會議或領導力發展計畫一週之前的前置活動。

**所需時間**

- 需要介於十五到二十分鐘的時間來讓團隊成員完成HPI。
- 需要六十到九十分鐘的時間來引導團隊進行HPI報告回饋時段。

**空間需求**

請準備可以進行隱密對話的空間，並準備可以播放簡報的投影機。

**輔助材料需求**

請準備一份HPI回饋報告給每位團隊成員。

## 引導流程

**輔助教材**

| | | |
|---|---|---|
| **步驟一**<br>1分鐘 | 介紹這次的活動，活動的目標是提供洞察、說明團隊成員在他人的眼中可能的樣貌，以及團隊為什麼會有特定的行為模式。 | HPI PPT 1 |
| **步驟二**<br>10分鐘 | 請團隊找出最重要的挑戰、目標與計畫，並將這些訊息寫在白板架海報紙上。另外，告訴團隊他們將檢討全體的性格可能幫助或干擾團隊的動態與績效。 | 白板架 |

| | | |
|---|---|---|
| **步驟三**<br>20-30分鐘 | 將HPI回饋報告發給大家，請他們翻至報告的圖表重點整理那一頁。將七項性格的特質分別用人群分布圖來展現，並請大家站起來，依照「調適」分數的高低圍成半圓形，半圓形的一端是最低分、另一端是最高分。説明「調適」的維度、高分群可能的樣貌，以及低分群可能的樣貌。根據「調適」分數的分布，請團隊找出這對團隊的挑戰、目標、計畫、角色、功能與績效有什麼意涵。<br>用同樣的流程進行「抱負」、「社交」、「人際敏感度」、「審慎」、「好奇」、「學習模式」等維度。 | HPI PPT 2<br>HPI回饋報告 |
| **步驟四**<br>20-30分鐘 | 先讓團隊成員有時間檢視自己的結果，再請他們分成兩人一組，分享自己從HPI洞察報告或潛力回饋報告中的所學。他們可以自行選擇分享的深度與廣度。 | HPI PPT 3<br>HPI回饋報告 |
| **步驟五**<br>15分鐘 | 進行大團體報告。團隊成員們從他們的HPI學到什麼？團隊該如何運用這項知識來改善團隊的動態與績效？有鑒於這份報告的內容，團隊要如何明確地承諾什麼作為？是誰要負責讓這些作為發生？什麼時候要開始和要如何評估進度？ | 選項：HPI團體報告 |

## 練習後活動

- 請新進團隊成員完成霍根性格量表（HPI）。
- 新成員加入團隊時，可以分享HPI團體報告的結果。

# 霍根性格量表團體報告類型範例

## HPI HPI Composite Profile

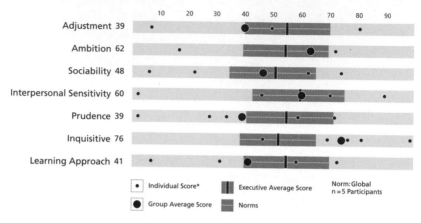

*Individual score dots sometimes represent more than one participant

## HPI HPI Average Scores

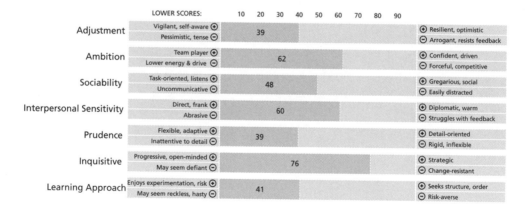

活動 **22**

# 霍根發展調查表（HDS）

目的

**增進自我察覺**
提供團隊成員洞察他們在壓力下可能會展現的行為，以及為何團隊會有阻礙績效
的表現。

**建立互信**
了解團隊的負面性格特質，用以改善團隊互信。

前置準備

**檢視資料**
檢視「人才」的分數，以及團隊評估調查或團隊訪談中的相關評語。是否有團隊
成員對於其他成員的行為感到挫折？性格上的衝突？團隊成員在不適任的職位上
工作？

## 考慮重點

- 霍根發展調查表（HDS）僅能由合格認證的人員進行與解讀。這位解讀認證人員可能是外部的諮詢顧問或是組織內受過認證的人員。
- 團隊領導者必須先決定究竟需要HDS洞察報告或挑戰回饋報告。這兩份報告都提供極具洞察的資訊，挑戰回饋報告還針對高階主管提供詳細且聚焦的資訊。霍根評量的合格認證人員可以協調設定需要的報告類型。
- 選項：HDS團體報告可以透過霍根認證人員訂購。
- 選項：團隊領導者可以在團隊會議、異地會議、領導力發展計畫之前或之後，安排團隊成員由霍根認證教練針對HDS結果進行一對一的回饋指導。如果由外部諮詢顧問進行這項服務，需支付額外的費用。

## 前置工作

這是團隊會議、異地會議或領導力發展計畫一週之前的前置活動。

## 所需時間

- 需要介於十五到二十分鐘的時間來讓團隊成員完成HDS評量。
- 需要六十到九十分鐘的時間引導團隊進行HDS報告回饋時段。

## 空間需求

請準備可以進行隱密對話的空間，並準備可以播放簡報的投影機。

## 輔助材料需求

請準備一份HDS回饋報告給每位團隊成員。

## 引導流程

**輔助教材**

| **步驟一**<br>1分鐘 | 介紹這次的活動，活動的目標是提供洞察、說明人們在壓力狀況時會有的行為模式，以及為什麼團隊會出現妨礙績效的行為。 | HDS PPT 1 |
| --- | --- | --- |

| | | |
|---|---|---|
| **步驟二**<br>10分鐘 | 請團隊找出最重要的挑戰，以及團隊在什麼時候最焦慮，並將這些訊息寫在白板架海報紙上。另外，請團隊成員列出、分享他們感到最受挫折、最焦慮的情況。告訴團隊他們將檢討在危機或高度焦慮的情況下，容易出現什麼樣的行為。 | 白板架 |
| **步驟三**<br>30-40分鐘 | 形容負面的性格特質，以及在什麼時候容易出現。將HDS洞察報告或挑戰回饋報告發給團隊成員，請他們翻至報告的圖表重點整理那一頁。詳細說明HDS中的十一項性格特質、百分位分數，以及中度與高度百分位得分項目的解讀。 | HDS PPT 2<br>HDS回饋報告 |
| **步驟四**<br>20-30分鐘 | 先讓團隊成員有時間檢視自己的結果、找出讓他們負面性格浮現的情況，以及自己決定如何調整。再請他們分成兩人一組，分享自己從HDS洞察報告或挑戰回饋報告中的所學、引爆點的情境，以及管理策略。他們可以自行選擇分享的深度與廣度。 | HDS PPT 3<br>HDS回饋報告 |
| **步驟五**<br>15分鐘 | 進行大團體報告。團隊成員們從他們的HDS學到什麼？團隊該如何運用這項知識來改善團隊的動態與績效？有鑒於這份報告的內容，團隊要如何明確地承諾什麼作為？是誰要負責讓這些作為發生？什麼時候要開始和要如何評估進度？ | 選項：HDS團體報告 |

## 練習後活動

- 請新進團隊成員完成霍根發展調查表（HDS）。
- 新成員加入團隊時，可以分享HDS團體報告的結果。

# 霍根發展調查表團體報告類型範例

## 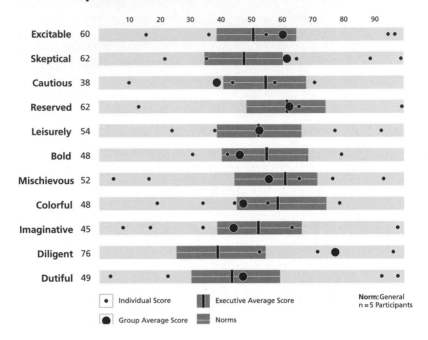 HDS HDS Composite Profile

## 霍根發展調查表團體報告類型範例

# HDS HDS Score Frequencies

| | LOWER SCORES: | 10 | 20 | 30 | 40 | 50 | 60 | 70 | 80 | 90 | HIGHER SCORES: |
|---|---|---|---|---|---|---|---|---|---|---|---|
| **Excitable** | Steady, patient ⊕<br>Lacks passion, urgency ⊖ | | 40 | | | 20 | | 40 | | | ⊕ Passionate<br>⊖ Volatile, unpredictable |
| **Skeptical** | Postive, trusting ⊕<br>Potentially Naïve ⊖ | | 40 | | | 20 | | 20 | | 20 | ⊕ Perceptive<br>⊖ Cynical, mistrusting |
| **Cautious** | Assertive, adventurous ⊕<br>Unafraid of failure ⊖ | | 40 | | | 40 | | | 20 | | ⊕ Careful, measured<br>⊖ Risk-averse, fears failure |
| **Reserved** | Supportive, engaging ⊕<br>Lacks toughness ⊖ | 20 | | | 60 | | | | 20 | | ⊕ Ignores factors<br>⊖ Volatile, unpredictable |
| **Leisurely** | Seeks feedback ⊕<br>Critical, confrontational ⊖ | | | 60 | | | | 20 | | 20 | ⊕ Cooperative<br>⊖ Passive aggressive |
| **Bold** | Modest, unassuming ⊕<br>Lacks confidence ⊖ | 20 | | | 60 | | | | 20 | | ⊕ Highly confident<br>⊖ Entitled, arrogant |
| **Mischievous** | Compliant, rule-following ⊕<br>Risk-averse, unpersuasive ⊖ | | 40 | | | 20 | | 20 | | 20 | ⊕ Charming, daring<br>⊖ Risk-taking, untrustworthy |
| **Colorful** | Restrained, mature ⊕<br>Low-impact communication ⊖ | | 40 | | | 40 | | | 20 | | ⊕ Interesting, dynamic<br>⊖ Dramatic, attention-seeking |
| **Imaginative** | Pragmatic, grounded ⊕<br>Unimaginative ⊖ | | | 60 | | | | 20 | | 20 | ⊕ Innovative, original<br>⊖ Eccentric, impractical |
| **Diligent** | Relaxed standards ⊕<br>Disorganized, hands-off ⊖ | | | 60 | | | | 40 | | | ⊕ Hardworking, perfectionist<br>⊖ Micromanages, overly tactical |
| **Dutiful** | Loyal, supportive ⊕<br>Dependent on others ⊖ | | | 60 | | | | 40 | | | ⊕ Independent, self-reliant<br>⊖ May seem rebellious |

■ No Risk (0-39%)　■ Low Risk (40-69%)　■ Moderate Risk (70-89%)　■ High Risk (90-100%)　　**Norm:** General

活動 23

# 新團隊成員報到工作清單

## 目的

**建立關係**

協助新團隊成員與同儕建立互信。

**驅動執行力**

協助新成員加速對團隊績效有所貢獻。

## 前置準備

**考慮重點**

- 每當新的成員加入團隊，就應進行這項活動。如果在團體成員加入的前二週內完成這項活動，並由多位團隊成員參與，效果更佳。
- 準備有團隊的環境分析、計分卡、角色責任矩陣、團隊運作節奏、規範等項目的電子檔，會有助於這項活動更順利進行。

**所需時間**

這項活動需要介於一到四個小時，分散於數週內完成。

**空間需求**

無

**輔助材料需求**

請準備一份新團隊成員報到工作清單給新團隊成員。

## 引導流程

| | | **輔助教材** |
|---|---|---|
| **步驟一**<br>60-120分鐘 | 選項A：在團隊成員加入的第一週之內，與對方一起檢視新團隊成員報到工作清單。 | 新團隊成員報到工作清單 |
| 120-240分鐘 | 選項B：與團隊成員一起檢視新團隊成員報到工作清單，並請／指派他們和即將加入的新團隊成員一起討論火箭模式的不同要素。請記下指派任務、完成日期，並將這份清單分享給所有相關人員。請確認在新團隊成員加入團隊的二週之內，完成此清單。 | 新團隊成員 PPT 1-2<br>新團隊成員報到工作清單 |

## 練習後活動

無

## 已完成新團隊成員報到工作清單範例

| 火箭模式要素 | 關鍵行動 | 誰 | 完成日期 |
|---|---|---|---|
| 環境 | • 團隊對於重要的顧客與競爭者有哪些了解？<br>• 誰是關鍵的內部與外部利益關係者？<br>• 團隊的政治與經濟現況是什麼？<br>• 團隊最重要的挑戰是什麼？ | 包伯 | 6月1日 |
| 使命 | • 團隊的目的與目標是什麼？團隊如何定義成功？<br>• 團隊的三十、六十、九十、一百二十天計畫是什麼？<br>• 目標與計畫的進度是什麼時候討論？ | 庫瑪 | 6月2日 |
| 人才 | • 團隊成員各自負責什麼？<br>• 新加入的成員，最需要與哪一位同仁密切共事？<br>• 團隊在績效上的獎勵是什麼？ | 茱莉 | 6月3日 |
| 規範 | • 團隊是用什麼流程或系統來完成工作？<br>• 這些流程或系統的培訓是什麼時候？<br>• 哪些是重要的交接工作？<br>• 團隊的團隊運作節奏和會議的規則是什麼？<br>• 團隊會議中討論／決定的事項是什麼？<br>• 團隊如何做決定？<br>• 團隊對於回覆電子郵件的規則是什麼？<br>• 團隊對於責任歸屬與當責機制是什麼？ | 爾尼斯多與狄湘 | 6月4-5日 |
| 認同 | • 團隊的新成員如何為團隊的成功帶來貢獻？ | 瑪莉 | 6月8日 |
| 資源 | • 有哪些資源可以運用？<br>• 新的成員需要哪些資源才能成功？<br>• 團隊擁有多少的權限與政治資產？ | 艾爾佛列德 | 6月9日 |
| 勇氣 | • 團隊衝突的規則是什麼？<br>• 什麼時候適合挑戰其他人？<br>• 有沒有不能討論的題材？ | 墨瑪 | 6月10日 |
| 結果 | • 團隊在過去一年的績效如何？<br>• 團隊如何獲勝？<br>• 團隊從過去的成功與錯誤中，學到了什麼？ | 吉爾 | 6月11日 |

## 第五節　規範

## 活動 24

# 團隊規範

## 目的

**驅動當責機制**
針對團隊成員的行為訂定清楚的期許。

**建立互信**
協助團隊針對可以接受、無法接受的團隊成員行為展開坦誠的對話。

## 前置準備

**檢視資料**
檢視「規範」與「勇氣」的分數，以及團隊評估調查或團隊訪談中的相關評語。評論中是否對於團隊成員的行為感到挫折？

**考慮重點**
團隊是否已經完成動機、價值觀及偏好調查問卷、霍根性格量表、霍根發展調查表或竊聽練習？這些並不是絕對必要的活動，但是在制定團隊規範時會有很大的幫助。

**所需時間**
這項活動需要介於六十到九十分鐘的時間。

空間需求

請準備可以進行隱密對話的空間，並準備可以播放簡報的投影機、白板架和供給小組使用的麥克筆。

輔助材料需求

請準備一份團隊規範表單給每位團隊成員。

## 引導流程

| | | 輔助教材 |
|---|---|---|
| **步驟一**<br>1分鐘 | 說明活動的目的就是針對團隊成員的態度與行為，建立一組大家都同意的規則。即是成員彼此之間如何相處、被詢問時要多快回應、如何處理歧見等。 | 團隊規範PPT 1 |
| **步驟二**<br>10-15分鐘 | 選項A：如果可以取得動機、價值觀及偏好調查問卷；霍根性格量表；霍根發展調查表或竊聽練習的結果，請跟團隊一起檢視這些資料，請他們從中找出潛在的團隊規範主題。可能討論的主題包括如何面對衝突、傳達急迫感、坦誠對話、完成承諾的事項、預設正向的意圖等。所提的主題應該記錄在白板架海報紙上。<br>選項B：如果無法取得，就請團隊找出需要在哪些層面制定規則，來規範成員的態度與行為。包括如何面對衝突、傳達急迫感、坦誠對話、完成承諾的事項、預設正向的意圖等。 | 白板架 |
| **步驟三**<br>15-30分鐘 | 請將團隊規範表分發給大家，檢視一份已完成的表格的範例。將這些題目分配給小組，請他們針對分配的規範，用白板架海報紙寫下定義、三項正面的行為、三項負面的行為（每項目十五分鐘）。 | 團隊規範 PPT 2-3<br>團隊規範表白板架海報紙1<br>請參考第332頁的已完成的團隊規範表白板架海報紙1範例 |

| | | |
|---|---|---|
| **步驟四**<br>60-90分鐘 | 請各小組針對指派的規範項目提出報告。大團體應該提問問題、表達意見，並視需求調整規範的定義與行為。請確認任何的調整意見、已確定的定義與行為都有被記錄在白板架海報紙上，才進行下一項規範的討論。重複此步驟，進行其他的規範項目（每一項規範，安排十分鐘的時間來進行）。 | 白板架 |

## 練習後活動

- 將團隊規範製作成電子檔傳給團隊成員，請他們提供更多的想法。
- 新成員加入團隊時，可以分享這份團隊規範。
- 定期請團隊評估團隊成員是否遵守這些團隊規範，可選以下作法：
  - 選項一：請團隊成員以一隻手的手指來給分，一隻手指代表遵守程度很低、三隻手指代表相當遵守、五隻手指代表遵守度很高。另外，每一次討論一項規範，用一隻手的手指數量來投票。接著計算平均分數，然後討論給分的高低，以及團隊在在規範上需要有什麼不同的作法，才能得到四隻手指或五隻手指的分數。重複進行這些步驟，依序討論其他的規範。（三十分鐘）
  - 選項二：請將團隊規範作為團隊前饋練習的一部分（請參考第306頁）。
  - 選項三：將評分表納入團隊規範中，計分標準為1 = 很少、3 = 某種程度、5 = 非常多。將團隊成員的名字列在另一張團隊規範評分表上。幫每位團隊成員準備一份評分表，請每位團隊成員用這張評分表幫其他所有成員評分。團隊成員將完成的表單蒐集起來並加以整理。將同儕的回饋提供給各位成員，請他們分享自己的收穫，想要繼續維持的事項，想要開始做、停止或有不同作法的事項。將這些重要的收穫、要繼續維持、開始、停止、有不同作法的事項記錄在白板架海報紙上，並標註姓名。最後視需求檢視承諾事項的進度（需要九十分鐘來準備、評分、蒐集、彙整同儕的團隊規範評分表；需要六十到九十分鐘來引導團隊規範回饋的討論）。

# 已完成團隊規範表範例
## 海報紙 1

| 規範：發展有益的衝突 | 定義：有益的衝突可以促使團隊成員在回應時不會有後遺症、發展出多元的觀點，也幫助團隊做出最好的決定。「持有不同的意見」是沒問題的。 |
|---|---|
| 正面行為的範例：<br>＋提問問題，並且在其他人說明自己觀點時不要打斷對方。<br>＋針對一項議題可以自在地表達自己的觀點。<br>＋夥伴，我想要表達我的反對意見…… | 負面行為的範例：<br>－主導討論，不讓其他人發言。<br>－無法表達意見、提問問題或肯定其他人的觀點。<br>－在會議之後跟團隊成員或團隊領導者提出反對想法，而不是在會議中表達想法。<br>－會議中討論、意見未被採納後，無法遵守團隊的決定。 |

# 已完成同儕團隊規範評分表範例
## 鮑伯・史密斯

| 你對這位團隊成員如何評分： | 評分分數<br>1 = 很少<br>3 = 某種程度<br>5 = 非常多 |
|---|---|
| 發展有益的衝突 | 4 |
| 顧客導向 | 4 |
| 急迫感 | 2 |
| 把工作任務完成 | 2 |
| 提供彼此的支持 | 4 |
| 承擔責任 | 2 |
| 沒有驚奇 | 4 |

# 活動 25

# 團隊運作節奏

## 目的

**改善效率**
讓團隊成員的時間運用更有效率、有效能。

**驅動當責機制**
針對團隊成員在會議中的行為，制定明確的期許。

## 前置準備

**檢視資料**
檢視「規範」的分數，以及團隊評估調查或團隊訪談中的相關評語。評論中是否對於團隊會議感到挫折？

**考慮重點**
- 團隊目前的運作節奏是什麼？什麼時候開會、會議時間多長、誰出席這些會議、會議的目的是什麼……？這些會議的效率和效能有多高？
- 這是高階團隊還是虛擬團隊？董事會或投資者會議？會議的準備、團隊成員位居不同地區等問題，都需要在建立團隊運作節奏與主要行事曆時列入考量。

**所需時間**
這項活動需要介於六十到九十分鐘的時間。

**空間需求**
請準備可以進行隱密對話的空間，並準備可以播放簡報的投影機、白板架和供給小組使用的麥克筆。

**輔助材料需求**
請準備一份團隊運作節奏講義給每位團隊成員。

## 引導流程

| | | 輔助教材 |
|---|---|---|
| **步驟一**<br>1分鐘 | 介紹這項活動，說明活動的目的就是建立一套大家都同意的團隊會議規則。 | 團隊運作節奏PPT 1 |
| **步驟二**<br>10分鐘 | 請將團隊運作節奏講義分發給大家。請說明三種類型的團隊會議，以及講義中的會議結構表與參與規則表。 | 團隊運作節奏 PPT 2-4<br>團隊運作節奏講義 |
| **步驟三**<br>20分鐘 | 將例行進度報告會議、計分卡檢討會議、特別主題會議、參與規則分配給四個小組。前面三個小組針對分配的會議類型歸納出會議結構，並製作成白板架海報紙。第四個小組則是訂定適用這三種會議類型的參與規則，並製作成白板架海報紙。 | 團隊運作節奏 PPT 5<br>白板架海報紙1- 2<br>請參考第336頁的已完成的會議結構表白板架海報紙1範例以及第337頁的參與規則表白板架海報紙2範例 |

| | | |
|---|---|---|
| **步驟四**<br>30-60分鐘 | 請向大團體針對例行進度報告的會議結構表提出報告。大團體應該提問問題、表達意見，並視需求調整會議結構。請確認任何的調整意見、已確定的會議結構都有被記錄在白板架海報紙上，才進行下一個會議的討論。重複此步驟，進行計分卡檢討會議、特別主題會議、參與規則等項目。視需求整合／調整會議類型與參與規則。 | 白板架 |
| **步驟五**<br>10分鐘 | 請檢視團隊運作節奏講義中的GRPI表單，要求會議負責人製作、發放GRPI，以及其他前置的資料，在下次會議以及往後的會議前提供。 | 團隊運作節奏 PPT 6 |

## 練習後活動

- 請將會議結構表和參與規則表的初步想法製作成電子檔。將會議日期放入年度行事曆，並將會議結構表、參與規則表以及年度行事曆轉傳給團隊成員，請他們提供更多的想法。
- 為了有效率和效能運用每個人的時間，請確認所有會議均採用GRPI。
- 請每半年一次檢視會議結構表、參與規則表、年度行事曆。

# 已完成會議結構表範例
# 海報紙 1

| 會議特質 | 團隊回應 |
|---|---|
| **會議類型／功能**<br>（例行進度報告、計分卡檢討、策略訂定、年度預算等） | 每個月的計分卡檢討 |
| **日期**<br>（應該在什麼時候開這項會議？） | 每個月5號 |
| **時間**<br>（會議進行的時間有多久？） | 8:00-11:50 AM CST |
| **地點**<br>（會議在什麼地方舉行？） | 聖保羅會議室，其他採視訊 |
| **參與者**<br>（誰需要出席會議？） | 業務單位領導團隊的十二位成員全員參加 |
| **目標、議程、負責人員**<br>（誰訂定會議目標與會議流程？如果要增加討論項目，如何提出，以及什麼時候傳達？） | 業務單位總裁史提夫・史密斯負責這次會議；康妮・歐森將會整理會議提案，將議程與前置資料最晚每個月3號前提供給與會者 |

# 已完成參與規則表範例
## 海報紙 2

| 建議規則 | 團隊回應 |
| --- | --- |
| **準時性／出席狀態**<br>（可以遲到／早退／不出席會議嗎？） | 大家最晚7:55前就位；任何例外都必須先告知史提夫<br>8:00之後到場要罰20美元 |
| **會議管理**<br>（嚴格遵守議程／可以延誤嗎？） | 康妮會檢視議程，確認會議準時開始 |
| **會議前是否需要前置作業？**<br>（要／不要？要提前多久準備？） | 議程、計分卡、會議前置資料最晚在每個月3號前送出 |
| **會議行為準則**<br>（開放態度、參與度、尊重、平等的參與等）<br>請明確說明 | 前置資料應在開會前就先看完<br>簡報的用語要直接，不須拐彎抹角<br>可以提問挑戰的問題<br>可以提出建議與想法<br>發言前，請先聆聽與理解 |
| **可以使用筆記型電腦、平板、電話等裝置嗎？**<br>（可以還是不可以？還是什麼時候可以？） | 會議中不得使用任何裝置 |
| **會議中可以接電話嗎？**<br>（可以還是不可以？還是什麼時候可以？） | 除非事先告知史提夫，否則不得在會議中接電話。請在會議室外講電話 |
| **可以請代理人出席還是邀請來賓一起開會？**<br>（可以還是不可以？還是什麼時候可以？） | 除非史提夫同意，否則不得請代理人出席或邀請來賓 |
| **簡報禮儀**<br>（需要攜帶簡報的紙本？可以在簡報過程中提問問題，還是等結束再提問？） | 如果簡報內容有附屬的細則，應該同時提供紙本。問題應在簡報結束後再提問 |
| **其他參與規則** | 如果某個主題是由次團隊、團隊某位成員，或層級在一、兩層以下的同仁處理，就鼓勵團隊成員邀請他們參與 |

活動 **26**

# 團隊營運層面

## 目的

**改善效能**
確認團隊正處理對的議題。

**改善賦權機制**
協助團隊將決策指派給適切的人員。

## 前置準備

**檢視資料**
檢視「規範」的分數，以及團隊評估調查或團隊訪談中的相關評語。評論中是否對於團隊不夠策略性或是無法做出決定而感到挫折？

**考慮重點**
這是高階領導團隊嗎？如果是的話，這項活動的結果對於組織的其他階層將有深遠的影響。高階領導團隊無法充分授能的話，會讓員工感到無力投入工作，影響員工的離職率。

**所需時間**
這項活動需要介於六十到一百二十分鐘的時間。

**空間需求**
請準備可以進行隱密對話的空間，並準備可以播放簡報的投影機、白板架和供給小組使用的麥克筆。

**輔助材料需求**
請準備一份團隊營運層面講義給每位團隊成員。

## 引導流程

| | | **輔助教材** |
|---|---|---|
| **步驟一**<br>1分鐘 | 介紹這項活動，說明活動的目的就是確認團隊處理適切的議題，並在正確的層面運作。 | 團隊營運層面PPT 1 |
| **步驟二**<br>10-15分鐘 | 請將團隊營運層面講義分發給大家。請說明團隊營運層面的概念，以及團隊在會議中會處理的五種議題類型。並說明高績效的團隊會有效率地運用時間，將最多的時間花在合理的議題，將最少的時間用於講義中描述的其他議題上。 | 團隊營運層面 PPT 2<br>團隊營運層面講義 |
| **步驟三**<br>15分鐘 | 請團隊成員每個人找出每一個不同類型的相關議題，估計投入在這些議題的時間比例。講義完成之後，這五種類型的比例加總應該是100%。 | 團隊營運層面講義 |

| | | |
|---|---|---|
| **步驟四**<br>20-30分鐘 | 將團隊成員分成三到四個小組。小組應討論「緊急但是不重要」的議題，並針對應該投入於這些議題的時間比例達成共識，然後將這些寫在白板架海報紙上。接著應該在其他四個類型重複同樣的步驟，並調整比例，以致於加總起來為100%。 | 團隊營運層面 PPT 3-4<br>白板架海報紙1<br>請參考第341頁的已完成的團隊營運層面分析白板架海報紙1範例 |
| **步驟五**<br>30-40分鐘 | 請小組向大團體報告這五個主題。每一組都應該報告屬於「緊急但是不重要」的議題，說明花在每一個議題的時間。最後應針對應該投入在這些議題的時間上達成共識，並標記需要做的調整，記錄在白板架海報紙上。接著同樣進行其餘的四個類型。 | 白板架 |
| **步驟六**<br>15-20分鐘 | 團隊應該建立行動計畫，減少花在緊急但是不重要的議題、未解決的議題、可授權的議題、次團隊的議題的時間。 | 團隊營運層面 PPT 5<br>團隊營運層面講義<br>白板架海報紙2<br>請參考第342頁的已完成的團隊營運層面行動計畫白板架海報紙2範例 |

## 練習後活動

- 將投入於不同主題時間的資料，以及投入更多時間在合理議題的行動計畫製作成電子檔，傳給團隊成員，請他們提供更多的想法。
- 請於六個月後再度進行團隊營運層面的練習，確認用在進行合理議題的時間比例有所改善。

# 已完成團隊營運層面分析範例
## 海報紙 1

| 主題 | 這些議題是什麼？ | 投入的時間比例 |
|---|---|---|
| 緊急但不重要的議題 | 下次全體員工會議的座位安排討論<br>員工停車位<br>午餐菜單等議題 | 10% |
| 未解決的議題 | 持續成長倡議<br>Keystone收購計畫 | 15% |
| 可授權的議題 | 廠商出差政策<br>工作説明書（SOW）表單<br>客戶關係管理系統（CRM）更新的初步研究調查 | 25% |
| 團隊 vs. 次團隊的議題 | 歐洲產品的價格與銷售<br>交通成本的降低<br>社群媒體企劃 | 30% |
| 合理的議題 | 市場與競爭者分析<br>組織策略<br>年度目標與預算<br>業績成果<br>董事會人才計畫的簡報準備 | 20% |

# 已完成團隊營運層面行動計畫範例
## 海報紙 2

| 議題 | 行動 | 負責人員 |
|---|---|---|
| 緊急但不重要的議題 | 每次提出不重要但是緊急的主題時，團隊都會呼叫，決定是否忽略這個主題，或將這個主題交付給個人或小組來進行。 | 瓊尼 |
| 未解決的議題 | 最晚在1/30之前針對最優先三項持續成長機會做出最後決定。<br>最晚在1/30之前針對Keystone收購案做最後的決定。 | 團隊<br><br>團隊 |
| 可授權的議題 | 請財務部的愛莉在2/15之前針對廠商差旅政策提出最後建議。<br>請法務的史蒂芬妮為所有產品與服務製作標準的SOW表單。<br>請業務的荷西與IT的雅希斯提出CRM升級的建議與成本，並請於4/1之前完成。 | 愛莉<br><br>史蒂芬妮<br><br>荷西與雅希斯 |
| 團隊 vs. 次團隊的議題 | 所有產品的價格議題僅需要區域主管、產品部門主管、行銷、財務部參與。產品部門主管做最後決定。<br>財務與供應鏈部門會檢視交通的方案，供應鏈部門主管會針對降低成本提議做最後決定。<br>社群媒體策略將由行銷、產品部門主管、區域主管和業務部門來決定，行銷部門做最後決定。 | 產品部門主管<br><br>供應鏈部門<br><br>行銷部門 |

活動 27

# 決策機制

| 目的 |
| :---: |

**改善效率**
做決定時能夠運用團隊的長才與時間。

**改善賦權機制**
釐清團隊成員的決策權。

| 前置準備 |
| :---: |

**檢視資料**
檢視「規範」的分數，以及團隊評估調查或團隊訪談中的相關評語。評論中是否對於團隊決策過程感到挫折？

**考慮重點**
這是高階領導團隊或矩陣式團隊嗎？如果是的話，請理解這樣的團隊經常出現無法決定誰該參與哪些決策、決策的方式或最後決策者到底是誰的問題。

**所需時間**
這項活動需要介於六十到一百二十分鐘的時間。

**空間需求**

請準備可以進行隱密對話的空間，並準備可以播放簡報的投影機、白板架和供給小組使用的麥克筆。

**輔助材料需求**

請準備一份決策機制講義給每位團隊成員。

## 引導流程

輔助教材

| | | |
|---|---|---|
| **步驟一**<br>1分鐘 | 介紹這項活動，説明活動的目的就是釐清最後的決策者，以及在不同決定過程中應該參與的人員。 | 決策機制PPT 1 |
| **步驟二**<br>10分鐘 | 請將決策機制講義分發給大家。請描述三種決策類型的優缺點，以及適用的時機。 | 決策機制 PPT 2<br>決策機制講義 |
| **步驟三**<br>10-15分鐘 | 請團隊想出六到八項團隊過去三個月來所做的重要決策，將這些決策列在過去決策表的最左行，並請團隊成員同樣記錄在自己的講義上。接著請團隊成員分別標註參與的人員、使用的決策類型，以及最後的決策者。 | 決策機制 PPT 3-4<br>白板架海報紙 1<br>請參考第345頁的已完成的過去決策表白板架海報紙 1範例 |
| **步驟四**<br>20-40分鐘 | 請針對每一項決策，請團隊成員分享參與的人員、當時採用的決策類型，以及最後的決策者是誰。鼓勵大家討論，並針對每一項決定的三項要素取得共識。在白板架海報紙上寫下針對參與人員、決策類型以及最後決策者達成的共識。討論完所有過去的決策之後，詢問團隊在這項練習中的收穫，以及如何運用在未來的決策上。 | 決策機制講義<br>白板架 |

| 步驟五 | 請團隊列出在接下來三至六個月內，團隊需要做出的六至八項重要的決策。請務必將大家認為可能對決策如何進行感到困惑的決定列出來。將這些決定列在白板架海報紙表單的最左行的未來決策，以及講義中的未來決策表中。然後由團隊成員們討論出應該參與的人員、應該使用的決策類型，以及每一項決定的最後決策者。 | 決策機制講義<br>白板架 |
| --- | --- | --- |
| 30-40分鐘 | | |

## 練習後活動

- 將未來決策表製作成電子檔傳給團隊成員，請他們提供更多的想法。
- 新成員加入團隊時，可以分享這份未來決策表，並視需求進行決策機制練習，來釐清決策類型、負責人員以及參與人員。

## 已完成過去決策範例
## 海報紙 1

| 什麼主題？ | 誰會參與？ | 如何做決定？<br>（A、IG或C） | 最後<br>決策者？ |
| --- | --- | --- | --- |
| 1. Dreeble收購 | 財務長（CFO）、 CEO、業務發展部門 | IG | CEO |
| 2. 新上任的CFO | 執行領導團隊 | IG | CEO |
| 3. 結束Bakken的營運 | 執行領導團隊 | IG | CEO |
| 4. 醫療健保福利 | 執行領導團隊 | IG | CHRO |
| 5. 新品牌 | CEO | A | CEO |
| 6. 全新CRM軟體包裝 | 資訊長（CIO）、CFO 與CEO | IG | CEO |
| 7. IT委外決策 | CIO、CFO 與CEO | IG | CIO |

活動 28

# 團隊溝通模式

## 目的

### 改善效率
釐清對於團隊成員在溝通上的期望。

### 建立互信
分享資訊，降低團隊成員經歷的驚訝次數。

## 前置準備

### 檢視資料
檢視「規範」的分數，以及團隊評估調查或團隊訪談中的相關評語。評論中是否出現對於資訊沒有分享、感到驚訝或未被告知，或是團隊不能討論部分議題而有所抱怨？

### 考慮重點
這是虛擬團隊嗎？時區與語言的差異可能讓團隊成員彼此的溝通更為困難。

**所需時間**
這項活動需要介於三十到七十五分鐘的時間。

**空間需求**
請準備可以進行隱密對話的空間,並準備可以播放簡報的投影機、白板架和麥克筆。

**輔助材料需求**
請準備一份團隊溝通模式講義給每位團隊成員。

## 引導流程

| | | 輔助教材 |
|---|---|---|
| **步驟一**<br>1分鐘 | 介紹這項活動,說明活動的目的就是針對團隊的溝通建立明確的規則。 | 團隊溝通模式PPT 1 |
| **步驟二**<br>5-10分鐘 | 請將團隊溝通模式講義分發給大家。請團隊成員以1到5的給分方式,為溝通的七項要素進行評分。 | 團隊溝通模式 PPT 2<br>團隊溝通模式講義 |
| **步驟三**<br>20-30分鐘 | 請團隊成員將自己的分數寫在團隊溝通模式白板架海報紙上。一次根據一項要素,請團隊成員討論團隊的分數範圍、平均分數、團隊可以做些什麼來改善分數。請將改善事項列在另一張白板架海報紙上。剩餘每一項要素都重複這些步驟。 | 團隊溝通模式 PPT 3<br>團隊溝通模式講義<br>白板架海報紙 1<br>請參考第349頁的已完成的溝通評估表白板架海報紙1範例 |

| | | |
|---|---|---|
| **步驟四**<br>20-30分鐘 | 所有七項溝通要素都完成討論之後，請團隊建立明確的規則，可以改善團隊的溝通，並請將這些列在白板架海報紙上。 | 團隊溝通模式 PPT 4<br>團隊溝通模式講義<br>白板架海報紙 2<br>請參考第349頁的已完成的溝通規則白板架海報紙2範例 |

## 練習後活動

- 將溝通規則製作成電子檔傳給團隊成員，請他們提供更多的想法。
- 新成員加入團隊時，可以分享這份溝通規則。
- 定期請團隊評估團隊成員是否遵守這些規則，可選以下作法：
  - 選項一：請團隊成員以一隻手的手指來給分，一隻手指代表遵守程度很低、三隻手指代表相當遵守、五隻手指代表遵守度很高。另外，每一次討論一項溝通規則，用一隻手的手指數量來投票。接著計算平均分數，然後討論給分的高低，以及團隊在規則上需要有什麼不同的作法，才能得到四隻手指或五隻手指的分數。重複進行這些步驟，依序討論其他的規則。（三十分鐘）
  - 選項二：可將溝通規則作為團隊前饋練習的一部分（請參考第306頁）。

## 已完成溝通評估範例
### 海報紙 1

| 你會如何評分： | 評分分數<br>1 = 不足<br>3 = 還好<br>5 = 優秀 |
|---|---|
| 團隊整體溝通的水平？ | 3、2、3、2、2、4、3 |
| 你所收到的資訊的品質、數量、即時性如何？ | 2、1、1、2、3、4、2 |
| 團隊主要溝通模式的效率（電子郵件、語音信箱、簡訊、影片、面對面互動等）如何？ | 3、3、4、3、4、5、4 |
| 你是否能相信團隊成員不分享私密對話或機密資訊？ | 4、3、5、3、4、4、5 |
| 團隊成員對於其他人要求的反應度？ | 1、2、1、1、1、2、2 |
| 團隊會議中所有成員的參與程度？ | 4、4、3、5、3、4、3 |
| 團隊會議中提出困難的問題並順利解決的程度？ | 1、5、2、3、2、1、2 |

## 已完成溝通規則表單範例
### 海報紙 2

| 主題 | 溝通規則 |
|---|---|
| 資訊不足 | • 每二週一次團隊會議將會提供企業與團隊成員的最新進度。<br>• 所有與企業資源規劃（ERP）執行的相關資訊都會在二十四小時內傳達給所有團隊成員。 |
| 回應程度 | • 所有電子郵件都會在二十四小時內回覆。<br>• 如有更急迫的需求，就會用電話或簡訊傳達，除非另有規範，否則都需要在三小時內回覆。 |
| 困難的議題 | • 團隊成員將被要求分享他們對問題與潛在解決方案的看法。他們應該被尊重，但是不用刻意美化他們的想法。<br>• 如果在會議中沒有提出問題，就不可以抱怨團隊的決策。 |

活動 **29**

# 當責機制

| 目的 |
| --- |

**改善責任感**
釐清未遵守規範以及未達績效標準所需接受的後果。

**降低偏袒行為**
釐清對於團隊成員的績效與行為的期望。

| 前置準備 |
| --- |

**檢視資料**
檢視「規範」的分數，以及團隊評估調查或團隊訪談中的相關評語。評論中是否出現對於偏袒行為、責任感、當責機制、事項的完成、未遵守規則，或是不懲罰未達績效的表現有所抱怨？

**考慮重點**

- 責任感與當責機制是團隊常見的問題。團隊領導者應該讓所有成員承諾完成團隊需要完成的事項與規則，也必須能夠確認團隊成員遵守這些承諾。這表示，他們必須熟悉擔任團隊指揮官的角色。大部分的時間，偏袒的行為以及未承擔後果，比欠缺團隊的當責機制更為嚴重。許多團隊領導者想要受歡迎，因而不想要面對團隊成員的不當行為。

- 抱怨成員們不願承擔責任、無當責機制的團隊領導者，需要自行反省。許多團隊領導者希望成員負責任，但是卻自己做決定；要當責機制，但是不願意懲罰未達成目標、績效不佳的表現。

**所需時間**

這項活動需要介於三十到七十五分鐘的時間。

**空間需求**

請準備可以進行隱密對話的空間，並準備可以播放簡報的投影機、白板架和麥克筆。

**輔助材料需求**

請準備一份當責機制講義給每位團隊成員。

| | 引導流程 | |
|---|---|---|
| | | **輔助教材** |
| **步驟一**<br>1分鐘 | 介紹這項活動，說明活動的目的就是針對責任感以及對績效的期望建立明確的規則。 | 當責機制PPT1 |
| **步驟二**<br>5-10分鐘 | 請將當責機制講義分發給大家。請團隊成員以1到5的給分方式，針對當責機制的八項要素進行評分。 | 當責機制 PPT 2<br>當責機制講義 |

| | | |
|---|---|---|
| **步驟三**<br>20-30分鐘 | 請團隊成員將自己的分數寫在當責機制白板架海報紙上。一次根據一項要素，請團隊成員討論團隊的分數分布、平均分數、團隊可以做些什麼來改善分數。請將改善事項列在另一張白板架海報紙上。剩餘每一項要素都重複這些步驟。 | 當責機制 PPT 3<br>當責機制講義<br>白板架海報紙 1<br>請參考第353頁的已完成的當責評估表白板架海報紙 1範例 |
| **步驟四**<br>20-30分鐘 | 所有八項的當責要素都完成討論之後，請團隊建立可以改善責任感與當責機制的明確規則，並請將這些列在白板架海報紙上。 | 當責機制 PPT 4<br>當責機制講義<br>白板架海報紙 2<br>請參考第354頁的已完成的當責規則白板架海報紙 2範例 |

## 練習後活動

- 將當責規則製作成電子檔傳給團隊成員，請他們提供更多的想法。
- 新成員加入團隊時，可以分享這份當責規則。
- 定期請團隊評估團隊成員是否遵守這些規則，可選以下作法：
  - 選項一：請團隊成員以一隻手的手指來給分，一隻手指代表遵守程度很低、三隻手指代表相當遵守、五隻手指代表遵守度很高。另外，每一次討論一項當責規則，用一隻手的手指數量來投票。接著計算平均分數，然後討論給分的高低，以及團隊在規則上需要有什麼不同的作法，才能得到四隻手指或五隻手指的分數。重複進行這些步驟，依序討論其他的規則。（三十分鐘）
  - 選項二：可將當責規則作為團隊前饋練習的一部分（請參考第306頁）。

# 已完成當責評估範例
## 海報紙 1

| 你會如何評分： | 評分分數<br>1 = 不足<br>3 = 還好<br>5 = 優秀 |
|---|---|
| 團隊成員的角色是否清晰？ | 2、2、3、4、1、3、2 |
| 對於指派的任務以及績效的期望是否清晰？ | 1、2、2、3、1、3、3 |
| 團隊規範是否清楚？ | 2、3、3、2、2、1、4 |
| 團隊每位成員完成指派任務，是否準時且品質卓越？ | 4、2、3、3、4、4、5 |
| 團隊成員是否能為自己所犯的錯誤負責？ | 3、4、3、4、4、3、5 |
| 團隊成員是否得到公平且平等的對待？ | 3、4、4、3、5、3、4 |
| 團隊成員們是否以平等的方式被要求為自己的行為與績效負責？ | 5、3、4、1、1、1、2 |
| 如果未能遵守團隊規則或績效未達水準，是否需要承擔後果？ | 2、3、3、2、2、2、1 |

## 已完成當責規則表單範例
## 海報紙 2

| 主題 | 溝通規則 |
|---|---|
| 釐清團隊成員的角色以及指派任務 | • 團隊製作一份角色責任矩陣表，釐清團隊成員的角色。團隊成員應該妥善且準時完成指派的任務。<br>• 如果對於指派的工作有任何疑問，團隊成員應該直接找團隊領導者確認，釐清對工作的期望。如果團隊成員並未表達意見，這表示對於需要完成的交付事項並無疑問。 |
| 釐清團隊規範 | • 團隊會針對如何一起工作建立明確的規則。<br>• 團隊成員將會在每一季提供同儕回饋，用來評估是否每位成員都遵守團隊的規則。 |
| 偏袒行為 | • 所有團隊成員必須遵守團隊規範，也會以同樣的標準對績效有所要求。<br>• 團隊成員將固定在每一季提供匿名的回饋，反應是否每個人都以同樣的標準被檢視，也會在團隊會議時將此回饋分享給大家。 |
| 承擔後果 | • 團隊領導者將要求團隊成員對於違反規則或未達績效時負起責任。最開始是進行一對一的討論，了解為什麼會違反規則、如何在未來預防再犯。團隊領導者也應視需求追蹤違反規則的狀況。 |

活動 30

# 自我調適

## 目的

**改善團隊合作**
針對團隊優勢以及需要改善的地方蒐集回饋。

**建立互信**
展開對話，討論如何改善團隊功能與績效。

## 前置準備

**檢視資料**
是否擔心缺乏團隊合作、團隊動態不足，或是團隊績效不佳？

**考慮重點**
要評估團隊的功能與績效有許多方式，其中兩項效果最好的，就是團隊評估調查回饋報告和團隊訪談報告。請團隊成員評估團隊分數結果與常模的比較，會很有幫助。這項活動同時還可以蒐集即時的團隊動態回饋。

**所需時間**

這項活動需要介於三十到七十五分鐘的時間。

**空間需求**

請準備可以進行隱密對話的空間，並準備可以播放簡報的投影機、白板架和麥克筆。

**輔助材料需求**

請準備一份自我調適講義給每位團隊成員。

## 引導流程

| | | 輔助教材 |
|---|---|---|
| **步驟一**<br>1分鐘 | 介紹這項活動，說明活動的目的就是針對團隊目前的動態蒐集回饋。 | 自我調適PPT 1 |
| **步驟二**<br>5-10分鐘 | 請將自我調適講義分發給大家。請團隊成員以1到5的給分方式，分別針對自我調適的十項要素進行評分。 | 自我調適 PPT 2<br>自我調適講義 |
| **步驟三**<br>20-30分鐘 | 請團隊成員將自己的分數寫在自我調適白板架海報紙上。一次根據一項要素，請團隊成員討論團隊的分數分布、平均分數、團隊可以做些什麼來改善分數。請將改善事項列在另一張白板架海報紙上。剩餘每一項要素都重複這些步驟。 | 自我調適PPT 3<br>白板架海報紙 1<br>請見第357頁的已完成的自我調適表白板架海報紙1範例 |
| **步驟四**<br>20-30分鐘 | 所有十項的自我調適要素都完成討論之後，請團隊找出最適合解決需要改善地方的團隊改善活動、誰會負責引導該活動，以及活動進行的日期。請將細節列在白板架海報紙上。 | 自我調適 PPT 4<br>自我調適講義<br>白板架海報紙 2<br>請見第358頁的已完成的團隊改善計畫白板架海報紙 2範例 |

## 練習後活動

- 將團隊改善計畫製作成電子檔傳給團隊成員，請他們提供更多的想法。
- 新成員加入團隊時，可以分享團隊改善計畫。
- 執行團隊改善計畫。

## 已完成自我調適表單範例
## 海報紙 1

| 你會如何評分： | 評分分數<br>1 = 不足<br>3 = 還好<br>5 = 優秀 |
|---|---|
| 針對團隊面臨的情況與挑戰的共識程度？ | 3、4、4、3、2、4 |
| 團隊目的是否清晰，以及團隊目標有意義且可衡量的程度？ | 2、3、2、3、3、2 |
| 團隊成員角色是否清晰，他們是否具備擔任角色的能力，以及大家成為團隊一分子的程度如何？ | 2、3、1、2、3、2 |
| 團隊會議的效率與效能？ | 4、3、4、4、4、3 |
| 團隊如何做決定？ | 4、3、4、3、5、4 |
| 團隊成員是否能夠負責任遵守團隊規則、完成工作？ | 3、2、2、2、2、1 |
| 對於團隊目標、角色、規則的承諾？ | 2、3、4、3、4、2 |
| 團隊是否具備可以完成其目標的資源？ | 4、5、5、5、4、4 |
| 團隊如何管理衝突？ | 3、4、3、3、4、4 |
| 團隊的績效是否呼應其目標？競爭對手呢？ | 2、3、1、3、1、2 |

## 已完成團隊改善計畫範例
## 海報紙 2

| 團隊改善領域 | 團隊改善活動 | 負責人員 | 日期 |
|:---:|---|---|---|
| **目的** | 團隊目的 | 恆安 | 6/25 |
| **目標** | 團隊計分卡 | 迪溫 | 7/15 |
| **計畫** | 團隊行動計畫 | 敏恩 | 8/15 |
| **角色** | 角色責任矩陣 | 羅斯提拉芙 | 8/31 |
| **當責機制** | 當責機制 | 史蒂芬 | 9/15 |

## 第六節　認同

# 活動 31

# 人生旅程

### 目的

**改善團隊人才**
理解團隊成員過去的經歷可以協助團隊更有效運用其人才。

**建立互信**
與其他團隊成員展現脆弱的一面、分享個人經驗，更能建立團隊信任感。

### 前置準備

**檢視資料**
檢視「認同」與「勇氣」的分數，以及團隊評估調查或團隊訪談中的相關評語。
這其中是否出現對於互信不足、團隊成員彼此不熟悉的觀察？

**考慮重點**

- 這項活動是一種非常有力的方式，讓團隊成員可以更深度彼此了解。團隊的大小很重要，但是有礙於時間的限制，如果人數超過十二人，執行就會比較困難。建議超過十二人的團隊，如果想要彼此更深度了解，可以考慮使用動機、價值觀及偏好調查問卷或霍根性格量表。
- 團隊領導者應事先準備好自己的「人生旅程」。如果是外部引導者進行活動，團隊領導者應先檢視自己的「人生旅程」，先準備好在活動之前要與引導者分享的內容。
- 團隊領導者對於這項練習的成功與否扮演重要角色。他們將是第一個分享自己「人生旅程」的人，是否能夠呈現自己脆弱的一面，或是仍然無法卸下心防，都會為團隊其他成員定調。
- 這是一個非常適合在團隊開始社交互動或一起用晚餐之前進行的活動。

**所需時間**

這項活動需要介於九十到一百五十分鐘的時間。

**空間需求**

請準備可以進行隱密對話的空間，並準備可以播放簡報的投影機、白板架、麥克筆、膠帶，並預留可以張貼人生旅程海報紙的牆面空間。

**輔助材料需求**

請準備一份人生旅程講義給每位團隊成員。

## 引導流程

**輔助教材**

| | | |
|---|---|---|
| **步驟一**<br>1分鐘 | 介紹這項活動，說明活動的目的就是理解團隊成員過去的經驗如何影響目前的行為。 | 人生旅程PPT 1 |

| 步驟二<br>5-10分鐘 | 請將人生旅程講義分發給大家,並說明情緒能量與時間的軸線。情緒能量代表某人在特定時間點上的整體表現,圖表中間的水平線條代表此人狀況良好。水平線之上的線條部分代表此人狀況特別好,水平線之下的線條部分則是代表此人狀況仍待加強。距離中間點越遠的部分,極端狀況就越強烈。<br>情緒能量軸線可能涵蓋個人與職場,或是單純職場的起伏(這需要由團隊成員決定是否放入自己的人生旅程裡)。時間軸線應該分成不同的人生階段,像是成長期、求學期、代表不同工作的階段等。團隊成員可以自行決定人生旅程的起始點。 | 人生旅程 PPT 2<br>人生旅程講義 |
|---|---|---|
| 步驟三<br>5分鐘 | 團隊領導者應分享自己的人生旅程,示範如何進行,無需分享全部的旅程,而是透過生活中最早的一、兩個階段,讓團隊成員知道如何自己進行。 | 白板架海報紙1<br>請參考第362頁的已完成的人生旅程白板架海報紙1範例 |
| 步驟四<br>15分鐘 | 請團隊成員在講義上勾勒自己的人生旅程。如果可以的話,請用鉛筆畫線,以便在進行練習時可以即時修改。一開始,建議先在時間軸線上標示人生的階段,並勾勒可以描繪第一個階段的情緒能量,重複此過程,延伸至其他的人生階段。 | 人生旅程講義 |
| 步驟五<br>15分鐘 | 團隊成員的人生旅程圖完成之後,請將線條畫在橫式白板架海報紙上,標示自己的名字後張貼於會議室牆面。 | 白板架 |

| 步驟六<br>60-120分鐘 | 向大團體報告每位團隊成員的人生旅程，並請團隊領導者帶頭發表。報告時間建議限制為五至八分鐘，並安排二至五分鐘的提問時段。請鼓勵團隊成員提問其他成員的人生旅程曲線，了解為什麼情緒能量出現變化、從這段經歷的所學、這些經歷如何影響現在的他們等。引導者需要注意時間，讓每段分享不超過十分鐘。 |
|---|---|
| 步驟七<br>10分鐘 | 所有成員的分享都完成後，請團隊成員針對共同觀察與主題提出意見。 |

## 練習後活動

無。這是一次性的大型活動，除非團隊成員有大幅度異動，否則應該不需要再進行。

## 已完成人生旅程範例
### 海報紙 1

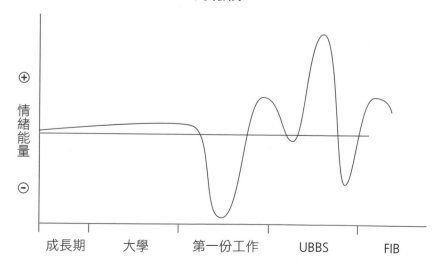

活動 **32**

# 動機、價值觀及偏好調查問卷（MVPI）

**增進自我察覺**
理解團隊成員過去的經歷可以協助團隊更有效運用其人才。

**形塑團隊規範**
工作的價值觀在團隊規範上扮演重要角色。

**建立互信**
分享工作的價值觀，用以改善團隊互信。

**檢視資料**
檢視「認同」與「勇氣」的分數，以及團隊評估調查或團隊訪談中的相關評語。這其中是否有對團隊成員投入感感到挫折？團隊工作的優先順序？無法把任務完成？

**考慮重點**

- 動機、價值觀及偏好調查問卷(MVPI)僅能由合格認證的人員進行與解讀。這位認證人員可能是外部的諮詢顧問或是組織內受過認證的人員。
- 團隊領導者必須先決定是否需要MVPI洞察報告或價值觀回饋報告。這兩份報告都提供極具洞察的資訊,價值觀回饋報告針對高階主管提供詳細且聚焦的資訊。霍根評量的合格認證人員可以協調設定需要的報告類型。
- 選項:MVPI團體報告可以透過霍根認證人員訂購。
- 選項:團隊領導者可以在團隊會議、異地會議、領導力發展計畫之前或之後,安排團隊成員由霍根認證教練針對MVPI結果進行一對一的回饋指導。如果由外部諮詢顧問進行這項服務,需支付額外的費用。

**前置準備**

這是團隊會議、異地會議或領導力發展計畫之前的前置活動。

**所需時間**

- 需要介於十五到二十分鐘的時間讓團隊成員完成MVPI。
- 需要六十到九十分鐘的時間引導團隊進行MVPI報告回饋時段。

**空間需求**

請準備可以進行隱密對話的空間,並準備可以播放簡報的投影機。

**輔助材料需求**

請準備一份MVPI回饋報告給每位團隊成員。

## 引導流程

**輔助教材**

| | | |
|---|---|---|
| **步驟一**<br>1分鐘 | 介紹這項活動,說明活動的目的是提供洞察,說明團隊成員個人與團隊工作的價值觀。 | MVPI PPT 1 |

| 步驟二<br>30-40分鐘 | 請將MVPI報告發下給大家，請他們翻至報告的圖表重點整理那一頁。將十項工作價值觀分別用人群分布圖來展現，並請大家站起來，依照「認可」分數的高低圍成半圓形，半圓形的一端是最低分、另一端是最高分。説明「認可」的維度、高分群可能的樣貌，以及低分群可能的樣貌。根據「認可」分數的分布，請團隊找出這對團隊的挑戰、目標、規範、角色、衝突與績效有什麼意涵。 | MVPI PPT 2<br>MVPI回饋報告 |
| --- | --- | --- |
| 步驟三<br>20-30分鐘 | 用同樣的流程進行MVPI其他九項價值觀，並將分數最高的MVPI價值觀列在白板架海報紙上。 | 白板架 |
| 步驟四<br>20-30分鐘 | 先讓團隊成員有時間檢視自己的結果，再請他們分成兩人一組，分享自己從MVPI洞察報告或價值觀回饋報告中的所學。他們可以自行選擇分享的深度與廣度。 | MVPI PPT 3<br>MVPI回饋報告 |
| 步驟五<br>15分鐘 | 進行大團體報告。團隊成員們從他們的MVPI學到什麼？團隊該如何運用這份知識來改善團隊的動態與績效？有鑒於這份報告的內容，團隊要如何明確地承諾什麼作為？是誰要負責讓這些作為發生？什麼時候要開始和要如何評估進度？ | 選項：MVPI團體報告 |

## 練習後活動

- 請新進團隊成員完成動機、價值觀及偏好調查問卷（MVPI）。
- 新成員加入團隊時，可以分享MVPI團體報告的結果。

# 動機、價值觀及偏好調查問卷範例
## 團體報告形式

**MVPI** **MVPI Composite Profile**

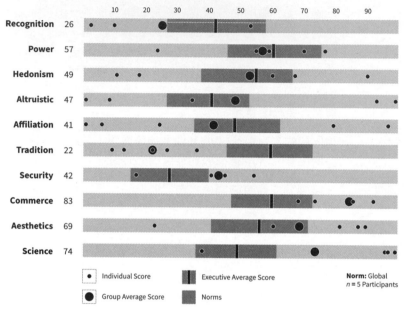

* Individual score dots sometimes represent more than one participant

## MVPI MVPI Average Scores

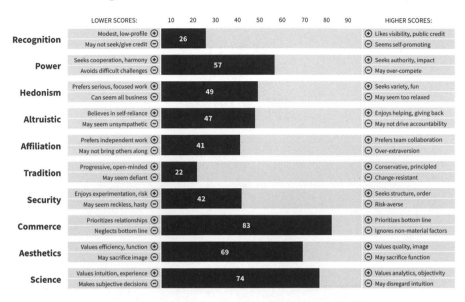

**Norm:** General

活動 **33**

# 期望理論

## 目的

**改善動機**

釐清團隊成員的行動、指派的任務，以及獎勵之間的關聯。

## 前置準備

**檢視資料**

檢視「認同」的分數，以及團隊評估調查或團隊訪談中的相關評語。是否出現對團隊成員投入感和無法對目標承諾而感到挫折？團隊成員是不是對自己能不能完成任務感到沒有信心？

**考慮重點**

- 團隊成員對於自己要投注時間與努力的項目，是有選擇的。團隊成員們進行的事項，是可以達成團隊目標的任務，還是其他的事項？雖然說目標的設定與回饋都是很重要的激勵工具，然而期望理論可以協助釐清團隊成員對於投入心力的事項所做的抉擇。期望理論共有三項要素：

- ・期望值（expectancy, E）：努力與績效之間的關係。如果付出努力，那麼團隊成員是否覺得可以把工作完成？他們對於完成指派的任務是保持樂觀還是悲觀的態度？他們是否具備需要的技能、資源、動機、時間、資訊來完成指派的任務？
- ・滿足手段 （instrumentality, I）：完成任務與獎勵之間的關係。如果團隊成員完成指派的任務，會不會得到獎賞？如果他們完成指派的任務，對他們有什麼好處？
- ・目標價值（valence, V）：獎勵的重要性。團隊成員重視、在乎這些獎勵嗎？
- 期望理論是一個加乘的模式：E x I x V =動機力量（motivational force, MF），或是說團隊成員針對指派的任務所付諸的努力層次與持續期間。如果E、I或V偏低，動機力量也會低迷，團隊成員就不會花太多心力來完成任務。如果要讓任務的認同感達到最高，團隊領導者就必須讓團隊成員的EIV變高。
- **這個練習通常不是在團隊的狀態下進行。**團隊領導者應該自行完成這項分析，或是納入領導力發展計畫的一部分。

## 所需時間
每一項分析的活動，需要十到十五分鐘。團隊領導者不需要將所有指派的任務都進行分析，而只需要針對動機看起來不足的項目進行分析即可。

## 空間需求
請準備可以進行EIV分析的房間或空間。

## 輔助材料需求
請準備一份期望理論講義給每位團隊成員。

## 引導流程

**輔助教材**

| | | |
|---|---|---|
| **步驟一**<br>1分鐘 | 介紹這項活動，說明活動的目的是將團隊成員的行動與獎勵連結起來。 | 期望理論 PPT 1 |

| | | |
|---|---|---|
| **步驟二**<br>5-10分鐘 | 請將期望理論講義發下給大家，請團隊領導者找出任何一項目前面臨困難或是可能無法完成的任務，並請寫在講義的左邊那一欄。 | 期望理論 PPT 2<br>期望理論講義 |
| **步驟三**<br>10分鐘 | 說明期望理論的要素：期望值、滿足手段、目標價值，為這三項要素提供實際的範例，並說明講義中的評分方式。說明動機力量是什麼，如何計算出來，還有如果E、I、V數值為零，會發生什麼事。 | 期望理論 PPT 3 |
| **步驟四**<br>15-30分鐘 | 請團隊領導者在講義上為期望理論的期望值、滿足手段、目標價值要素評分，並針對每項任務計算出動機力量的數值，並寫下改善動機力量分數的確實行動，將這些列在行動計畫中。 | 期望理論 PPT 4<br>期望理論講義<br>請參考第371、372頁的已完成的期望理論分析與行動計畫範例 |
| **步驟五**<br>15分鐘 | 請團隊成員兩人一組，分享期望理論分析的結果以及行動計畫。彼此應該討論練習時學到了什麼。 | 期望理論講義 |
| **步驟六**<br>10分鐘 | 進行大團體報告。團隊領導者從這項練習中學到了什麼？<br>大家計畫做什麼，可以改善團隊成員的動機力量？ | |

## 練習後活動

- 領導者應針對期望理論的分析進行後續行動。
- 任何時候，只要團隊的任務遇到困難，或是有可能無法達成時，就應重新做一次這項練習。

## 已完成期望理論分析範例

| 工作任務 | 負責人員 | 期望值（E）他們可以完成此任務嗎？（技能、時間、動機、資源、資訊等）0 = 不會 1 = 可能不會 2 = 可能會 3 = 絕對會 | 滿足手段（I）如果他們完成任務，會被獎勵嗎？（連結工作任務、目標與獎勵）0 = 不會 1 = 可能不會 2 = 可能會 3 = 絕對會 | 目標價值（V）獎勵重要嗎？（肯定、時間、金錢、彈性等）0 = 不會 1 = 其實不太會 2 = 中度價值 3 = 高價值 | 動機力量（MF）MV = E x I x V 分數介於 3到27 |
|---|---|---|---|---|---|
| 管理潛在客戶開發計畫 | 貝琪 | 0 | 2 | 3 | 0 |
| 更新網站 | 朗尼 | 3 | 3 | 1 | 9 |
| 管理客戶 X | 瑞吉 | 2 | 1 | 2 | 4 |

## 已完成期望理論分析範例

| 工作任務 | 負責人員 | 行動 | 日期 |
|---|---|---|---|
| 管理潛在客戶開發專案 | 貝琪 | • 把貝琪從社群媒體企劃抽開，讓她有更多時間可以進行潛在客戶開發專案。 | 3/15 |
|  |  | • 讓貝琪去D公司找凱文·史密斯、E公司找喬西·柯瑞，了解他們如何開發潛在客戶。 | 3/30 |
|  |  | • 跟貝琪詢問她執行上需要什麼。 | 3/30 |
| 更新網站 | 朗尼 | • 告訴朗尼CEO非常堅持更新網站，以及這對於開發潛在客戶與團隊年底營收目標的重要性。 | 3/7 |
|  |  | • 告訴朗尼，這是一個能見度很高的計畫，他很可能有機會向高層領導團隊介紹最後的產品成果以及產品可以蒐集資料的能力。 | 3/7 |
|  |  | • 詢問朗尼是否需要彈性的時間、在家工作，還是需要其他什麼，才能讓這項計畫順利完成。 | 3/7 |
| 管理客戶X | 瑞吉 | • 請說明客戶X的淨推薦值（NPS）、新客推薦、業務商機以及營收之間的連結。 | 3/12 |
|  |  | • 指導瑞吉如何與客戶X互動，協助他了解這些行動如何影響淨推薦值。 | 3/12 |
|  |  | • 詢問瑞吉，為何他自願接手客戶X；接下公司最困難的客戶，期望能有什麼學習；如果成功的話想要什麼。 | 3/12 |

活動 **34**

# 個人的承諾

## 目的

**促進認同**
促使團隊成員對團隊的目的、目標、角色與規則做出承諾。

**建立互信**
分享個人的承諾，為團隊努力。

## 前置準備

**檢視資料**
檢視「認同」的分數，以及團隊評估調查或團隊訪談中的相關評語。是否出現團隊成員對於團隊的投入感感到挫折？

**所需時間**
這項活動需要四十五到六十分鐘的時間，依團隊規模大小而異。

**空間需求**

請準備可以進行隱密對話的空間，並準備可以播放簡報的投影機、白板架和供給每位成員使用的麥克筆。

**輔助材料需求**

請準備一份個人的承諾講義給每位團隊成員。

## 引導流程

**輔助教材**

| | | |
|---|---|---|
| **步驟一**<br>1分鐘 | 介紹這項活動，說明活動的目的是讓大家對於團隊的成功做出個人的承諾。 | 個人的承諾PPT 1 |
| **步驟二**<br>10分鐘 | 請將個人的承諾講義發下給大家，請大家將以下問題的答案寫下來：<br>• 有哪一件事，是你準備繼續維持，以協助團隊更有效率地運作？<br>• 有哪一件事，是你準備停止、開始或有不同作法，以協助團隊更有效率運作？<br>• 你要如何對這些行為負責？ | 個人的承諾 PPT 2-3<br>個人的承諾講義<br>白板架海報紙1<br>請參考第375頁的已完成的個人的承諾白板架海報紙1 |
| **步驟三**<br>10分鐘 | 等到團隊成員都將自己個人的承諾記錄在講義上之後，應該將這些資訊寫到白板架海報紙上，並將自己的姓名放在白板架海報紙最上方。 | 白板架 |
| **步驟四**<br>20-40分鐘 | 請每人向大團體報告自己的承諾。全體成員應該針對共同的主題表達意見，並制定出有共識的當責機制，同意針對承諾的事項提供回饋。 | 白板架 |
| **步驟五**<br>10分鐘 | 詢問團隊這些在白板架海報紙上的資訊，有沒有共同點。這對於團隊的規範、團隊的運作有什麼意義？ | |

| 練習後活動 |
| --- |

- 將個人的承諾製作成電子檔傳給團隊成員,請他們提供更多的想法。
- 新成員加入團隊時,可以分享這份個人的承諾。
- 在三至六個月之後,針對「個人的承諾」蒐集同儕的回饋。可以設計個人化的個人的承諾評分表,上面已經有個人的承諾。將每個人的個人的承諾評分表傳給團隊的每一位成員,請他們評分。蒐集已完成的個人的承諾評分表,將整理好的數據交給這位團隊成員。請團隊成員檢視自己的回饋結果,並在全體會議中向大家報告。請參考第375頁已完成的個人的承諾範例。

## 已完成個人的承諾範例
### 海報紙 1
姓名:鮑伯・漢森

| 有哪一件事,是你準備繼續維持,以協助團隊更有效率地運作? | 我會繼續進行潛在客戶開發,確認能夠如期完成,並且符合預算。 |
| --- | --- |
| 有哪一件事,是你準備停止、開始或有不同作法,以協助團隊更有效率地運作? | 我會更努力好好聆聽,不要在別人說話時打斷對方。 |
| 你要如何對這些行為負責? | 我計畫在團隊會議時,請同儕提供回饋。 |

## 已完成同儕回饋表範例
受評者姓名:鮑伯・漢森

| 承諾 | 評分<br>1 = 並未遵守承諾<br>3 = 部分遵守承諾<br>5 = 遵守所有承諾 | 評論 |
| --- | --- | --- |
| 繼續維持:<br>我會繼續進行潛在客戶的開發,確認能夠如期完成,並且符合預算。 | 4 | 鮑伯在管理潛在客戶發展計畫上做得很好,雖然遲了六星期完成。 |
| 開始、停止或有不同作法:<br>我會更努力好好聆聽,不要在別人說話時打斷對方。 | 3 | 有時候鮑伯會插話,並在會議中過度主導發言時間。 |

## 第七節　資源

## 活動 35

# 資源分析

## 目的

**改善執行力**
有效使用團隊目前現有的資源。

**改善效率**
釐清團隊要達成目標所需的資源。

## 前置準備

**檢視資料**
檢視「資源」的分數，以及團隊評估調查或團隊訪談中的相關評語。是否出現對系統、資料、硬軟體、預算、權限不足而感到挫折的評論？

**考慮重點**
對於剛剛組成一個新團隊，或是團隊被合併、重整時，這是相當適合進行的活動。當團隊目標有所更動時，也可以進行此活動。

**所需時間**
這項活動需要三十到六十分鐘的時間。

**空間需求**

請準備可以進行隱密對話的空間，並準備可以播放簡報的投影機、白板架和麥克筆。

**輔助材料需求**

請準備一份資源分析講義給每位團隊成員。

引導流程

**輔助教材**

| 步驟 | 內容 | 輔助教材 |
|---|---|---|
| **步驟一**<br>1分鐘 | 介紹這項活動，說明活動的目的是釐清團隊成功需要的資源。 | 資源分析PPT 1 |
| **步驟二**<br>20分鐘 | 請將資源分析講義發下給大家，提醒團隊大家的目的與目標。請團隊成員們將目前擁有、可以協助達成團隊目標的資源，列在講義上。團隊成員應該將講義中現有的資源寫在白板架海報紙上。 | 資源分析 PPT 2<br>資源分析講義<br>白板架海報紙1<br>請參考第378頁的已完成資源分析範例 |
| **步驟三**<br>30分鐘 | 等到所有可以協助團隊達成目標的所需資源都已列出後，團隊成員需要思考還需要什麼資源才能成功。首先，他們可以先思考設備的需求，並將需求寫在講義上，也列在白板架海報紙上。接著依序進行硬體、軟體等。 | 資源分析講義<br>白板架海報紙1 |
| **步驟四**<br>10-20分鐘 | 團隊應該將資源的需求排出優先順序，可以先讓大家討論或透過投票來決定。如果用投票，請讓每位成員投三至六票，再請他們勾選最重要的需求。他們可以對同一個需求投下多張票，團隊領導者應該最後投票。最後計算票數，由團隊領導者決定需求的優先順序。 | 白板架海報紙1 |

| 步驟五<br>20-30分鐘 | 讓團隊一起建立資源獲取行動計畫，爭取最優<br>先的資源。<br>註：團隊可以選擇進行利益關係者分析（第<br>380頁），接著再建立行動計畫來爭取需要的<br>資源，特別是如果資源不易取得，更應如此。 | 資源分析 PPT 3<br>資源分析講義<br>白板架海報紙2<br>請參考第379頁的<br>已完成資源爭取行<br>動計畫範例 |

## 練習後活動

- 將資源獲取行動計畫製作成電子檔傳給團隊成員，請他們提供更多的想法。
- 定期檢視計畫的最新狀況。

## 已完成資源分析範例
## 海報紙 1

| 團隊目標所需資源 | 擁有 | 需求 |
|---|---|---|
| 設備：特製器材、工具、機械、車輛等 | 業務人員可以開公司車 | 沒有其他需求 |
| 硬軟體：電腦、伺服器、應用軟體、程式、影片、印表機、電話等 | 大家都換新的筆記型電腦，搭配Zoom和手機 | 最新版本的Salesforce |
| 預算：總金額、人事預算、雜支與差旅預算等 | 260萬美元。我們可以隨意調配預算金額，但是財務部門希望我們縮減5% | 需要額外的13萬美元預算，聘用新的業務人員和業務訓練 |
| 資料：顧客、市場、供應商、營運、財務、人事、品管等 | 可以取得業務商機清單、淨推薦值、財務數據 | 需要競爭對手和商業智慧的資料與分析 |
| 服務支援：資訊、財務、人資、法務、商業智慧、品質、研發等 | 資訊、人事、法務的支持是需要的 | 法務花太多的時間檢視提案和合約。需要更多協助 |

| 團隊目標所需資源 | 擁有 | 需求 |
|---|---|---|
| 設施：辦公室、隔間工作區、會議室、儲藏室等 | 大家都在外面工作。我們在區域分公司準備好需求的會議空間 | 沒有其他需求 |
| 權限：簽署、資源分配、聘用人才、解僱權、決策權等 | 有不用先申請核可即可簽署5萬美元交易的權限。我們有繁瑣的聘用及報到流程 | 需要不用事先申請即可簽署20萬美元交易的權限需要簡化聘用人才的流程 |
| 其他： | 無 | 沒有其他需求 |

## 已完成資源爭取行動計畫範例
## 海報紙 2

| 資源需求 | 行動步驟 | 負責人員 | 需完成日期 |
|---|---|---|---|
| 更新到最新版的Salesforce | • 進行需求評估，將成果向商務長報告<br>• 與商務長配合，希望得到CRM更新版的核可與預算<br>• 將CRM的資金列入明年的業務預算 | 荷爾西<br>荷爾西<br><br>荷爾西 | 10/20<br>11/1<br><br>12/15 |
| 取得明年需要的額外13萬美元預算 | • 進行檢視聘用額外的業務人員和業務培訓計畫的成本效益以及營收成長分析<br>• 將結果向商務長與財務長報告<br>• 將額外的13萬美元預算需求放入明年的業務預算 | 卡瑞西馬<br><br><br>布萊恩<br>布萊恩 | 10/15<br><br><br>11/1<br>12/15 |
| 取得可以核可最高20萬美元交易的授權 | • 檢討從今年開始交易的規模和核可的次數<br>• 將結果以及風險／報酬分析向商務長、財務長、理事會報告<br>• 年底前取得核可，可以簽訂20萬美元以內的交易 | 亞弗烈德<br><br>亞弗烈德與荷爾西<br>亞弗烈德與荷爾西 | 10/25<br><br>11/10<br><br>12/31 |

活動 36

# 利益關係者分析

## 目的

**改善執行力**

制定策略來增強政治支持，或爭取其他的資源。

**影響他人**

運用關係，無需權限就發揮影響力。

## 前置準備

**檢視資料**

檢視「資源」的分數，以及團隊評估調查或團隊訪談中的相關評語。是否出現對政治支持、預算、權限不足而感到挫折的評論？

**考慮重點**

當團隊面臨資源不足時，這是一個可以進行的絕佳練習。

**所需時間**

這項活動需要六十到九十分鐘的時間。

**空間需求**

請準備可以進行隱密對話的空間，並準備可以播放簡報的投影機、白板架和麥克筆。

**輔助材料需求**

請準備一份利益關係者分析講義給每位團隊成員。

## 引導流程

| | | 輔助教材 |
|---|---|---|
| **步驟一**<br>1分鐘 | 介紹這項活動，說明活動的目的是協助團隊制定策略，以加強政治支持或取得更多的資源。 | 利益關係者分析PPT 1 |
| **步驟二**<br>10分鐘 | 請將利益關係者分析講義發下給大家，與團隊一起討論找出重要的資源落差。團隊是不是沒辦法取得正確的資訊、缺乏權限、需要更多預算、還是更好的軟體？將這些關鍵的資源落差寫在白板架海報紙上表格的左邊一欄上。 | 利益關係者分析PPT 2<br>利益關係者分析講義<br>白板架海報紙1<br>請參考第383頁的已完成的利益關係者分析表白板架海報紙1範例 |
| **步驟三**<br>10分鐘 | 請團隊成員針對每一項關鍵落差列出重要的利益關係者，這可能包括其他內部團隊、特定領導者或部門、總部、董事會成員、員工等。將這些利益關係者的名字寫在白板架海報紙上的關鍵資源落差旁邊。 | 利益關係者分析講義<br>白板架海報紙1 |

| | | |
|---|---|---|
| **步驟四**<br>20-30分鐘 | 請團隊成員在利益關係者分析上，寫下利益關係者。檢視態度與權力評分表，請團隊成員逐一為個別的利益關係者在這兩個層面上評分。大家都完成之後，應該把每位利益關係者的評分得分寫在白板架海報紙上，引導大家討論，針對這些評分取得共識。再將每位利益關係者最終的態度與權力評分寫在白板架海報紙上。 | 利益關係者分析PPT 3<br>利益關係者分析講義<br>白板架海報紙2<br>請參考第383頁的已完成的態度與權力評分表白板架海報紙2範例 |
| **步驟五**<br>20分鐘 | 用最終的評分，將利益關係者列在態度與權力分析圖的正確象限上。針對每個象限的利益關係者，檢視建議的策略。 | 利益關係者分析PPT 4<br>白板架海報紙3<br>請參考第384頁的已完成的態度與權力分析圖白板架海報紙3範例 |
| **步驟六**<br>20-30分鐘 | 藉由針對四種利益關係者類型的建議策略，建立利益關係者行動計畫來縮短資源的落差。這個步驟可以大團體一起進行，或是可以針對不同利益關係者分成小組討論制定計畫，然後與大團體一起檢視計畫內容。 | 利益關係者分析PPT 5<br>白板架海報紙4<br>請參考第384頁的已完成的利益關係者行動計畫白板架海報紙4範例 |

## 練習後活動

- 將利益關係者行動計畫製作成電子檔傳給團隊成員，請他們提供更多的想法。
- 定期檢視計畫的最新狀況。

## 已完成利益關係者分析範例
### 海報紙 1

| 資源落差 | 關鍵利益關係者 |
|---|---|
| CRM升級 | 商務長（CCO）<br>資訊長（CIO）<br>財務長（CFO） |
| 進階業務培訓 | 商務長（CCO）<br>學習長（CLO）<br>財務長（CFO） |
| 潛在客戶開發流程 | 商務長（CCO）<br>行銷長（CMO）<br>財務長（CFO） |

## 已完成態度與權力評分範例
### 海報紙 2

| 利益關係者 | 態度評分<br>1 = 非常不支持<br>2 = 不支持<br>3 = 中立<br>4 = 支持<br>5 = 非常支持 | 權力評分<br>1 = 權力非常低<br>2 = 權力低<br>3 = 權力中等<br>4 = 權力高<br>5 = 權力非常高 |
|---|---|---|
| CCO：CRM升級 | 5、5、5、5、5、5、5<br>平均值 = 5.0 | 4、5、4、3、3、5、4<br>平均值 = 4.0 |
| CIO：CRM升級 | 4、3、2、2、3、4、3<br>平均值 = 3.0 | 4、3、3、4、3、4、4<br>平均值 = 3.6 |
| CFO：CRM升級 | 2、1、3、2、1、3、2<br>平均值 = 2.0 | 4、5、4、5、4、5、4<br>平均值 = 4.4 |
| CCO：業務培訓 | 5、4、5、5、4、4、5<br>平均值 = 4.6 | 3、4、3、3、4、4、3<br>平均值 = 3.4 |
| CLO：業務培訓 | 2、1、2、2、1、1、3<br>平均值 = 1.7 | 3、2、4、3、4、2、3<br>平均值 = 3.0 |
| CFO：業務培訓 | 1、2、1、1、3、1、2<br>平均值 = 1.6 | 4、5、4、3、4、4、4<br>平均值 = 4.0 |

## 已完成態度與權力分析範例
## 海報紙 3

| | | |
|---|---|---|
| 支持 | **潛在盟友**<br>CIO：CRM升級<br>CCO：業務培訓 | **有權力的朋友**<br>CCO：CRM升級 |
| 不支持 | **潛在敵人**<br>CIO- CRM升級<br>CLO：業務培訓 | **有權力的敵人**<br>CFO：CRM升級<br>CFO：業務培訓 |
| 權力 | 低 | 高 |

## 已完成利益關係者行動計畫範例
## 海報紙 4

| 利益關係者 | 行動步驟 | 負責人員 | 日期 |
|---|---|---|---|
| CCO：CRM升級 | 針對CRM升級進行成本效益分析。請教CCO如何影響CIO和CFO進行升級 | 路易士 | 6/30 |
| CIO：CRM升級 | 請CCO與CIO會面討論CRM升級<br>向IT領導團隊做簡報說明CRM的需求<br>邀請IT領導團隊協助選擇CRM升級的合適功能與時間<br>請CCO與CIO將CRM升級編入明年策略計畫與預算 | 路易士<br>史提夫<br>史提夫<br><br>史提夫 | 7/15<br>8/1<br>8/15<br><br>9/15 |
| CFO：CRM升級 | 請CCO與CIO和CFO會面，討論CRM升級的議題，並說明其重要性<br>向業務與IT同仁做簡報，說明CRM升級的成本效益 | 史提夫<br><br>路易士 | 9/1<br><br>9/15 |

## 第八節　勇氣

## 活動 37

# 行動回饋與反思

| 目的 |
| --- |

**改善能力**
練習進行挑戰性對話，討論團隊的專案。

**建設性的對話**
分享重要的學習，協助團隊成員培養有助於成長的心態。

| 前置準備 |
| --- |

**檢視資料**
檢視「勇氣」的分數，以及團隊評估調查或團隊訪談中的相關評語。是否出現表面和諧、無法解決衝突、不願挑戰團隊成員、互信低迷的評論？

**考慮重點**
- 這是一個非常適合在專案計畫順利完成之後，或是一項重要里程碑完成之後進行的練習。每次完成一項專案計畫或重要的活動之後，都應該繼續進行此練習。

- 團隊領導者對於這項練習的成功與否，扮演非常關鍵的角色。如果團隊領導者不願意用非常坦誠的態度來檢視自己在過程中的表現，團隊成員們也不會願意提供誠實的回饋。如果是由團隊引導者來帶領討論，團隊領導者就應該先與引導者一起檢視團隊行動回饋與反思的說明，決定要採用哪一個選項，並在進行活動之前，先討論好自己的角色。

### 所需時間
這項活動需要四十五到一百二十分鐘的時間。

### 空間需求
請準備可以進行隱密對話的空間，並準備可以播放簡報的投影機、白板架和麥克筆。請將座椅排列成一圈，讓大家可以面對面圍成圓圈。圓圈中間不應放置任何桌子。

### 輔助材料需求
請準備一份行動回饋與反思講義給每位團隊成員。

## 引導流程

| | | 輔助教材 |
|---|---|---|
| **步驟一**<br>1分鐘 | 介紹這項活動，說明活動的目的是培養成長的心態，並鼓勵團隊成員進行建設性的對話。 | 行動回饋與反思 PPT 1 |
| **步驟二**<br>5分鐘 | 請將行動回饋與反思講義發下給大家，跟團隊說明，職業球隊都是常常參考過去球賽的影片，來改善團隊的績效。這項練習就是讓團隊從過去經驗中學習。 | 行動回饋與反思 PPT 2<br>行動回饋與反思講義 |
| **步驟三**<br>10分鐘 | 列出一項團隊所有成員最近參與的計畫，請團隊成員寫下他們表現良好的地方、可以有不同作法或做得更好的地方，記錄在他們的行動回饋與反思講義上。 | 行動回饋與反思講義<br>請參考第388頁的已完成的行動回饋與反思表範例 |

| | | |
|---|---|---|
| **步驟四**<br>1分鐘 | 選項一：一起討論行動回饋與反思的規則，請團隊成員在白板架海報紙上列出專案過程表現良好的地方，以及可以有不同作法或做得更好的地方。大團體一起討論從中找出專案過程做得好而未來專案需要持續維持的共同地方。鼓勵大家提出想法挑戰關於表現良好、可以做得更好的地方。這次的重要學習，應在另一張白板架海報紙上列出。 | 行動回饋與反思<br>PPT 3<br>行動回饋與反思<br>講義<br>白板架 |
| | 選項二：一起討論行動回饋與反思的規則，請團隊領導者分享過程中他或她表現特別好的地方，以及自己在哪些部分可以不同的作法或做得更好，讓整個專案更成功。引導大團體進行討論，提出領導者在哪些地方表現良好、哪些可以有不同作法或做得更好。再請團隊領導者在大團體討論之後，分享自己的學習反思，並將它記錄在白板架海報紙上。請所有團隊成員輪流重複這個流程，並提醒大家，這個過程就是希望激發出成長的心態，鼓勵大家進行建設性的對話。 | 行動回饋與反思<br>PPT3<br>行動回饋與反思<br>講義<br>白板架 |
| **步驟五**<br>10分鐘 | 檢視團隊學習反思的白板架海報紙，大團體一起討論如何將這些學習落實成日常的行動，或是應用在下次的大型專案中。 | 行動回饋與反思<br>PPT 4<br>白板架海報紙1<br>請參考第388頁的已完成的團隊學習反思白板架海報紙1範例 |

## 練習後活動

- 將團隊學習反思製作成電子檔傳給團隊成員，請他們提供更多的想法。
- 完成所有重要專案計畫之後，均可進行行動回饋與反思。討論過去專案的學習反思是否在新的專案計畫中執行。如果沒有，請與團隊一起討論將這些學習反思落實的方法。

## 已完成行動回饋與反思表單範例
### 專案名稱：_____

| 專案過程表現好的地方 | 專案過程可以做得更好或有所不同的地方 |
| --- | --- |
| 因為與客戶建立緊密的關係，我們因此得以提出相當符合其需求的提案。 | 在準備提案過程中，我應該將夥伴雪莉與小張介紹給客戶，這樣可以讓他們對於提案的架構有更正確的洞察。 |
| 我對客戶的洞察有助於提供正確的提案內容與價位。 | 有時候感覺和客戶固定聯繫，似乎妨礙到客戶管理團隊的職務。 |
| 提案被客戶採納之後，仍定期與顧客聯繫，讓我們可以在問題變得嚴重之前，先行修正。 | 有時候感覺客戶管理團隊跟我的想法並未一致，所以傳遞了混亂的訊息給內容編輯團隊。 |

## 已完成團隊學習反思範例
### 海報紙 1

| 學習反思 |
| --- |
| 提早讓客戶管理團隊參與銷售過程。客戶開始暗示該給予招標書（RFP）的時候，就應該通知他們。 |
| 一開始就要釐清誰是主要負責與客戶維繫關係的負責人。大部分的時候，應該就是客戶管理團隊。但是客戶可能想要與固定一位負責人員進行聯繫。 |
| 所有業務與客戶管理部門傳達給創意團隊的訊息，都應該事先協調過。 |

活動 **38**

# 團隊旅程

## 目的

**建立能力**
分享對不同事件的反應，可以激勵出對話與建立互信。

**建立互信**
檢視過去經驗的反應以及從中的所學，如何可以應用於未來的事件。

## 前置準備

**檢視資料**
檢視「勇氣」的分數，以及團隊評估調查或團隊訪談中的相關評語。這其中是否出現對於互信的不足、無法從過去錯誤學習的觀察？

**考慮重點**
- 這項活動可以協助團隊成員學習如何進行建設性的對話。
- 團隊領導者對這項練習的成功與否扮演重要角色。他們將是第一位分享自己團隊旅程的人，是否能夠呈現自己脆弱的一面，或是仍然無法卸下心防，都會為團隊其他成員的態度定調。

**所需時間**

這項活動需要介於四十到六十分鐘的時間。

**空間需求**

請準備可以進行隱密對話的空間，並準備可以播放簡報的投影機、白板架和麥克筆。

**輔助材料需求**

請準備一份團隊旅程講義給每位團隊成員。

## 引導流程

| | | 輔助教材 |
|---|---|---|
| **步驟一**<br>1分鐘 | 介紹這項活動，說明活動的目的就是透過系統性地檢視過去團隊經驗，以增進團隊的互信。 | 團隊旅程PPT 1 |
| **步驟二**<br>5-10分鐘 | 請將團隊旅程講義分發給大家，並說明情緒能量與時間的軸線。情緒能量代表某人在特定時間點上的整體表現，圖表中間的水平線條代表此人狀況良好。水平線之上的線條部分代表此人狀況特別好，水平線之下的線條部分則是代表此人狀況仍待加強。距離中間水平線越遠的部分，極端狀況就越強烈。<br>情緒能量軸線可能涵蓋個人與職場，或是單純職場的起伏（這需要由團隊成員決定是否放入自己的人生旅程裡）。時間軸線應該依重要專案或團隊分成不同的時間區段，像是專案里程或年度月份等。時間區段應該標示在白板架海報紙上。團隊成員應該都採用同樣的時間區段，並將此註記在講義上。 | 團隊旅程 PPT 2<br>團隊旅程講義<br>白板架 |

| 步驟三<br>5-10分鐘 | 團隊領導者或引導者應分享團隊旅程的範例，示範如何進行。他們應該用白板架海報紙分享自己過去參與一項專案所勾勒的團隊旅程曲線，讓團隊成員知道如何自己進行。 | 白板架海報紙1請參考第392頁的已完成的個人團隊旅程白板架海報紙1範例 |
|---|---|---|
| 步驟四<br>15分鐘 | 請團隊成員在團隊旅程講義上勾勒自己的團隊旅程。如果可以的話，請用鉛筆畫線，以便在進行練習時可以即時修改。一開始，他們可以先勾勒第一個區段的曲線，描述第一個區段的情緒能量，重複此過程，延伸至其他的區段曲線。 | 團隊旅程講義 |
| 步驟五<br>15分鐘 | 團隊成員應該將最終完成的團隊旅程圖畫在橫向白板架海報紙上，用不同顏色畫上自己的曲線，並標示自己的名字作為註解。 | 白板架海報紙2請參考第392頁的已完成的團隊旅程白板架海報紙2範例 |
| 步驟六<br>40-80分鐘 | 向大團體報告每位團隊成員的團隊旅程，並請團隊領導者帶頭發表。報告時間建議限制為五至八分鐘，並安排二至五分鐘的提問時段。請鼓勵團隊成員提問其他成員的團隊旅程曲線，了解為什麼情緒能量出現變化、從這段經歷的所學等。引導者需要注意時間，並在另一張白板架海報紙上記下大家的學習反思。 | 白板架海報紙2 |
| 步驟七<br>10分鐘 | 所有分享都完成之後，請團隊成員分享他們所觀察到的共同主題以及學習反思的事項。 | |

## 練習後活動

這項活動可以在其他專案結束後，或是完成重大里程碑之後，與團隊一起進行。

## 已完成個人團隊旅程曲線範例
### 海報紙 1

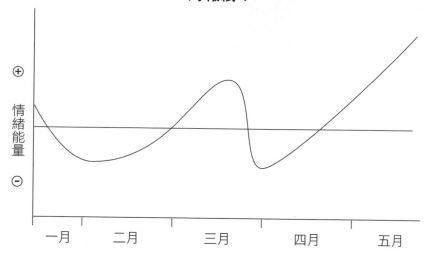

## 已完成團隊旅程曲線範例
### 海報紙 2

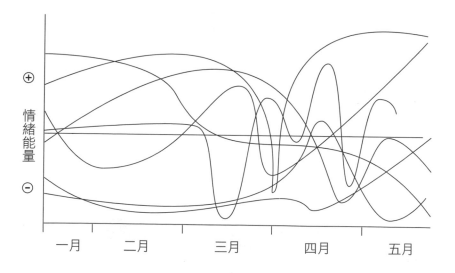

活動 **39**

# 衝突管理的風格

**增進自我察覺**
提供團隊洞察，了解他們可能如何管理衝突。

**建立互信**
分享衝突管理的風格，以便改善團隊的互信。

**檢視資料**
檢視「勇氣」的分數，以及團隊評估調查或團隊訪談中的相關評語。這其中是否出現對於團隊無法管理衝突而感到挫折的看法？

**考慮重點**
- 湯瑪士—克里曼衝突模式測驗（Thomas - Kilmann Conflict Mode Instrument, TKI）並不需要認證，但是引導這項活動的人員，應該先進行這份測驗，並熟悉其中的五項衝突管理模式、每一個模式的優缺點、過度使用或過少使用這些模式的後果，以及適合不同模式的情況、測驗的計分等。

- 團隊領導者或引導者可以訂購紙本或線上版本的湯瑪士—克里曼衝突模式測驗，請點選此連結：https://www.themyersbriggs.com/en-US/Products-and-Services/TKI 。

### 前置工作
紙本及線上版的TKI可以作為前置的準備，請於團隊會議、異地會議或領導力發展計畫之前的一個星期左右先完成。紙本測驗也可以在異地會議或會議中完成。

### 所需時間
- 需要十五分鐘讓團隊成員完成TKI。
- 需要四十五到七十五分鐘的時間引導團隊進行TKI回饋時段。

### 空間需求
請準備可以進行隱密對話的空間，並準備可以播放簡報的投影機、白板架和一組麥克筆。

### 輔助材料需求
如果要在會議中完成TKI，請準備一份TKI的紙本測驗給每位團隊成員。如果必須事先完成紙本或線上版測驗，就要提醒團隊成員將報告帶來會議中。

## 引導流程

| | | 輔助教材 |
|---|---|---|
| **步驟一** | 如果將TKI作為需事先完成的事項，請確認所有團隊成員都攜帶報告來。 | TKI報告 |
| **步驟二**<br>1分鐘 | 介紹這項活動，說明活動的目的就是提供洞察，協助團隊成員了解他們如何管理衝突。 | 衝突管理的風格 PPT 1 |
| **步驟三**<br>5分鐘 | 請團隊找出曾經經歷過的最大衝突，將這些記錄於白板架海報紙上。 | 白板架 |
| **步驟四**<br>15-20分鐘 | 如果是要以紙本進行，請將TKI紙本測驗發下給團隊成員，請他們填寫TKI。 | TKI |

| 步驟五 | 請團隊成員翻TKI中列出他們百分位分數的頁 | 衝突管理的風格 |
|---|---|---|
| 20-30分鐘 | 面，將自己在五個模式的分數高低分別用人群 | PPT 2 |
| | 分布圖來展現。首先請大家站起，依照「合作 | TKI |
| | 模式」分數的高低排列人群分布。說明合作模 | 白板架海報紙1 |
| | 式的意義、什麼時候該使用此模式、會如何進 | 請參考第396頁的 |
| | 行、潛在的注意事項等。根據「合作模式」的 | TKI群體結果白板 |
| | 分數分布，請團隊成員思考這對團隊衝突的影 | 架海報紙1範例 |
| | 響是什麼。什麼時候會過度、不足的使用？將 | |
| | 大家的分數和平均值，以及這數字的意義寫在 | |
| | 白板架海報紙上。 | |
| | 用同樣的流程進行「競爭」、「配合」、「迴 | |
| | 避」、「妥協」的衝突管理模式。 | |
| 步驟六 | 請團隊成員檢視結果，再請他們兩人一組，分 | 衝突管理的風格 |
| 20分鐘 | 享從TKI報告中的所學。可以自行決定分享的深 | PPT 3 |
| | 度與廣度。 | TKI |
| 步驟七 | 向大團體報告。團隊成員從他們的TKI學到了什 | |
| 15分鐘 | 麼？團隊該如何運用這項學習來改善他們處理 | |
| | 衝突的方式？團隊明確地承諾做些什麼讓這些 | |
| | 可以發生？誰要負責進行？什麼時候要開始和 | |
| | 該如何評估進度？ | |

## 練習後活動

- 將TKI團體結果製作成電子檔傳給團隊成員，請他們提供建議與想法。
- 請新加入的團隊成員完成TKI。
- 新成員加入團隊時，分享TKI團體結果。

## 湯瑪士─克里曼 (Thomas - Kilmann) 衝突模式測驗範例
## 團體報告海報紙1

| 衝突模式 | 團隊分數 | 平均分數 | 意涵 |
|---|---|---|---|
| 合作模式 | 62、62、72、72、85、90 | 74 | 這個團隊喜歡合作！但是我們浪費太多時間針對相對不重要的任務尋找雙贏方案。 |
| 競爭模式 | 28、42、50、62、70、95 | 58 | 有一半的人喜歡競爭，另一半不喜歡。我們太常讓步，答應班的想法，他的競爭分數很高。 |
| 配合模式 | 4、24、34、50、50、84 | 41 | 這裡分數的落差很大。 |
| 迴避模式 | 2、6、6、18、30、60 | 20 | 這個團隊不會閃躲衝突，或許有時候應該要避開。 |
| 妥協模式 | 33、44、50、55、62、74 | 53 | 如果無法合作成功，這就是我們的替代方案。 |

## 第九節　結果

## 活動 40

# 個人與團隊的學習

<table>
<tr><td colspan="2" align="center">目的</td></tr>
</table>

**改善績效**
讓團隊成員反思個人與團隊的學習。

**建立互信**
與團隊分享個人與團隊的學習。

<table>
<tr><td colspan="2" align="center">前置準備</td></tr>
</table>

**檢視資料**
檢視「結果」的分數，以及團隊評估調查或團隊訪談中的相關評語。其中是否出現對於團隊無法從錯誤中學習、不斷重複錯誤的看法？

**所需時間**
這項活動需要六十到九十分鐘的時間，依團隊成員多寡而異。

**空間需求**

請準備可以進行隱密對話的空間，並準備可以播放簡報的投影機、白板架和供給每位成員使用的麥克筆。

**輔助材料需求**

請準備一份個人與團隊的學習講義給每位團隊成員。

## 引導流程

**輔助教材**

| | | |
|---|---|---|
| **步驟一**<br>1分鐘 | 介紹這項活動，說明活動的目的就是透過重要學習的反思來改善團隊績效。 | 個人與團隊的學習 PPT 1 |
| **步驟二**<br>10分鐘 | 請將個人與團隊的學習講義發下給團隊成員。請大家寫下以下問題的回答：<br>• 團隊在這段期間，有何改善？它三到六個月以前無法做到但是現在可以做到的是什麼？<br>• 在過去三到六個月以來，你最大的學習是什麼？ | 個人與團隊的學習 PPT 2<br>個人與團隊的學習講義 |
| **步驟三**<br>10分鐘 | 團隊成員們把他們的所學寫在講義上之後，應該將這些內容列在白板架海報紙上，並將自己的名字列在頂端。 | 白板架海報紙1<br>請參考第399頁的已完成的個人與團隊的學習白板架海報紙1範例 |
| **步驟四**<br>20-60分鐘 | 請大家向大團體報告他們的所學。每人的報告應該花大約五分鐘，包括分享想法、提問與回答時段。當所有人都報告完後，大團體應該討論出其中的共同主題。 | 白板架 |

| 步驟五 | 詢問團隊是否可以從白板架海報紙上看出其中 |
|---|---|
| 10分鐘 | 共同的主題。詢問團隊要做什麼，才能發揮這些所學。 |

## 練習後活動

- 將我們共同的所學製作電子檔傳給團隊成員，請他們提供建議與想法。
- 新成員加入團隊時，將這些共同的所學分享給新成員。
- 每六個月重新進行這項練習。

## 已完成個人與團隊的學習範例
## 海報紙 1
比佛利・王

| 在過去三到六個月內團隊如何改善？ | 在過去三到六個月內我的主要學習是？ |
|---|---|
| 1.我們更能有效地確認潛在機會，並只追逐獲勝機率較高的商機。 | 1.除非我們可以影響調整RFP，否則不會回應RFP。 |
| 2.我們提出的提案與業務作為，都比六個月以前還要紮實。 | 2.學習如何與那些可以接受我們提案的人會面，而不是一直浪費時間和只會拒絕我們的人建立關係。 |
| 3.我們因為#1和#2的成功，大幅度改善成交率。 | 3.如何撰寫引人入勝的提案。但是我還需要努力加強業務簡報的能力。 |

新商業周刊叢書　BW0747

# 火箭模式
## 點燃高績效團隊動力實戰全書

國家圖書館出版品預行編目(CIP)資料

火箭模式：點燃高績效團隊動力實戰全書／羅伯特霍根,高登柯菲,黛安尼爾森合著. -- 初版. -- 臺北市：商周出版：家庭傳媒城邦分公司發行, 2020.07
　面；　公分
譯自：IGNITION: A Guide to Building High-Performing Teams

ISBN 978-986-477-869-0( 平裝)

1.企業領導 2.組織管理
494.2　　　　　　　　　　　　109008659

作　　　者／羅伯特‧霍根（Robert Hogan）、
　　　　　　高登‧柯菲（Gordy Curphy）、
　　　　　　黛安‧尼爾森（Dianne Nilsen）
責 任 編 輯／張智傑
特 約 編 輯／李　晶
譯　　　者／陳淑婷
審　　　校／黃聖峰
企 劃 選 書／陳美靜
版　　　權／黃淑敏、翁靜如、林心紅
行 銷 業 務／莊英傑、林秀津、周佑潔、王　瑜、黃崇華

總 　編 　輯／陳美靜
總 　經 　理／彭之琬
事業群總經理／黃淑貞
發 　行 　人／何飛鵬
法 律 顧 問／台英國際商務法律事務所 羅明通律師
出　　　版／商周出版　台北市中山區民生東路二段141號9樓
　　　　　　電話：(02)2500-7008　傳真：(02)2500-7759
　　　　　　E-mail：bwp.service@cite.com.tw
發　　　行／英屬蓋曼群島商家庭傳媒股份有限公司 城邦分公司
　　　　　　台北市104民生東路二段141號2樓
　　　　　　讀者服務專線：0800-020-299 24小時傳真服務：(02) 2517-0999
　　　　　　讀者服務信箱E-mail: cs@cite.com.tw
　　　　　　劃撥帳號：19833503 戶名：英屬蓋曼群島商家庭傳媒股份有限公司城邦分公司
訂 購 服 務／書虫股份有限公司客服專線：(02) 2500-7718；2500-7719
　　　　　　服務時間：週一至週五上午09:30-12:00；下午13:30-17:00
　　　　　　24小時傳真專線：(02) 2500-1990；2500-1991
　　　　　　劃撥帳號：19863813 戶名：書虫股份有限公司
　　　　　　E-mail: service@readingclub.com.tw
香港發行所／城邦(香港)出版集團有限公司
　　　　　　香港灣仔駱克道193號東超商業中心1樓
　　　　　　電話：(825)2508-6231　傳真：(852)2578-9337
　　　　　　E-mail: hkcite@biznetvigator.com
馬新發行所／城邦(馬新)出版集團
　　　　　　Cite (M) Sdn Bhd
　　　　　　41, Jalan Radin Anum, Bandar Baru Sri Petaling, 57000 Kuala Lumpur, Malaysia.
　　　　　　電話：(603) 9057-8822 傳真：(603) 9057-6622 E-mail: cite@cite.com.my

封面設計／萬勝安　　美術編輯／劉依婷　　印刷／鴻霖印刷傳媒股份有限公司
總經銷／聯合發行股份有限公司　電話：(02)2917-8022　傳真：(02) 2911-0053
　　　　地址：新北市231新店區寶橋路235巷6弄6號2樓

ISBN: 978-986-477-869-0
定價／480元

城邦讀書花園　版權所有‧翻印必究
www.cite.com.tw　（Printed in Taiwan）

2020年07月09日初版1刷